—— 应用型高校基础课程

Python 程序设计及应用

主　编◎李　妍　沈寅斐
副主编◎张文晓　曹　亮

同济大学出版社
TONGJI UNIVERSITY PRESS
·上海·

内 容 提 要

本书以“循序渐进、学以致用”为核心理念，构建“基础认知—能力进阶—场景应用”的三阶螺旋式学习体系，系统覆盖 Python 编程全链路。本书共九章，前六章聚焦编程基础，从语法基础、数据类型、程序结构到函数设计与文件操作，通过渐进式案例，夯实编程思维与代码能力；后三章拓展实战应用，融合 Matplotlib 库数据可视化、SQLite 数据库交互及网络爬虫技术，结合跨学科项目，培养技术解决方案能力。本书还备有配套案例和习题素材、代码数据及课件供教学使用。

本书基于案例驱动，可作为高等院校计算机、软件技术等相关专业的 Python 程序设计课程用书，也可作为全国计算机等级考试二级 Python 语言程序设计及上海市信息技术水平考试二、三级 Python 程序设计科目的考试用书，还可作为程序设计爱好者的自学用书。

图书在版编目（CIP）数据

Python 程序设计及应用 / 李妍，沈寅斐主编.
上海：同济大学出版社，2025. 7. -- ISBN 978-7-5765-1767-5

Ⅰ. TP312. 8

中国国家版本馆 CIP 数据核字第 2025D9X894 号

Python 程序设计及应用

主编 李 妍 沈寅斐 **副主编** 张文晓 曹 亮

责任编辑 屈斯诗 **责任校对** 徐逢乔 **封面设计** 渲彩轩

出版发行 同济大学出版社 www. tongjipress. com. cn
（地址：上海市四平路 1239 号 邮编：200092 电话：021-65985622）

经　　销 全国各地新华书店
排　　版 南京月叶图文制作有限公司
印　　刷 常熟市大宏印刷有限公司
开　　本 787mm×1092mm 1/16
印　　张 17. 75
字　　数 432 000
版　　次 2025 年 7 月第 1 版
印　　次 2025 年 7 月第 1 次印刷
书　　号 ISBN 978-7-5765-1767-5

定　　价 68. 00 元

应用型高校基础课程系列教材

编 委 会

前　言

在数字经济与实体经济深度融合的今天，编程能力已成为重塑个人知识体系、拓展职业发展空间的核心竞争力。作为全球发展最快的编程语言，Python 凭借其卓越的易读性、跨平台特性以及丰富的生态库，正逐渐成为全球范围内最受欢迎的编程语言之一。对于各专业领域的学习者而言，掌握 Python 不仅是开启技术大门的钥匙，更是培养逻辑思维、提升问题解决能力的有效途径。

本书以"循序渐进、学以致用"为核心理念，构建"基础认知—能力进阶—场景应用"的三阶螺旋式提升体系。其基本内容及特色如下：

（1）聚焦编程基础，涵盖 Python 语言基础、数据表示和处理、结构化程序设计、组合数据类型及应用、函数设计和数据文件及处理，每个知识点配套多个渐进式案例，旨在帮助读者构建完整的编程认知图谱。

（2）拓展实战应用，探讨数据可视化及应用、数据库基础及应用和网络爬虫基础及应用，聚焦三大应用场景，通过跨学科案例，穿插多个常用库的使用，建立结构化数据处理能力，构建技术解决方案能力。每个章节均包含多个 Python 应用案例，帮助读者巩固核心知识并拓展应用能力。

（3）提供电子教案、案例资源、习题素材及源代码等立体化教学资源，全方位支持教学。

本书由李妍、沈寅斐任主编和审稿。第 1、2、4 章由李妍编写，第 5、9 章由沈寅斐编写，第 3、8 章由张文晓编写，第 6 章由曹亮编写，第 7 章由李妍和曹亮共同编写。

本书在编撰过程中，得到了"应用型高校基础课程系列教材编委会"众多专家和教师的鼎力支持。特别感谢同济大学龚沛曾教授在全书技术框架设计、核心概念阐释及代码实现等方面提出的宝贵建议，其严谨的学术思维与丰富的教学经验，为本书的撰写提供了关键支撑。

由于时间与能力所限，本书难免存在疏漏与不足之处。诚挚欢迎广大读者提出批评建议！

编　者

2025 年 6 月

目　录

第 1 章

Python 语言基础

Python 作为一门简洁、易学且功能强大的编程语言,近年来在许多领域都展现出了其独特魅力。无论是编程初学者,还是希望掌握新技能的进阶者,Python 都是不二选择。本章将带领读者认识 Python,为后续的学习打下坚实基础。下面开启一段充满乐趣与挑战的编程之旅吧!

§1.1 Python 语言简介

"Life is short. You need Python."这句话最初由编程领域专家布鲁斯·埃克尔(Bruce Eckel)提出并很快在 Python 社区中传播,Python 之父吉多·范罗苏姆(Guido van Rossum)也曾以这句话为主题设计 T 恤。如今,这句话已成为 Python 语言的标志性口号,它不仅表达了 Python 语言简洁、高效和广泛应用的特点,也体现了编程人员对 Python 语言的热爱和推崇。在快节奏的现代生活中,选择一门高效、易用的编程语言对于提高工作效率和创造力具有重要意义,而 Python 正是这样一门优秀的编程语言。

1.1.1 发展历程

1989 年,吉多·范罗苏姆在荷兰阿姆斯特丹开始编写 Python,它是一门解释型、面向对象、通用的程序设计语言。Python 的第一个版本于 1991 年诞生,随后不断演进并增加了许多现代编程语言的特性。Python 1.0 在 1994 年发布,引入了模块、异常处理、函数以及核心数据类型等。Python 2.0 在 2000 年发布,引入了列表解析、垃圾回收机制和 Unicode 支持等关键特性。2008 年发布的 Python 3.0 是一个重大转折点,它拥有更快的解释器速度和更好的内存管理,也引入了如类型注解、异步 I/O、格式化字符串等新特性,这使 Python 3.x 在编程时更灵活强大。需注意的是,Python 3.x 不向下兼容 Python 2.x 的语法和库。

Python 3.x 是未来的发展方向,因此 Python 社区对 Python 3.x 的支持更加积极和全面,许多新的库和框架都优先支持 Python 3.x。Python 2.7 于 2020 年 1 月 1 日停止更新与支持。对于新的 Python 项目来说,Python 3.x 是更加明智的选择,本书亦以 Python 3.x 为教学内容。

1.1.2 Python 语言的优点

1. 简单易学

Python 是一种动态类型语言,语法设计清晰直观。它还提供了一个交互式解释器,允许用户在输入命令后立即看到结果。这种即时反馈机制使得 Python 的学习变得更加有趣和高效。初学者可以使用解释器来尝试新的代码片段,探索 Python 的功能和库,调试代码。

2. 免费且开源

Python 的开发遵循开放源代码的许可证协议,这保证了源代码没有任何商业或技术上的限制,对所有用户开放。同时,Python 拥有一个庞大且活跃的开源社区(https://www.python.org/community/),这个社区由来自世界各地的开发者、研究人员和企业组成,它不仅为 Python 语言的持续发展和改进贡献了大量代码和想法,还通过论坛、教程、文档等多种形式为 Python 用户提供广泛支持。

3. 可拓展性

Python 在设计之初就注重代码的可读性和一致性,Python 解释器可以在 Linux、Windows、macOS 等多种操作系统上运行,并且 Python 的标准库和模块也尽可能地考虑到了跨平台的可移植性。Python 的可扩展性还体现在其灵活支持多种扩展方式,允许使用 C、C++等语言编写扩展模块来增强功能,适用于高性能领域的开发。

4. 面向对象

Python 支持类和对象,便于构建复杂的软件系统。假设需要开发一个学校的管理系统,可以在 Python 中创建多个类来分别表示学校中的不同实体,如学生(Student)、教师(Teacher)和课程(Course),每个类都有自己特定的属性和方法。如果需要添加新的功能或实体,比如管理员(Administrator),可以轻易地扩展现有代码,而不会影响已有类和功能。

5. 丰富的库和模块

Python 拥有庞大的标准库和第三方库,为编程提供了强大的支持。它们封装了特定功能,使开发者能直接调用而无须从零编写代码,极大提高了开发效率。这些经过社区和专家测试的库和模块,涵盖数据分析、机器学习、Web 开发等多种功能,可以满足各种编程需求。

6. 动态类型系统

Python 变量的动态类型系统是其语言设计中的一个核心特性,开发者无须事先声明变量类型,代码简洁,开发效率高。

作为解释型语言,Python 的执行速度相对较慢,尤其在处理循环和重复任务时更为明显,它在多线程和多进程支持方面也略显不足。尽管如此,Python 的优点远大于缺点,无论是初学者还是经验丰富的开发者,都值得深入学习和使用,收获无限惊喜。

§1.2 Python 语言开发环境及安装

Python 常用的开发集成环境有 IDLE、Anaconda、PyCharm 和 Visual Studio Code(简称 VS Code)。以下是 Python 常用开发工具及安装介绍,开发者可以根据自己的需求和项目要求选择合适的工具,以提高开发效率和项目质量。

1.2.1 IDLE

IDLE 的英文全称为 Integrated Development and Learning Environment,是 Python 软件包

自带的一个轻量级集成开发和学习环境，提供一个多窗口文本编辑器，用于编写、测试和调试 Python 代码。IDLE 特别适合初学者学习和实践 Python 编程，但在开发过程中如果需要使用第三方库，需要自行安装相关库。

IDLE 的安装方法如下：如图 1-1 所示，访问 Python 的官方网站(https://www.python.org)以获取最新的安装包。在官网首页，单击“Downloads”选项，选择操作系统对应的安装包。本书以 Windows 系统为例，下载安装 Python 3.12.4 版本。注意应选择稳定版本进行安装，以避免因新版本的潜在问题影响使用体验，Windows 7 及更早版本不支持 Python 3.9 以上版本。

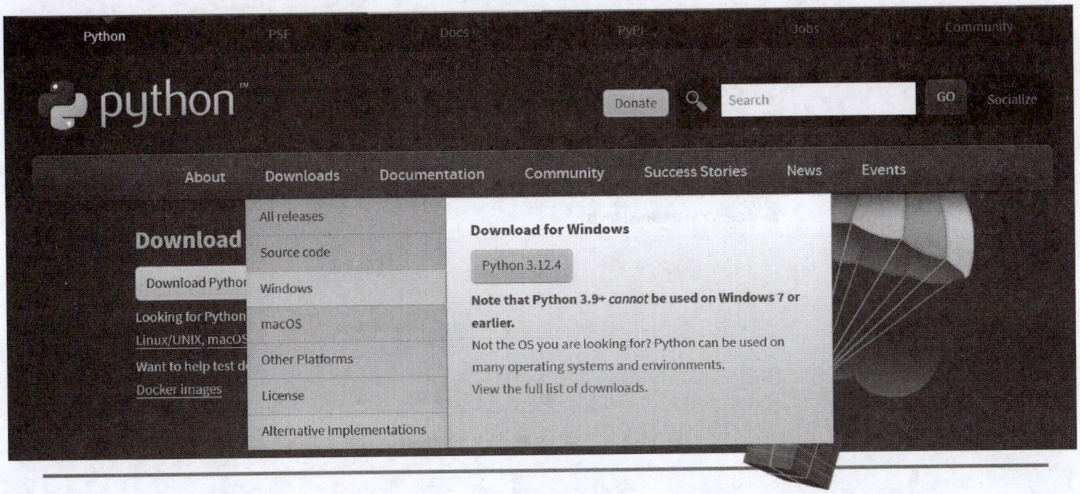

图 1-1 Python 官网下载界面

下载完成后，双击 Python 安装包启动安装程序。在安装引导过程中，需勾选“Add python.exe to PATH”复选框，将 Python 的安装路径添加到系统环境变量中，以便今后在命令行中直接运行 Python。

按照安装向导提示完成安装后，Python 命令行和 Python IDLE 将会在系统中安装，同时可以在命令行验证安装。在 Windows 系统中，按【Win+R】组合键打开“运行”对话框，输入“cmd”后按【Enter】键打开命令提示符。如图 1-2 所示，在命令行中输入代码“python --version”并按【Enter】键。如果安装成功，系统将显示已安装的 Python 版本号。

图 1-2 命令行验证安装

如果在安装过程中未勾选“Add python.exe to PATH”复选框，需手动将 Python 的安装路径添加到系统的环境变量中。以 Windows 10 系统为例，右击桌面上的“此电脑”，选择

“属性”选项,在搜索栏查找“查看高级系统设置”,打开如图 1-3 所示的“系统属性”对话框。在窗口中单击“环境变量”按钮,在“系统变量”区域找到并选中 Path 变量,单击“编辑”按钮,再单击“新建”按钮,并输入 Python 的安装路径(通常是 Python 安装目录下的 Scripts 文件夹的路径)。完成后,单击“确定”按钮保存设置。

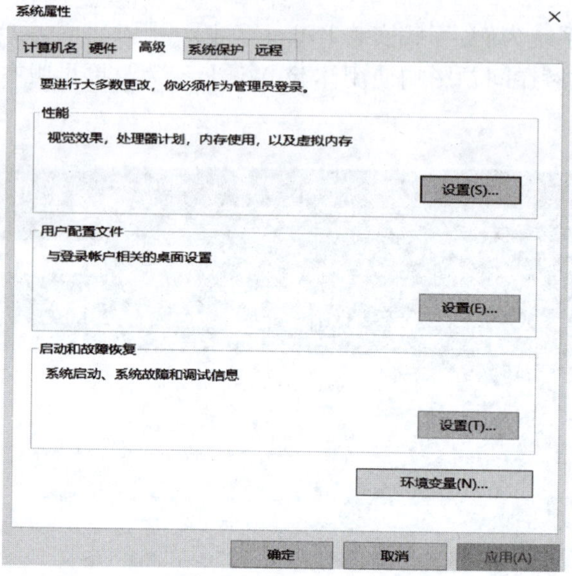

图 1-3　“系统属性”对话框

1.2.2　Anaconda

Anaconda 是一个专为数据科学、机器学习和科学计算设计的开源平台。它集成了 Python、IPython、Spyder、Jupyter Notebook 等工具,超过 180 个第三方库(如 NumPy、Pandas、Matplotlib 等),以及包管理系统 Conda,为开发者提供了一个便捷的跨平台开发环境。安装 Anaconda 后,可以方便地管理这些第三方库和模块,无须单独安装和配置。

Anaconda 可以运行多个版本的 Python。当开发者需同时在 Python 2. x 和 Python 3. x 中分别运行和调试时,Anaconda 可以解决两个版本共存的问题。

用户可根据操作系统至 Anaconda 官方网站下载界面(https://www. anaconda. com/download/success)下载和安装,如图 1-4 所示。

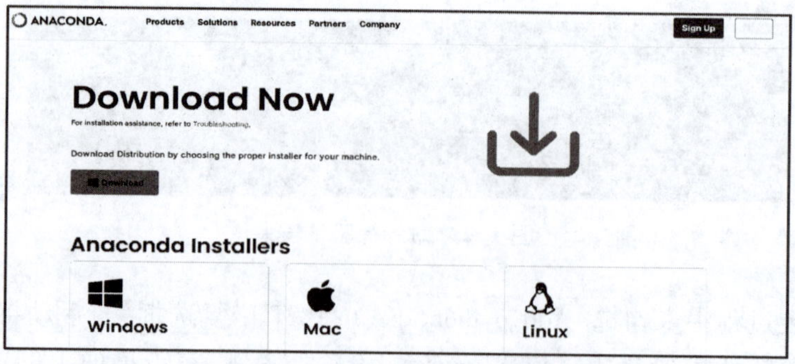

图 1-4　Anaconda 官网下载界面

1.2.3　PyCharm

PyCharm 是一款功能强大、专为 Python 开发而设计的集成开发环境(IDE)。它提供了代码自动完成、调试、版本控制等一系列功能,极大提高了开发效率。PyCharm 免费提供社区版,其强大的功能和用户友好的界面使得 PyCharm 成为 Python 编程的绝佳选择。用户可至 PyCharm 官网(https://www.jetbrains.com/pycharm/download/?section=windows)下载和安装,如图 1-5 所示。

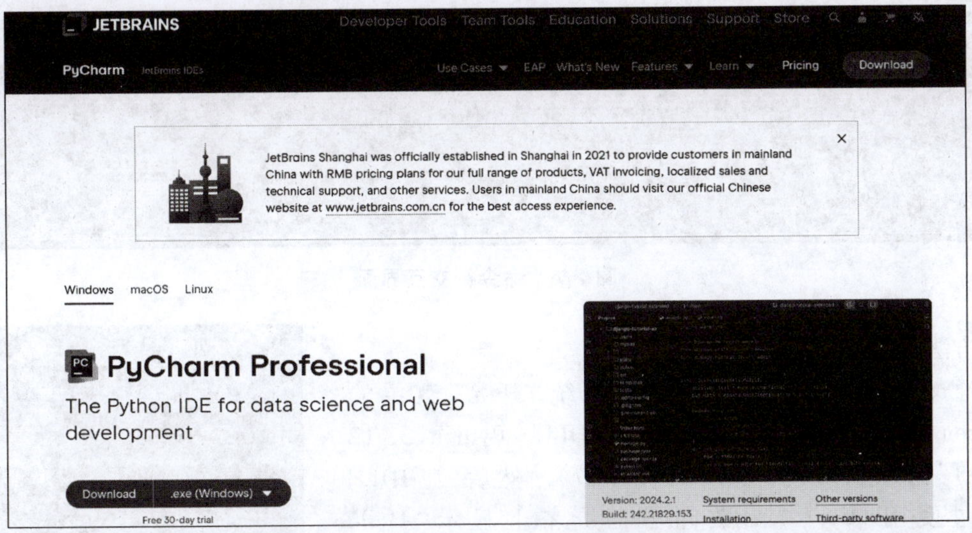

图 1-5　PyCharm 官网下载界面

1.2.4　VS Code

VS Code 是由微软开发的免费开源代码编辑器,支持包括 Python 等多种编程语言。通过安装 Python 插件,VS Code 可以转变为一个功能丰富的 Python IDE,提供代码高亮、自动补全、调试、单元测试、Notebook 集成等功能。VS Code 强大的扩展性和灵活性使其成为一个受欢迎的开发工具。用户可至官网(https://code.visualstudio.com/)下载和安装。

§1.3　Python 程序运行

1.3.1　"Hello World"程序运行

学习一门新的语言,通常是从学习在屏幕上显示消息"Hello World"开始。本小节将学习在 IDLE 的交互式和文件式两种环境中运行 Python 程序,在屏幕上输出"Hello World"。其他运行平台方法类似。

1. Python 交互式环境

在 Python 的交互环境下,输入编程语句并按【Enter】键,就可以直接得到运行结果。交互式环境一般用于调试少量代码。进入 Python 交互式环境有以下两种方法。

方法一:在命令行中交互。

Python 代码简洁清晰,只需在命令行中输入“python”并按【Enter】键,即可进入 Python 的交互式环境。此时,用户可以输入 Python 代码执行。

print( )函数用于在屏幕上显示内容,只需输入下方代码并按【Enter】键,就能在屏幕上显示“Hello World”,如图 1-6 所示。若想退出交互式环境,可输入“exit( )”并按【Enter】键。

```
print("Hello Word")
```

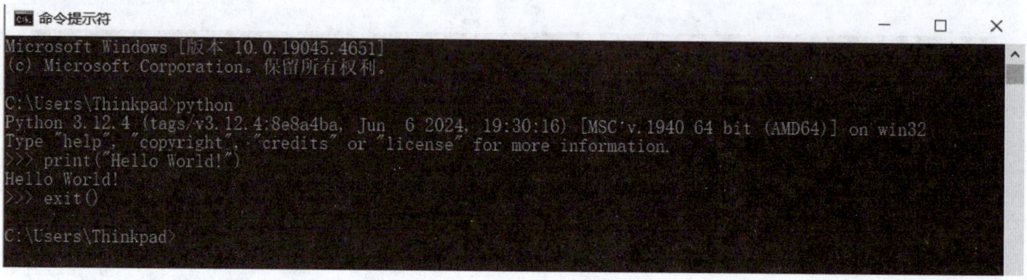

图 1-6 命令行交互界面

方法二:在 IDLE 环境中进行交互。

通过搜索程序或在 Windows 系统“开始”菜单的“Python 3. 12”文件夹中单击“IDLE(Python 3. 12 64-bit)”选项均可打开 IDLE(图 1-7)。然后,在 IDLE 中通过使用 ptint( )函数即可在屏幕上显示“Hello World”,如图 1-8 所示。

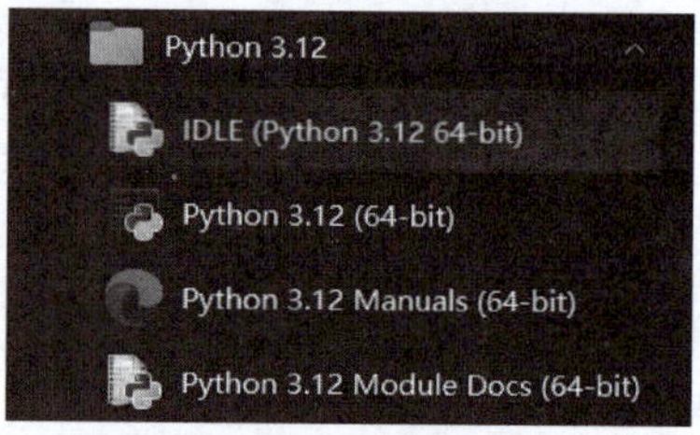

图 1-7 打开 IDLE 界面

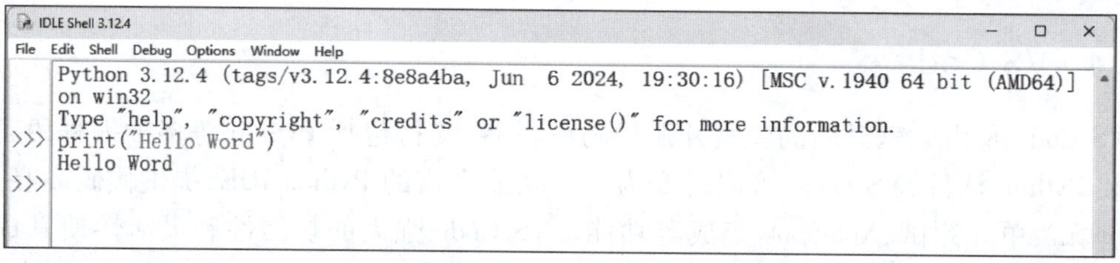

图 1-8 IDLE 交互界面

2. 文件式环境

上述交互式环境可以直观地看到代码执行并即时得到反馈,因此比较适合初学者。但在实际编程中,往往需要投入大量时间和精力,为了方便后续开发、维护或分享代码,确保工作的连续性和安全性,需要将代码保存在文件中。以下为使用 IDLE 保存代码文件的具体步骤。

(1) 打开 IDLE 的文件存储方式

单击 IDLE 窗口顶部菜单栏的“File”→“New file”选项,打开代码文件编写界面,如图 1-9 所示。

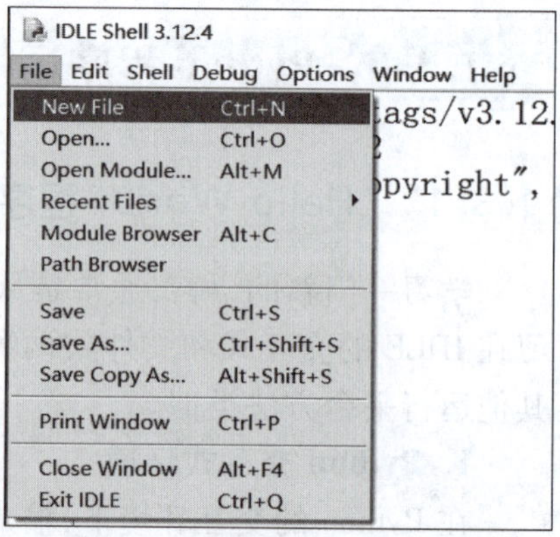

图 1-9 IDLE 的代码文件打开菜单

(2) 编写代码

在打开的未命名过文件名的窗口中编写 Python 代码,如图 1-10 所示。

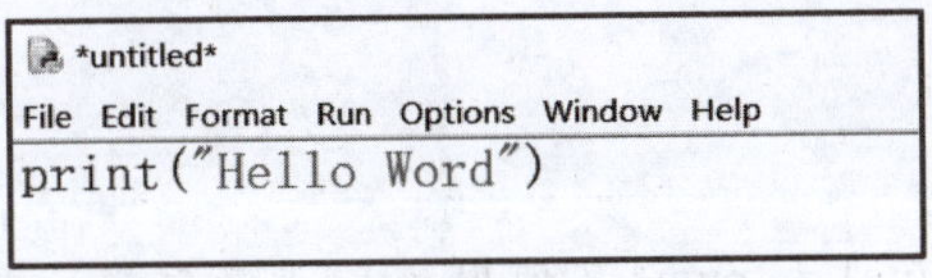

图 1-10　IDLE 的代码文件编辑界面

(3) 保存文件

在编写过程中,可以单击 IDLE 窗口顶部菜单栏的"File"→"Save"直接保存文件或"File"→"Save As..."另存文件,也可以直接使用快捷键【Ctrl+S】保存文件。如果是第一次保存文件,系统会提示选择保存文件的位置和文件命名。Python 的代码文件以.py 为扩展名。

因文件式运行模式是常用代码编写环境,故本书案例多以文件式代码呈现。

1.3.2　Python 小程序运行

程序设计一般遵循 IPO 程序编写方法。IPO 流程是程序设计中的基本框架,包括输入(Input)、处理(Process)和输出(Output)三个核心环节,如图 1-11 所示。输入阶段负责从外部源获取程序所需的数据;处理阶段则以实现特定功能为目标,对输入的数据进行一系列操作或计算;输出阶段是将处理后的结果以某种形式展现给用户。这一流程有助于程序设计师清晰地定义问题、设计算法和编写代码,提高程序的可读性、可维护性和可重用性。下面两个案例都为典型的 IPO 结构程序。Python 的语法元素解释将在 1.4 节中介绍。

例 1.1　编写程序,求两个整数的和。

此例是个典型的 IPO 程序结构,其流程如图 1-12 所示,可以先获取用户输入的两个整数,计算它们的和,并最终将结果输出。代码如下:

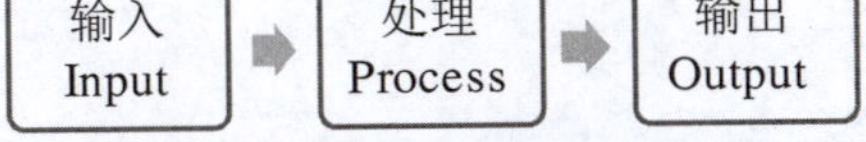

图 1-11　IPO 结构

图 1-12　例 1.1 IPO 流程图

```
# 获取用户输入的两个整数
num1 = int(input("请输入第一个整数:"))
num2 = int(input("请输入第二个整数:"))

result = num1 + num2                    # 计算两个整数的和
print("两个数字的和是:", result)        # 将计算结果输出给用户
```

上方代码首先使用 input()函数获取用户输入,返回字符串类型。然后,通过 int()函数将输入的字符串转换为整数类型,再分别赋值给变量 num1 和 num2。将这两个整数相加,得到计算结果并赋值给变量 result。最后,使用 print()函数将计算结果输出。"#"符号表示

注释,符号后方的内容不会被 Python 解释器执行。运行结果如下:

```
请输入第一个整数:65
请输入第二个整数:23
两个数字的和是:88
```

思考:若例 1.1 中的 num1 和 num2 不使用 int()函数转换数据类型,会是什么效果?

例 1.2 设计一个简单的 Python 程序,用于向用户问好,并根据性别显示不同的称呼。

此例的 IPO 流程如图 1-13 所示,可以先获得用户姓名和性别,再根据用户的性别判别合适的称呼,最终输出不同内容。代码如下:

图 1-13 例 1.2 IPO 流程图

```
''' 这是一个简单的 Python 程序,用于向用户问好并根据性别显示不同的称呼。程序先让用户输入名字和性别,再根据性别来决定如何称呼用户 '''
name = input("你好,请问你叫什么名字?")              # 用户输入姓名
gender = input("请问你的性别是(男/女)?")            # 用户输入性别
if gender = ="男":                                  # 程序通过分支结构判断性别并输出
    print("你好,"+ name +"先生! Python 很有趣,不是吗?")
else:
    print("你好,"+ name +"女士! Python 确实很有趣!")
```

上方代码首先使用 input()函数分别获取用户输入的名字和性别,然后通过 if...else 语句判断用户的性别,实现个性化问候语的输出。如果性别是“男”,则打印带有“先生”的称呼;否则,打印带有“女士”的称呼。在打印信息时,使用“+”符号可以将字符串变量连接起来,形成完整的问候语。其中,if...else 语句用于根据条件执行不同的代码块,实现分支结构;一对“'''”符号可以对多行文字进行注释。运行结果如下:

```
你好,请问你叫什么名字? 王明
请问你的性别是(男/女)? 男
你好,王明先生! Python 很有趣,不是吗?
```

§1.4 Python 语法元素

1.4.1 注释

注释是用来解释代码的一种文本,可以在程序中标注作者或版权信息等,也可以帮助开发者理解代码的功能、目的和实现方式。尤其是在处理复杂的逻辑或算法时,注释还可以用来暂时禁用某段代码而不用把该段代码删除,以便调试程序。注意,注释不会被 Python 解释器执行。

Python 中的注释分为单行注释和多行注释。

1. 单行注释

单行注释以“#”符号开始,直到该行的末尾。这种注释通常用于解释紧接着的代码行或代码块(如例 1.1 中的“#获取用户输入的两个整数”),也可用于解释当行代码(如例 1.2 中的“#用户输入姓名”)。

2. 多行注释或块注释

Python 没有专门用于多行注释的语法,但可以使用一对三个连续的单引号(''')或三个连续的双引号(""")来创建可以跨越多行的字符串,用于多行注释。如例 1.2 中的第 1、2 行文字就是多行注释,用以说明此程序的功能。

1.4.2 缩进

缩进在 Python 中表示代码块的开始和结束,其主要作用是定义代码块和提高代码可读性。Python 官方推荐的缩进方式是使用 4 个空格,但也可以使用其他数量的空格或制表符(Tab),关键是整个项目中缩进方式要保持一致。不一致的缩进会导致 IndentationError 或 TabError。

在例 1.2 中,缩进起到了至关重要的作用,它定义并区分了分支结构中 if 语句和 else 语句的代码块。

“if gender = ="男":”这一行下方的缩进代码块“print("你好,"+ name +"先生!Python 很有趣,不是吗?")”,只有当 if 条件满足时才会执行,即当性别 gender 的值为“男”时才会输出对应语句。

“else:”这一行是 if 语句的备选分支,下方的缩进代码块“print("你好,"+ name + "女士!Python 确实很有趣!")”,只有当 if 语句的条件不满足时才会执行,即当性别 gender 的值为“女”时才会输出对应语句。

正确而严格的缩进是保证 Python 代码能够正确执行的关键之一,编写 Python 代码时务必保持缩进的准确性和一致性。

除了单层缩进,Python 还可以通过多层缩进来表达复杂的“嵌套”关系。

例 1.3 设计程序,使其可以根据用户的年龄和性别给出不同的问候语。

代码如下:

```
# 用户输入年龄和性别
age = int(input("你好,请问你多少岁?"))
gender = input("请问你的性别是(男/女)?")

# 嵌套分支结构
if gender = ="男":
    if age < 18:
        print("你好,年轻的小伙子!")
    elif age >= 18 and age < 60:
        print("你好,先生!")
    else:
        print("你好,老先生!")
else:
    if age < 18:
        print("你好,年轻的小姑娘!")
    elif age >= 18 and age < 60:
        print("你好,女士!")
    else:
        print("你好,老夫人!")
```

此例先询问用户的年龄和性别，然后根据这两个条件使用嵌套的 if...elif...else 多分支结构输出不同的问候语。外层 if...else 结构用于判断性别，内层 if...elif...else 结构则用于在已知性别的基础上，进一步根据年龄给出不同的问候语。两层缩进关系清晰地表达出分支结构的嵌套，使程序可以有 6 种不同的输出结果。运行结果如下：

```
你好，请问你多少岁？14
请问你的性别是(男/女)？女
你好，年轻的小姑娘！
```

1.4.3 变量

变量在数据表示中扮演着至关重要的角色。变量的值在程序执行期间可以改变，是用于存储数据值的标识符。对变量进行命名，可以保证程序元素的唯一性。对变量进行赋值操作时，数据存储到变量中，并在需要时可以通过变量名来访问或修改这些数据。例 1.2 中的 name 和 gender 就是两个变量，而且它们的值也可以随着程序中用户输入的变化而改变。

在 Python 中，变量的命名需遵循 Python 标识符命名规则。标识符是用于识别变量、函数、类、模块等对象的名称。编程时为这些标识符命名，就可以在代码中通过标识符名引用它们。标识符名一般具有描述性和可读性，这有助于编写清晰并易于理解的代码。合法命名的标识符示例如下：my_variable，variable1，_private_var，VARIABLE_CONSTANT，user_age。

在使用 Python 标识符时，需要注意以下原则：

（1）命名允许使用下划线、大小写字母、数字和汉字，但是命名首字符不能是数字。

（2）标识符命名区分大小写。例如，my_variable 和 My_variable 是两个不同的标识符。

（3）关键字不可以作为标识符。

（4）不建议使用函数名作为变量名，否则会导致该函数功能失效。

Python 中有一些特定的单词或词组被称为“关键字”。这些关键字在 Python 中有特定的含义和用途，它们是 Python 语法的一部分，用于定义 Python 语言的结构和控制流，例如，if、else、while、for、class、def、import 等。如果尝试使用关键字作为标识符，Python 解释器会抛出一个语法错误，因为它期望在这些位置看到特定的语法结构，而不是一个普通的标识符。

使用 Python 的 keyword 模块可以输出当前 Python 版本的所有关键字列表，代码如下：

```
import keyword
print(keyword.kwlist)
```

执行上述代码后，会打印出当前 Python 解释器支持的所有关键字列表。运行结果如下：

```
['False','None','True','and','as','assert','async','await','break','class','continue','def','del','elif','else','except',
'finally','for','from','global','if','import','in','is','lambda','nonlocal','not','or','pass','raise','return','try','while','with',
'yield']
```

1.4.4 赋值操作

在 Python 中，赋值是一种基本操作，用于给变量分配值。Python 中的赋值操作使用等号“=”来完成，等号左边是变量名，右边是要分配给变量的值或表达式。执行赋值操作后，变量将存储等号右侧的值或表达式的计算结果。赋值操作有以下四种方式。

1. 基本赋值

例如：

```
>>> x = 10
>>> x ="Hello"
```

上方代码中，变量 x 首先被赋予整数值 10，然后通过再次赋值，变量 x 又被赋值为字符串"Hello"。

2. 表达式赋值

例如：

```
>>> x = 5 + 5
```

上方代码中，变量 x 被赋予表达式“5+5”的计算结果，即 10。

3. 链式赋值

链式赋值通过等号“=”将多个变量和值连接起来。在 Python 中，链式赋值的执行效果是所有变量都指向同一个对象。链式赋值简化了代码，提高了可读性，是 Python 编程中常用的技巧之一。例如：

```
>>> x = y = z = 10
```

上方代码中，变量 x、y 和 z 同时都被赋予相同的整数值 10。

4. 同步赋值

同步赋值是 Python 中一种简洁而强大的赋值方式，允许同时为多个变量赋予相应的值。这种赋值方式可以大大提高代码的可读性和效率。同步赋值的基本语法格式如下：

```
<变量 1>, <变量 2>,..., <变量 n> = <表达式 1>, <表达式 2>,..., <表达式 n>
```

在这个语句中，等号右侧的表达式会按照顺序被计算，它们的计算结果会同时被依次赋值给等号左侧的变量。例如：

```
>>>age, gender = 20, '女'
```

上方代码中，age 和 gender 两个变量可以同时获得赋值，运行后 age = 20，gender = '女'。

同步赋值的一个常见用途是交换两个变量的值。在其他语言中，交换变量值需要再借助一个临时变量才能实现，但在 Python 中只需通过一句代码即可实现。例如：

```
x = 45
y = 2
x, y = y, x
```

上方代码中，变量 x 和 y 的值被交换，运行后 x = 2，y = 45。

说明：

(1) 赋值操作是让变量指向内存中的对象,不会创建数据的副本。

(2) 对于不可变类型,如整数、字符串、列表等,赋值操作实际上是让变量指向一个新的对象。

(3) 对于可变类型,如列表、字典等,赋值操作后,如果更改了对象的内容,变量仍然指向同一个对象,但其内容已更改。

理解 Python 中的赋值操作对于编写有效的代码至关重要,它有助于理解变量如何存储数据以及数据如何在程序中传递和修改。

1.4.5 input()函数

在 Python 中,input()函数是一个内置函数,用于获取用户的输入。它允许程序暂停执行,等待用户从键盘(或其他标准输入设备)输入文本。用户输入的文本会被转换为字符串类型,之后 input()函数会返回这个字符串,然后程序可以继续执行。通过 input()函数,Python 程序可以与用户进行交互,收集用户输入的数据,并根据这些数据执行相应操作。这是构建交互式应用程序和用户界面的基础。

例 1.2 中的下方代码就使用了 input()函数接收用户输入的文本,并赋值于变量 name 中。

```
name = input("你好,请问你叫什么名字?")            # 用户输入姓名
```

在这个例子中,input()函数在屏幕上显示提示信息"你好,请问你叫什么名字?",然后等待用户输入,用户输入后按【Enter】键进行确认。用户输入的文本(不包括回车符)都被读取为字符串,并赋值给变量 name。

input()函数中的字符串参数是可选的,用于向用户显示提示信息。如果不需要提示信息,可以简单地调用 input()函数而不带任何参数。例如:

```
print("请输入您的答案:")
print("5+8=")
answer=int(input())                    # 用户输入数字,将字符串转为整数存储
if answer= =13:
    print("恭喜,答对啦!")
else:
    print("很可惜,答错啦!")
```

运行结果如下:

```
请输入您的答案:
5+8=
13
恭喜,答对啦!
```

思考:若 answer 变量不使用 int()函数转换会如何?

值得注意的是,在使用 input()函数时,无论用户输入什么类型的数据,input()函数都会将其视为字符串。如果需要用户输入一个整数或浮点数,并希望进行数学运算,需要使

用 int( ) 或 float( ) 函数将输入的字符串转换成相应的数值类型。例如：

```
# 接收用户输入的整数
num = int(input("请输入一个整数:"))
print("你输入的整数是:", num)

# 接收用户输入的浮点数
float_num = float(input("请输入一个浮点数:"))
print("你输入的浮点数是:",float_num)
```

上方代码中，通过 int( ) 函数的转换，num 变量将是整数，而通过 float( ) 函数的转换，float_num 则是浮点数。运行结果如下：

```
请输入一个整数:25
你输入的整数是:25
请输入一个浮点数:145.68
你输入的浮点数是:145.68
```

1.4.6　print( )函数

在 Python 中，通常使用 print( ) 函数来控制输出效果。这个函数的主要作用是向屏幕输出指定的文本信息。print( ) 函数能够接收任意数量的参数，将它们转换成字符串并连接起来，最终在屏幕上显示。此外，print( ) 函数还允许通过一些额外的参数来控制输出格式，如添加分隔符、指定输出的结束符等。print( ) 函数的基本语法格式如下：

```
print([输出项 1, 输出项 2, ...], [sep=分隔符], [end=结束符])
```

其中，"[ ]"中的内容可以省略。sep 参数用于指定分隔符(默认值为空格)，end 参数用于指定结束符(默认值换行符)。例如：

```
date="07"
day="01"
print("1997"+date+day)
print("1997", date, day, end="###")
print("1997", date, day, sep="")
print("1997", date, day, sep="-")
```

运行结果如下：

```
19970701
1997 07 01###19970701
1997-07-01
```

在面对复杂输出时，基本的输出方法使用起来比较繁琐。Python 还提供了更灵活的多种格式化输出方式(详见 4.2.6 小节)。

§1.5　Python 库及使用方法

在 Python 中，库是一个统称，包含模块、类、程序包等多种形式。模块指一个包含

Python 代码的. py 文件,通常包含了函数、类和变量的定义。库则是一组相关模块的集合,通常用于解决特定问题或提供特定功能,有更丰富的接口和功能。本书将库的多种形式统称为库。

Python 的库分为两大类:标准库和第三方库。这两类库在来源、功能、使用方式等方面存在一些区别。

1.5.1 标准库

Python 标准库是 Python 语言的核心库,是 Python 官方提供的一组模块和包。标准库提供了大量的模块和函数,用于各种常见的任务,如文件操作、网络通信、GUI 开发、数据处理等。它们随 Python 解释器一起安装,使用时无须额外下载和安装,如 math(数学函数)、random(随机数)、os(操作系统操作接口)、datetime(日期时间)等。标准库由 Python 官方负责更新和维护,与 Python 解释器版本紧密相关,是 Python 编程不可或缺的一部分。

1.5.2 第三方库

第三方库是由 Python 社区或其他开发者开发并提供的库,它们独立于 Python 官方,需要先通过 pip 或其他包管理工具单独安装后才能导入使用。第三方库扩展了 Python 的功能,可以专注于某一特定领域或功能,提供了比标准库更高级、更专业的功能,如 NumPy(科学计算)、Pandas(数据分析)、Matplotlib(绘图)、Scikit-learn(机器学习)、Django(Web)等。第三方库由各自的开发者或社区负责更新和维护,更新频率和兼容性可能因库而异。

要使用第三方库,需先对其进行安装。大多数 Python 第三方库都可以通过 pip 进行安装,安装成功后会出现"Successfully installed..."的提示。Python 第三方库的常见安装方法见表 1-1。

表 1-1 Python 第三方库的常见安装方法

安装方法	安装代码
从 PyPI(Python 包索引)安装	pip install 库名 pip install numpy #安装 NumPy 库
安装特定版本的库	pip install 库名 = = 版本号 pip install pandas = = 1.2.3 #安装 1.2.3 版本的 pandas
从文件安装(如. whl 文件)	pip install 文件路径/文件名及拓展名
从 GitHub 安装	pip install git+https://github.com/用户名/仓库名.git

IDLE 环境不包含第三方库。例如,使用命令行安装 NumPy 库,如图 1-14 所示。

可以使用下方代码查看当前环境已经安装的库,运行结果如图 1-15 所示。可以看到,在安装 NumPy 前,IDLE 默认只有 pip 工具。

```
pip list
```

如果 pip 版本过低,可以使用下方代码自动下载和升级新版 pip。

```
python.exe -m pip install --upgrade pip
```

图 1-14　命令行安装库

图 1-15　查看已安装库

Anaconda 环境包含常用数据科学、机器学习和科学计算库。若要使用未安装的库，可以在 Anaconda Prompt 下进行安装。

1.5.3　库的导入和使用

1. 导入库

不论是标准库或第三方库，只要使用库函数，都需要先导入相关库。方法如下：

```
import numpy                    #方法一:import 库名(可以调用库中所有函数)
from math import sqrt           #方法二:from 库名 import 特定函数(可以调用特定函数)
from math import*               #       from 库名 import*(可以调用库中所有函数)
import pandas as pd             #方法三:import 库名 as 别名(导入库并将其取别名)
```

2. 使用库函数

导入库后，就可以通过库名或别名来访问，并调用库中的函数。

例如，当运算需要使用圆周率 π 时，为了保证运算的精确度，可以使用 math 库中的 math. pi（详见本节知识拓展）。

方法一：import 库名。代码如下：

```
import math                          #导入 math 库,无需提前安装库
pi_value = math.pi                   # 获取圆周率的值
print("圆周率的值是:", pi_value)      # 输出圆周率的值
```

运行结果如下：

```
圆周率的值是： 3.141592653589793
```

方法二：from 库名 import 特定函数。代码如下：

```
# 此方法可以省略函数前的库名
from math import pi
pi_value = pi
print("圆周率的值是：", pi_value)
```

若要使用 math 库中的多个函数，可以将导入方式修改为"from math import*"，省略调用函数时的库名，简化代码。代码如下：

```
from math import*
num = float(input("请输入一个数字:"))
result = sqrt(num)*pi                  # 将输入的数字开方后，再乘以 π
print("结果是：", result)
```

运行结果如下：

```
请输入一个数字：625
结果是：78.53981633974483
```

方法三：import 库名 as 别名。代码如下：

```
import numpy as np
x=np.array([1,58,61,84,14])            #使用 array 函数生成一组数组
print(x)
```

运行结果如下：

```
[ 1 58 61 84 14]
```

3. 查阅文档

为了更好地使用第三方库，可以通过各官网查阅库的官方文档或相关资料，通常，库的官方文档会包含详细的安装指南、API 参考、示例代码等。例如，NumPy 官方文档见 https://numpy.org/doc/，Pandas 官方文档见 https://pandas.pydata.org/pandas-docs/stable/。

此外，Python 提供了内置的 help()函数用于查看库或函数的文档。例如，在以别名 np 导入 NumPy 库后，可以使用 help(np.array)查询 array()函数。

4. 更新和卸载库

```
pip install --upgrade 库名               # 更新库
pip install --upgrade requests          # 更新 requests 库
pip uninstall 库名                       # 卸载库
pip uninstall numpy                     # 卸载 NumPy 库
```

5. 使用虚拟环境

为了避免不同项目之间的库版本冲突，可以使用虚拟环境(如 venv 或 Conda)来管理项目。在虚拟环境中，可以安装项目所需的库而不影响全局 Python 环境。

通过以上知识，可以轻松使用 Python 的第三方库来辅助开发工作。当需要环境隔离或处理复杂的项目时，在 Anaconda 和 PyCharm 中管理 Python 库更为方便简洁。

知识拓展

math 库简介

Python 中的 math 库是一个内置的数学库，提供了大量的数学运算函数，这些函数允许用户执行诸如对数、指数、三角函数、圆周率获取等常见的数学计算。math 库专为执行高精度数学运算而设计，是 Python 标准库的一部分，无须额外安装即可直接使用。math 库中一些常用函数及介绍见表 1-2。

表 1-2　math 库常用函数及介绍

常用函数	函数功能
sqrt(x)	返回 x 的平方根
pow(x, y)	返回 x 的 y 次幂
log(x[, base])	返回 x 的自然对数。如果指定了基数 base，则返回以 base 为底的对数
exp(x)	返回 e 的 x 次幂
ceil(x)	向上取整：返回不小于 x 的最小整数
floor(x)	向下取整：返回不大于 x 的最大整数
sin(x)、cos(x)、tan(x)	分别返回弧度 x 的正弦、余弦、正切值
asin(x)、acos(x)、atan(x)	分别返回弧度 x 的反正弦、反余弦、反正切值
radians(x)	将角度转换为弧度
degrees(x)	将弧度转换为角度
pi	表示圆周率常量
e	表示自然对数的底数 e 的常量

例 1.4　根据下方数学公式，计算 x 为不同值时，y 的值。

$$y = \mathrm{e}^{-x}\sin(x) + \sqrt{x}$$

要计算此数学公式，可以使用 math 库中的多个数学函数来完成，代码如下：

```
from math import*
x = float(input("请输入 x 的值:"))
y = exp(- x)*sin(x) + sqrt(x)
print("y =", y)
```

由于此例要同时用到多个 math 库中的函数，所以导入库的方式选用了“from... import...”的方式，代码更加简洁。运行结果如下：

```
请输入 x 的值:2
y = 1.5372735871788719
```

本章小结

本章介绍了 Python 语言的基础知识和入门使用，概述了 Python 语言的特点、优势、安装步骤和开发环境。并通过简单的程序示例展示了 Python 程序的基本运行方式和基本语法元素，以及丰富的 Python 库，为未来更高效的程序设计做好准备。

习题 1[①]

1. 创建一个打招呼小程序，运行结果参考如下：

```
请输入你的姓名:王明
你好,王明！很高兴见到你。
```

2. 创建一个判断一个人是否成年的小程序。运行结果参考如下：

```
请输入你的年龄:16
你还未成年。
```

3. 创建程序，使其可以根据用户输入的颜色显示文字为对应颜色，运行结果可参考图 1-16。

```
请输入你喜欢的颜色（可选择 red, green, blue, yellow）: blue
哇，blue 是个很不错的颜色呢，很有品味！
```

图 1-16　颜色选择程序运行结果(参考)

4. 使用 tutle 库，绘制一个红色边框、黄色底纹的五角星。

① 本书习题程序代码详见配套电子资源，以熟练掌握 Python 在多种场景下的应用。

第 2 章

数据表示和处理

在这个纷繁复杂、日新月异的数字世界里，Python 中的数据类型如同构建数字世界的基石，它们以独特的魔力，精准地描绘和模拟着现实世界的万千现象与瞬息变化。数据类型定义了数据的性质、结构以及可以对其执行的操作。本章将带领读者进入 Python 数据表示和处理的世界，为后续高级应用打下坚实的基础。

§2.1 数据类型概述

Python 的数据类型包括基本数据类型和组合数据类型，如图 2-1 所示。基本数据类型包括整数、浮点数、布尔值等，它们是构建 Python 程序的基础。整数和浮点数用于数值计算，布尔值用于逻辑判断。组合数据类型中的字符串用于文本处理，而列表、元组、集合和字典则提供了灵活的数据结构。每种数据类型各司其职、紧密协作，在程序的舞台上共同编织高效、精准的数据处理网络，从而开发功能丰富、性能优异的程序。组合数据类型的应用详见第 4 章。

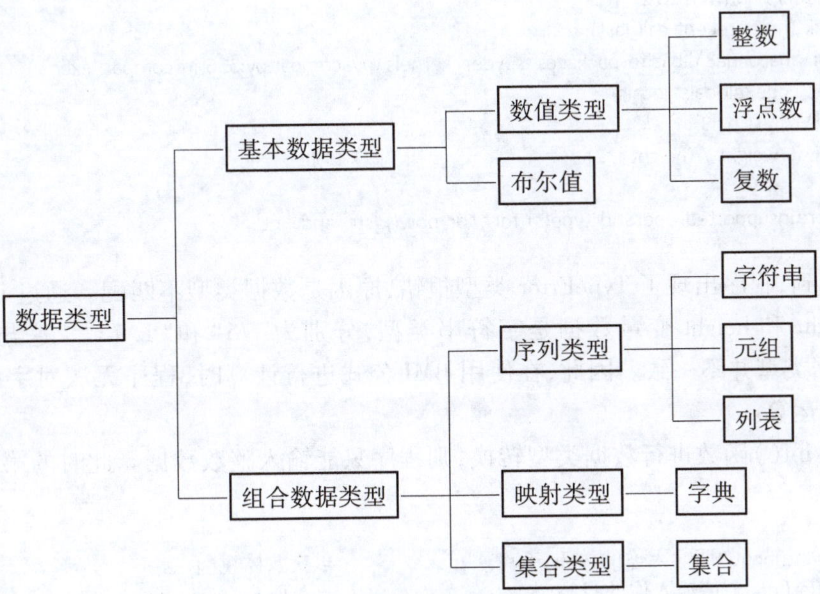

图 2-1　数据类型分类

例 2.1 BMI 值为身体质量指数，是一种常用的评估个体体重是否健康的指标。编写一个程序，输入一个人的身高和体重，计算 BMI 值。BMI 值的计算公式如下：

$$\mathrm{BMI}=\frac{\text{体重(千克)}}{[\text{身高(米)}]^2}$$

代码如下：

```
weight = float(input("请输入你的体重(千克):"))          # 获取体重(千克)
height = float(input("请输入你的身高(米):"))            # 获取身高(米)
bmi = weight / height**2                               # 计算 BMI
print("你的 BMI 是:", bmi )                             # 打印 BMI
```

运行结果如下：

```
请输入你的体重(千克):75
请输入你的身高(米):1.72
你的 BMI 是:25.351541373715524
```

上方代码通过 input()函数获得的数据是字符串类型，并不适用于数学运算，因此，weight 和 height 两个变量都需要通过 float()函数将输入的字符串转化为浮点数，再进行计算。

如果 weight 和 height 变量不使用函数转换，此时的第 1、2 行代码如下：

```
weight = input("请输入你的体重(千克):")          # 获取体重(千克)
height = input("请输入你的身高(米):")            # 获取身高(米)
```

运行结果如下：

```
请输入你的体重(千克):75
请输入你的身高(米):1.72
Traceback (most recent call last):
  File D:\anaconda3\lib\site-packages\spyder_kernels\py3compat.py:356 in compat_exec
    exec(code, globals, locals)
  File d:\例 2.1.py:3
    bmi = weight / (height**2)                # 计算 BMI

TypeError:unsupported operand type(s) for**or pow():'str' and 'int'
```

可以看到，程序出现了 TypeError 类型报错，原因是数据类型不匹配。通过 input()函数获取的 weight 和 height 变量数据是字符串类型，分别为"75"和"1.72"，这与数值 75 和 1.72 的数据类型并不一致。因此，在使用 BMI 公式进行计算时，程序无法对字符串类型数据进行数学运算。

若使用 int()函数进行数据类型转换，则程序只能输入整数数据。此时的第 1、2 行代码如下：

```
weight = int(input("请输入你的体重(千克):"))          # 获取体重(千克)
height = int(input("请输入你的身高(米):"))            # 获取身高(米)
```

若用户输入浮点数，会出现 ValueError 类型错误报错。运行结果如下：

```
请输入你的体重(千克):75
请输入你的身高(米):1.72
Traceback (most recent call last):
  File ~\anaconda3\lib\site-packages\spyder_kernels\py3compat.py:356 in compat_exec
    exec(code, globals, locals)
  File d:\例 2.1.py:2
    height = int(input("请输入你的身高(米):"))                # 获取身高(米)

ValueError:invalid literal for int() with base 10:'1.72'
```

§2.2 数值类型

2.2.1 整数

在 Python 中,整数(int)用于表示没有小数部分的数。Python 中的整数可以是正数、负数或零,前面可以有一个可选的负号(-)来表示负数,没有取值范围的限制。整数类型的示例如下:2, -3, 10000, -39798743, 0b101001, 0Xf342A。

整数可以用不同进制表示,见表 2-1,包括十进制、二进制(以 0b 或 0B 开头)、八进制(以 0o 或 0O 开头)和十六进制(以 0x 或 0X 开头)。

表 2-1　整数类型的 4 种进制表示

进制种类	开头符号	表示方法
十进制	无	由字符 0~9 组成,如 1、24、-101、0
二进制	以 0b 或 0B 开头	由字符 0 和 1 组成,如 0b1010、0B1101
八进制	以 0o 或 0O 开头	由字符 0~7 组成,如 0o77、0O123
十六进制	以 0x 或 0X 开头	由字符 0~9、a~f 或 A~F 组成,如 0x1A、0XfF

Python 3.x 中的整数取值范围理论上是[-∞,∞],但实际取值受限于所运行的计算机字长。绝对值越大的整数的计算,会使用更长的计算时间,占用更大的计算机内存。

整数的常见应用场景有:

(1) 计数,如个数、循环次数、列表长度等。

(2) 在访问列表、元组、字符串等数据结构中的元素时,使用整数作为索引。

(3) 在处理位操作、文件权限、颜色代码等场景时,常使用非十进制整数。

2.2.2 浮点数

在 Python 中,浮点数(float)与数学中实数的定义一致,用于表示带有小数部分的数字,通过直接包含小数点的数字或使用科学计数法来定义。浮点数类型的示例如下:2.0, 3.14, -0.001, 4.56e-8, -3.345E8。其中,4.56e-8 和-3.345E8 使用了科学计数法。

浮点数的科学计数法表示方法遵循〈a〉E〈b〉或〈a〉e〈b〉的格式,其中,〈a〉表示系数,〈b〉表示指数,E 或 e 表示 10 的幂。这种表示方法常用于表示非常大或非常小的数,如:4.56e-8 表示 4.56×10^{-8},即 0.0000000456;-3.345E8 表示 -3.345×10^{8},即-3.34500000。

注意,浮点数类型的 2.0 和整数类型的 2 虽然在数值上是相等的,但是它们属于不同的数据类型,在计算机存储和运算时存在差别,如内存占用、精度和运算速度等。

Python 会自动处理整数和浮点数之间的转换,当进行包含小数点的运算时,结果会自动成为浮点数类型。例如:

```
>>>2.0 + 2
4.0
>>> 2.0*3
6.0
```

浮点数可以非常大或非常小,但受到计算机表示能力的限制,不同计算机的精度显示有区别。但对于超过 15 位的浮点数的数字计算会出现误差(如下方代码所示),这与计算机内部使用二进制表示数字并运算有关。对多数非高精度科学计算机以外的运算来说,浮点数的精度已经足够了。

```
>>>4.5 - 2.7
1.7999999999999998
```

2.2.3 复数

Python 提供了对复数(complex)的内置支持,这在数学计算、物理模拟、工程计算等领域非常有用。复数由实部和虚部组成,在 Python 中,其形式为 a+bj 或(a+bJ),其中 a 是实部,b 是虚部,j(或 J)是虚数单位,满足 j^2(或 J^2)= −1。

在 Python 中,可以直接使用 complex()函数或直接赋值的方式来创建和定义复数。

直接赋值定义复数的示例代码如下:

```
z = 3 + 4j
w = 2.5 - 1.5J
```

使用 complex()函数定义复数的示例代码如下:

```
z = complex(3,4)          # 等同于 3 + 4j
w = complex(2.5,- 1.5)    # 等同于 2.5 - 1.5j
```

如果只提供虚数部分,Python 会自动将实部设为 0。例如:

```
z = 4j          # 等同于 z=0 + 4j
```

复数的常见应用场景有:

(1) 数学计算:复数常用于计算电路中的交流电流和电压、量子力学、信号处理等场景。

(2) 物理模拟:在物理学中,复数常用于表示波动(如电磁波、声波)和振动系统。

(3) 工程计算:在电子工程和控制系统等领域,复数常用于表示频率响应、阻抗等。

§2.3 布尔值

布尔值(bool)用于表示真(True)或假(False)。布尔值在条件判断、循环控制、函数返回值等场景中非常关键。False 和任何数值类型中的零(如 0, 0.0, 0j)都被认为是“假”的值。

直接赋值定义布尔值的方法如下:

```
isTrue = True
isFalse = False
```

在条件表达式(如 if 语句等)中,非布尔类型的值会根据其“真值”被隐式转换为布尔值。例如:

```
a = 10
if a>8:
    print(a,"比 8 大")
```

上述代码中,判断条件为“if a>8:”,则 Python 会判断 10>8 是成立的,将判断条件隐式转换为布尔值 True,输出“10 比 8 大”的结论。

当布尔类型数据参与数值表达式运算时,True 自动转化为 1,False 转化为 0。例如:

```
a = 5
x = True+a
y = False*a
print("x =",x)
print("y =",y)
```

运行结果如下:

```
x= 6
y= 0
```

§2.4 字符串

字符串(str)用于存储文本数据,是程序设计中最常见的数据类型,也属于 Python 内置的组合数据类型。字符串用一对单引号(')、双引号(")或三重引号(''' 或""")来创建。Python 中的字符串可以包含任何字符,包括字母、数字、标点符号和特殊字符。字符串以 Unicode 编码存储,英文字符和中文字符都算作 1 个字符。字符串类型的示例如下:'你好,中国',"hello world",'''1949-10-1''',"""β""","That's a pen.", 以及:

```
'''这是一个长句子。
长得要换行。'''
```

字符串是不可变的。字符串一旦创建,就不能直接修改字符串里的内容,只能通过重建一个字符串来达到修改字符串的效果。字符串有丰富的访问、函数和方法等应用,详见 4.2 节。

思考:'1000' 与 1000 有区别吗? 'm' 和 m 有区别吗?

§2.5 运算符和表达式

运算符用于执行各种运算操作，包括算术运算符、比较运算符、逻辑运算符、位运算以及成员运算符和身份运算符等。其中，位运算常用于二进制位的操作，这里不作介绍。

2.5.1 运算符

1. 算术运算符

算术运算符（表 2-2）是用于执行基本数学运算的符号，用于处理数值类型的数据（如整数和浮点数等）。

表 2-2 常见算术运算符

算术运算符	符号	描述	代码举例
加法	+	用于将两个数相加	>>>2+5 7
减法	-	用于从一个数中减去另一个数	>>>7-2 5
乘法	*	用于将两个数相乘	>>>5*2 10
除法	/	用于将左边数除以右边数，结果是浮点数	>>>10/2 5.0
整数除法	//	用于将左边数除以右边数，结果向下取整到最接近的整数	>>>13//5 2
取模	%	用于返回两个数相除的余数	>>>13%2 1
幂	**	用于返回左边数的右边数次幂	>>>5**4 625

例 2.2 训练时教练手里有一台只能读出秒数的秒表。设计一个程序可以将秒数转换为小时、分钟和秒的格式。

代码如下：

```
total_seconds = int(input("输入秒数"))
seconds = total_seconds % 60           #计算秒
minutes = total_seconds //60 % 60      #计算分钟
hours = total_seconds // 3600          #计算小时
print(hours,"小时",minutes,"分",seconds,"秒")
```

运行结果如下：

```
输入秒数 2430
0 小时 40 分 30 秒
```

2. 比较运算符

比较运算符（表 2-3）用于比较两个值之间的大小或相等性，并返回一个布尔值（True 或 False）。这些运算符常用于条件判断、循环控制以及逻辑运算等场景。

表 2-3　常见比较运算符

比较运算符	符号	描述	代码举例
等于	==	用于比较两个值是否相等	>>>100=="100" False
不等于	!=	用于比较两个值是否不相等	>>>100!="100" True
大于	>	用于比较左边的值是否大于右边的值	>>>100>50 True
小于	<	用于比较左边的值是否小于右边的值	>>>"Z"<"A" False
大于等于	>=	用于比较左边的值是否大于或等于右边的值	>>>101.7>=101.7 True
小于等于	<=	用于比较左边的值是否小于或等于右边的值	>>>99.9<=100.0 True

若使用变量 x 来表示成绩，则表示及格的分数（$60\leqslant x\leqslant 100$）的代码如下：

```
60 <= x <= 100
60 <= x  and  x <= 100
```

在 Python 中，比较运算符不仅可以比较数值的大小，也可以用于对字符串进行比较。字符串的比较通过按逐个字符比较它们的 Unicode 码来进行，如果两个字符串的第一个字符相同，则再比较第二个字符，依此类推，直到找到不同的字符或比较完所有字符。例如：

```
>>>"dog is running">"doG is running"
True
>>>"100000">"900"
False
```

使用 ord() 方法可以获得字符的编码值。上例中 ord('g') = 103，ord('G') = 71，因此 'g'>'G'。

思考：100000>900 的结果是什么？

比较运算符的两端并不要求必须是同类型的数据。Python 会在进行比较之前尝试将这些值转换为一个共同的类型。例如，在比较一个整数和一个浮点数时（如下方代码所示），整数会被转换为浮点数，然后再进行比较。

```
>>>3 < 4.0
True
```

但是，如果 Python 无法将比较的两端转换为一个共同的类型，会抛出 TypeError 异常。例如：

```
>>>"3"< 4
TypeError:'<' not supported between instances of 'str' and 'int'
```

3. 赋值运算符

赋值运算符（表 2-4）用于给变量赋值或更新变量的值。赋值运算符是编程中最基本和最常用的操作，允许将数据存储在内存中以便后续使用。

表 2-4　常见赋值运算符

赋值运算符	符号	描述	代码举例
简单赋值	=	用于将右侧的值赋给左侧的变量	>>>x=2 >>>y="你好"
复合赋值	+=、-=、*=、/=、//=、%=、**=	结合了算术运算和赋值操作	>>>a += 2 #相当于 a = a + 2

注意，赋值号的左边只能是变量，不能是常量或表达式。错误的赋值语句示例如下：

```
tan(x)=3+5          #左边是函数，报错
100=x+y             #左边是常量，报错
x+y=z               #左边是表达式，报错
```

思考：赋值符号“=”和等于运算符“==”的区别是什么？

4. 逻辑运算符

在 Python 中，逻辑运算符（表 2-5）用于布尔值之间的运算，以生成新的布尔值。逻辑运算符在控制程序流程、条件判断和逻辑推断中起着至关重要的作用。

表 2-5　常见逻辑运算符

逻辑运算符	符号	描述	代码举例
非	not	用于反转布尔表达式的值。如果表达式为 True，则结果为 False；如果表达式为 False，则结果为 True	>>>a = -5 >>>result = not a > 0 >>> result True
与	and	用于组合两个布尔表达式，当且仅当两个表达式都为 True 时，结果才为 True	>>>a = 5 >>>b = 10 >>>result = a>0 and b<0 >>>result False
或	or	用于组合两个布尔表达式，当至少有一个表达式为 True 时，结果为 True	>>>a = -5 >>>b = 10 >>>result = a > 0 or b > 0 >>> result True

例 2.3　某学校为了激励学生努力学习，设立了奖学金制度。奖学金的评定基于以下条件：

（1）成绩要求：学生的平均成绩（GPA）必须达到 3.5 或以上。

（2）出勤率要求：学生的出勤率必须达到 90%或以上。

（3）社会服务要求：学生必须完成至少 20 小时的社会服务。

（4）特殊才能：若学生在某方面有特殊才能（如体育、艺术、科技等），并能提供相应证明，可以直接获得奖学金。

此例可以使用四个布尔值变量来描述学生满足以上四个条件的状态：

（1）gpa：表示学生的 GPA 是否达到 3.5 或以上。

（2）attendance：表示学生的出勤率是否达到 90%或以上。

（3）service：表示学生是否完成了至少 20 小时的社会服务。

（4）special_talent：表示学生是否有特殊才能并提供证明。

学生若要获得奖学金必须同时满足 GPA、出勤率和社会服务的要求，但是如果能提供特殊才能的证明，也可以评定奖学金。可将奖学金判断条件转换成如下代码：

```
scholarship = gpa and attendance and service or special_talent
```

逻辑运算符 and 的优先级高于 or。可以适当使用英文圆括号"（ ）"以提高代码可读性。

5. 成员运算符

在 Python 中，成员运算符（表 2-6）主要用于测试序列（如字符串、列表、元组等）中是否包含某个值。

表 2-6　常见成员运算符

成员运算符	符号	描述	代码举例
属于	in	用于判断左边的值是否作为成员存在于右边的序列（如列表、元组、字符串）中；如果存在，则返回 True	>>>"a"in"apple" True
不属于	not in	与 in 相反，用于判断左边的值是否不存在于右边的序列中；如果不存在，则返回 True	>>>"b"not in ["x","y","z"] True

6. 身份运算符

在 Python 中，身份运算符（表 2-7）主要用于比较两个对象的身份是否相同，即它们是否是内存中的同一个对象。

表 2-7　常见身份运算符

身份运算符	符号	描述	代码举例
是同一个对象	is	用于判断两个标识符是否引用自同一个对象，即它们在内存中的地址是否相同	>>>a = [1,2,3] >>>b = a >>> a is b True # b 是 a 的引用，它们指向同一个对象
不是同一个对象	is not	与 is 相反，用于判断两个标识符是否引用自不同的对象	>>>a = [1,2,3] >>>b = a >>>a is not b False

7. 运算符优先级

在 Python 中,运算符优先级(表 2-8)决定了表达式中操作的执行顺序。

表 2-8 运算符优先级

优先级	运算符	符号
高	括号	()
↓	幂运算符	**
	正负号	+、-
	乘、除、取模、整数除法	*、/、%、//
	加法和减法	+、-
	比较运算符	<、<=、>、>=、==、!=
	成员运算符/身份运算符	in、not in、/、is、is not
	逻辑非	not
	逻辑与	and
低	逻辑或	or

注意: 表 2-8 中的运算符优先级顺序可能会因 Python 的版本不同或上下文不同而略有差异,且有些运算符具有相同的优先级。如果遇到复杂的表达式,建议使用英文圆括号"( )"来明确指定运算的顺序,以避免潜在的混淆和错误。

2.5.2 表达式

表达式在编程中扮演着非常重要的角色,无论是进行简单的数学计算、逻辑判断,还是处理字符串、列表等数据结构,都需要使用表达式。表达式还可以作为函数的参数、返回值等,使 Python 程序更加灵活和强大。

表达式是由操作数、运算符和函数调用等组成的语法结构。其中,操作数可以是字面量(如整数、浮点数、字符串、布尔值等)、变量或函数调用的结果。运算符是用于执行运算的特殊符号,如算术运算符、比较运算符、逻辑运算符等。表达式的结果可以是一个值或对象,这个值或对象由操作数和运算符通过一定的运算规则计算得到。Python 解释器会按照运算符的优先级和结合性来求表达式的值。优先级决定了哪些运算符应该首先被计算,而结合性则决定了具有相同优先级的运算符应该如何组合。表达式被求值后,其结果可以赋值给变量、作为函数参数等。

例如,计算自由落体距离,其算术表达式的代码如下:

```
g = 9.8                                          # 重力加速度
t = float(input("输入物体自由落体的时间(秒):"))   # 输入下落时间
distance = 0.5*g*t**2                            # 计算下落距离
print(f"物体在{t}秒后的下落距离是:{distance}米")
```

此代码运用格式化字符串的方式控制输出格式(详见 4.2.1 小节),运行结果如下:

```
输入物体自由落体的时间(秒):12
物体在 12.0 秒后的下落距离是:705.6 米
```

再如,判断是否有驾驶资格,其逻辑表达式的代码如下:

```
age = 18
has_license = True
if age >= 18 and has_license:
    print("你符合要求,可以驾驶。")
else:
    print("你还不能合法驾驶。")
```

运行结果如下:

```
你符合要求,可以驾驶。
```

§2.6 应用案例

例 2.4　通过半径计算圆面积,结果保留两位小数。

可以借助 math 库中的 pi 函数获取 π 的精确值,进而计算出圆的面积并输出。代码如下:

```
import math
radius = float(input("请输入圆的半径(厘米):"))          # 提示用户输入圆半径
area = math.pi*(radius**2)                              # 计算圆面积(math.pi 获取 π 的值)
print(f"圆的面积是:{area:.2f}平方厘米")                 # 输出圆的面积代码
```

注意,半径的输入需要转换为浮点数类型。为了控制输出面积的格式,运用格式化字符串将计算结果保留两位小数。运行结果如下:

```
请输入圆的半径(厘米):3.56
圆的面积是:39.82 平方厘米
```

例 2.5　已知一个直角三角形的两条直角边长度,求它的斜边长度。

此例可以使用勾股定理 $a^2 + b^2 = c^2$ 进行计算,其中 a 和 b 是直角边边长,c 是斜边边长。代码如下:

```
import math
a,b = eval(input("请输入两条直角边的长度,用英文逗号分隔:"))
c = math.sqrt(a**2 + b**2)                   #计算斜边 c 的长度
print(f"直角边 a={a}, 直角边 b={b}的直角三角形,斜边 c 的长度是:{c}")
```

这个例子导入了 math 库,并且使用了 math. sqrt( ) 函数来计算平方根。eval( ) 函数结合 input( ) 函数可以同时获取用户输入的多个变量值,并直接转换为相应的数据类型,详见知识拓展 1。运行结果如下:

```
请输入两条直角边的长度,用英文逗号分隔:3,4
直角边 a=3, 直角边 b=4 的直角三角形,斜边 c 的长度是:5.0
```

例 2.6 在建筑工程中，计算建筑物在不同时间点的阴影长度对于日照分析、景观设计等至关重要。假设有一个建筑物，其高度为 h 米，想要计算在某个特定时间（已知太阳高度角为 θ，单位为度）下，该建筑物的阴影长度。建筑物阴影长度的计算公式如下：

$$\text{阴影长度} = \frac{h}{\tan\theta}$$

此例可以使用 math 库中的 tan( ) 函数进行计算。注意，math. tan( ) 函数是以弧度作为输入参数的，因此需要将太阳高度角的角度转换为弧度。代码如下：

```
import math
h = int(input('请输入建筑物高度(单位为米):'))                          # 输入建筑物高度
theta_degrees = int(input('请输入太阳高度角(单位为度):'))            # 输入太阳高度角
theta_radians = math.radians(theta_degrees)                         # 角度转换为弧度
shadow_length = h / math.tan(theta_radians)                         # 计算阴影长度
print(f"建筑物高度为{h}米,在太阳高度角为{theta_degrees}度时,阴影长度为:{shadow_length:.2f}米")
```

运行结果如下：

```
请输入建筑物高度(单位为米):50
请输入太阳高度角(单位为度):45
建筑物高度为 50 米,在太阳高度角为 45 度时,阴影长度为:50.00 米
```

例 2.7 编写程序，计算两个随机整数的和并判断回答是否正确。

此例可以使用 random 库的 randint( ) 函数生成两个随机整数并计算总和，与用户输入答案对比并反馈正确性，详见知识拓展 2。代码如下：

```
import random
# 生成两个随机整数并计算总和
num1 = random.randint(1,100)
num2 = random.randint(1,100)
correct_answer = num1 + num2

# 显示提问
print("请计算:")
print(f"{num1}+{num2}=",end="")
# 获取用户的答案并判断是否准确
user_answer = int(input())
if user_answer == correct_answer:
    print("恭喜你,答案正确!")
else:
    print("很遗憾,答案错误。正确的和是:",correct_answer)
```

运行结果如下：

```
请计算:
74+20=94
恭喜你,答案正确!
```

再次运行代码，结果如下：

```
请计算：
13+5=20
很遗憾,答案错误。正确的和是:18
```

知识拓展 1

eval( )函数

eval( )函数是一个内置函数,可以将字符串形式的表达式求值并返回结果。如果字符串里包含的是一段 Python 代码,eval( )函数也可以直接执行这段代码并返回执行结果。如下方代码所示,eval( )函数的参数本是字符串 'a * b',但是 eval( )函数将字符串里的 Python 代码“a * b”直接执行,最终的输出结果为数值 20。

```
a = 4
b = 5
result = eval('a*b')
print(result)
eval("print(10**3)")
```

运行结果如下:

```
20
1000
```

eval( )函数的这个特性使其常和 input( )函数一起嵌套使用。input( )函数会等待用户输入内容,并将用户输入的内容作为字符串返回。而 eval( )函数可以接收这个字符串,并将字符串的内容当作 Python 代码来直接执行并返回输出的执行结果。配合 input( )函数,eval( )函数可以实现以下效果。

1. 数据类型的直接转换

使用 eval( )函数,input( )函数无需再通过其他数据类型转换函数调整输入的数据类型。例如:

```
user_input = input("请输入一段 Python 代码:")          # 用户输入
result = eval(user_input)
print(result)
```

运行结果如下:

```
# 运行结果 1:
请输入一段 Python 代码:7*8+23
79

# 运行结果 2:
请输入一段 Python 代码:100>10
True
```

2. 同时获取多个变量值

合并多个 input 语句,可以使代码更简洁。原本需要多个 input 语句获得多个变量值,可以通过 eval( ) 函数配合同步赋值在一个 input 语句里实现。注意，此时输入的多个变量值需要用英文逗号进行分隔。例如：

```
a,b,c = eval(input("请输入多个变量的值(用英文逗号分隔):"))
print(f"a = {a}")
print(f"b = {b}")
print(f"c = {c}")
```

运行结果如下：

```
请输入多个变量的值(用英文逗号分隔):1,3.14,'hello'
a = 1
b = 3.14
c = hello
```

在此例的代码中，用户输入了"1,3.14,'hello'"，input( ) 函数将其存为字符串，而 evel( ) 函数会执行这个字符串里的 Python 语句，并同步赋值给变量 a、b 和 c，这相当于下方代码的效果。

```
a,b,c = 1,3.14,'hello'
```

然而，使用 eval(input( )) 语句意味着用户输入的任何内容都会被 Python 解释器当作代码来直接执行，这样的做法有一定的安全风险。恶意用户可能会借此机会执行恶意代码，从而对系统造成破坏或窃取敏感信息。因此要谨慎使用 eval(input( )) 语句。可以通过一些预防手段限制用户输入内容，如提供一个有限的函数集供用户使用，也可以通过正则表达式（详见 9.3.1 小节）检查输入是否符合预期的格式，然后再决定是否执行。

知识拓展 2

random 库简介

random 库是 Python 标准库的一部分，专门用于生成随机数。它提供了一系列函数，允许用户生成随机整数、随机浮点数，也可以随机选择列表、元组等组合数据结构中的元素。random 库在需要引入随机性元素的开发场景中特别有用，如游戏开发、模拟实验、数据抽样、测试等。random 库常用函数的简要介绍见表 2-9。

表 2-9　random 库常用函数及介绍

函数	作用
randint(a, b)	生成一个[a,b]范围内的随机整数
random( )	生成[0, 1.0)范围内的一个随机浮点数
uniform(a, b)	生成[a,b]范围内的一个随机浮点数
sample(population, k)	从指定序列 population 中随机抽取 k 个不重复的元素，返回一个长度为 k 的新列表
shuffle(list)	修改原列表，将列表的元素打乱，不返回新列表
choice(seq)	从序列 seq（列表、元组、字符串等）中随机选择一个元素。choice([True,False])可随机生成一个布尔值（True 或 False）

本章小结

本章系统介绍了 Python 中数据表示和处理方式。Python 基础数据类型包括数值类型（整数、浮点数和复数）、布尔值和字符串。运算体系含有多种运算，它们与多种数据类型、函数等共同构成表达式，是算法实现和软件开发的基础工具集。

习题 2

1. 设计一个学生的自我介绍小程序，用户输入自己的姓名、家乡、兴趣和对大学生活的展望，输出一个简单的自我介绍。利用格式化输出来完成，运行结果参考如下：

```
请输入你的姓名:王明
请输入你的家乡:上海
请输入你的兴趣:篮球、音乐、阅读
请输入你对大学生活的展望:深入学习专业知识,参与社团活动,结交志同道合的朋友!
你的自我介绍如下:

大家好,我叫王明,来自美丽的上海。我喜欢篮球、音乐、阅读。
对于即将到来的大学生活,我充满了期待,希望能够深入学习专业知识,参与社团活动,结交志同道
合的朋友!
很高兴认识大家,希望我们能在未来的日子里共同进步!
```

2. 比邻星是南门二恒星系中的一颗红矮星，位于半人马座，是离太阳系最近的恒星之一。根据目前的测量数据，地球与比邻星的距离约为 4.22 光年。已知 1 光年 $=9.461\times10^{12}$ 千米，求地球和比邻星之间的距离为多少千米。

3. 投资时的复利是指利息在计息周期内不断累积，并产生新的利息。如果一年记一次利息，最终能拿到的金额为 $A=P\times(1+r)^t$，其中，P 是本金（单位为元），r 是年利率（百分比形式），t 是时间（单位为年）。编写程序，计算投入本金若干年后可以获得的收益。

4. 编写程序，将角度转换为弧度，并计算正弦值，输出结果保留四位小数。角度和弧度的转换公式如下：

$$1\text{度}=\frac{\pi}{180}\text{弧度}$$

5. 超市推出满减活动，消费满 200 元减 30 元，满 300 元减 50 元。如果有会员卡还可以再打 8 折。若已知某会员顾客消费金额 280 元，编写程序根据顾客消费满足的满减条件，计算实际支付金额。

6. 已知经纬度 1 度 = 60 分，1 分 = 60 秒，编写程序，要求输入经纬度方位和度数，输出格式为“方位　度:分:秒”格式的经纬度，其中“秒”保留两位小数。运行结果参考如下：

```
请输入经纬度方位:北纬
请输入经纬度度数:29.73784595
经纬度为:
北纬   29 度 44 分 16.25 秒
```

第 3 章

结构化程序设计

结构化程序设计(Structured Programming)是一种重要的编程思维,它包含三种基本结构,即顺序结构、分支结构(如 if 语句)和循环结构(如 for、while 循环语句)。每种结构都可以用一个入口和一个出口的流程图来表示,便于理解程序的流程走向。

§3.1 顺序结构

顺序结构是最基本的程序结构,它按照程序语句出现的先后顺序依次进行执行。其流程图如图 3-1 所示,先执行语句块 1,再执行语句块 2。

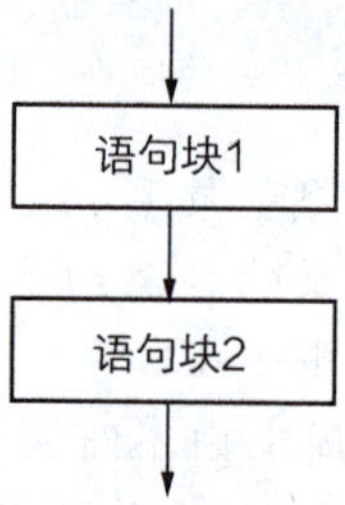

图 3-1 顺序结构流程图

例 3.1 对于例 2.1,进行 BMI 值的计算时,若使用如下代码:

```
bmi  =  weight / (height**2)                        #语句 1
weight  = float(input("请输入你的体重(千克):"))    #语句 2
height  = float(input("请输入你的身高(米):"))      #语句 3
print(f"你的 BMI 是:{bmi:.1f}")                      #语句 4
```

则运行结果如下:

```
Traceback (most recent call last):
  File"D:/ example/bmi 指数的计算.py",line 1,in <module>
    bmi  =  weight / (height**2)        #语句 1
NameError:name 'weight' is not defined
```

显然,程序在运行时出现了错误,错误的原因是当程序执行语句 1 时,变量 weight 没有定义,无法参与计算,即语句 1、语句 2 和语句 3 顺序不正确。因此,语句的先后顺序很重要。

例 3.2　通过键盘输入正方形的边长，编程求其周长和面积并输出。

为解决该问题，要先输入正方形的边长值，通过 input 语句接收键盘输入的数据。再计算正方形的周长（等于 4 乘以边长）与面积（等于边长乘以边长），这是算术运算，需要使用 float( ) 函数或 eval( ) 函数转换输入数据类型。最后通过 print 语句输出计算结果，使用格式化输出方式保留两位小数。代码如下：

```
a = float(input("请输入正方形的边长:"))
c = 4*a
s = a*a
print(f"正方形的周长为:{c:.2f}")
print(f"正方形的面积为:{s:.2f}")
```

运行结果如下：

```
请输入正方形的边长:2
正方形的周长为:8.00
正方形的面积为:4.00
```

§3.2　分支结构

分支结构是指程序在执行过程中有了不同的分支，具体根据不同的条件会产生不同的结果。一般由单分支结构、双分支结构、多分支结构和嵌套分支结构组成。

例 3.3　在例 2.1 的基础上根据 BMI 值判断人体胖瘦程度。要求：如果输入的 BMI 值大于 24，则人体是超重状态；如果输入的 BMI 值在 18.5（含）~24（含）之间，则人体是正常状态；如果输入的 BMI 值小于 18.5，则人体是消瘦状态。

此例要判断不同的 BMI 值，并产生不同的结果，是典型的分支结构。编写分支结构的关键是理清分支条件，并注意结果语句的缩进。

代码如下：

```
bmi  = float(input("请输入你的 BMI 值:"))
if 18.5< = bmi< = 24:
    print("正常状态")
elif bmi<18.5:
    print("消瘦状态")
elif bmi>24:
    print("超重状态")
```

运行结果如下：

```
请输入你的 BMI 值:22
正常状态
```

再次运行代码，结果如下：

```
请输入你的 BMI 值:26
超重状态
```

再次运行代码,结果如下:

```
请输入你的 BMI 值:16
消瘦状态
```

3.2.1 单分支结构

单分支结构是指程序运行出现了单向分支,当条件表达式成立时会执行对应的语句。其流程图如图 3-2 所示,基本语法格式如下:

```
if 表达式:
    语句块
```

说明:

(1) 单分支结构由 if 语句表示,if 关键字后面的表达式表示条件,可以是算术表达式、字符串表达式、关系表达式和逻辑表达式等,其结果为 True 和 False 两种情况,当结果为 True 时,执行语句块中的内容;当结果为 False 时,不执行语句块的内容。注意,表达式后面要加英文的冒号。

(2) 语句块为 if 表达式成立时执行的内容,可以是一条或多条语句。注意,语句的缩进应保持准确性和一致性。

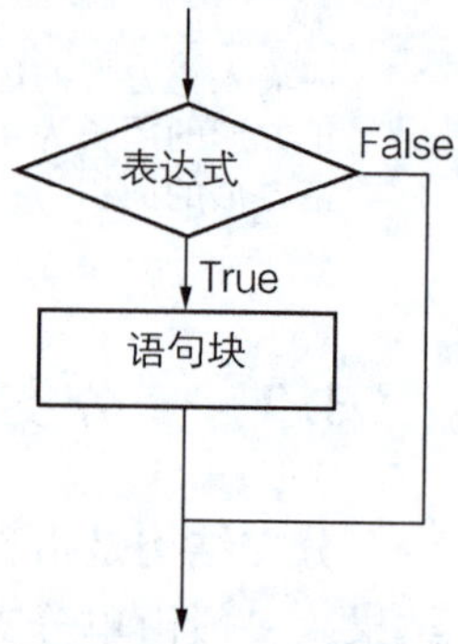

图 3-2 单分支结构流程图

例 3.4 输入某科目成绩,如果成绩低于 60 分,不及格。

代码如下:

```
score = float(input("请输入成绩:"))
if score<60:
    print("不及格")
```

运行结果如下:

```
请输入成绩:55
不及格
```

3.2.2 双分支结构

双分支结构是指程序运行出现了双向分支,有两种不同的情况,当条件表达式成立时会执行相对应的语句,反之会执行另外的语句。其流程图如图 3-3 所示,基本语法格式如下:

```
if 表达式:
    语句块 1
else:
    语句块 2
```

说明:

(1) 双分支结构由 if...else... 语句表示,if 关键字后面的表达式表示条件,可以是算术表达式、字符串表达式、关系表达式和逻辑表达式等，其结果为 True 和 False 两种情况，当结果为 True 时，执行语句块 1 中的内容；当结果为 False 时，执行语句块 2 的内容。注意，表达式后面以及 else 后面都要加英文的冒号。

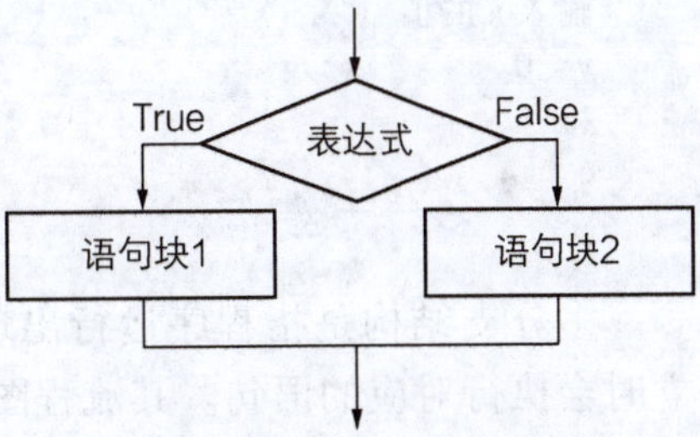

图 3-3　双分支结构流程图

（2）语句块 1 为 if 表达式成立时执行的内容，可以是一条或多条语句。语句块 2 为 if 表达式不成立时执行的内容，也可以是一条或多条语句。同样要注意，语句缩进应保持准确性和一致性。

例 3.5　输入一个正整数，判断它是奇数还是偶数，如果是奇数，输出“这是一个奇数”，如果是偶数，输出“这是一个偶数”。

代码如下：

```
number = int(input("请输入一个正整数:"))
if number%2 = =0:
    print("这是一个偶数")
else:
    print("这是一个奇数")
```

运行结果如下：

```
请输入一个正整数:10
这是一个偶数
```

再次运行代码，结果如下：

```
请输入一个正整数:9
这是一个奇数
```

例 3.6　求以下分段函数的值，其中 x 的值通过键盘输入。

$$y=\begin{cases}0, & x=1\\3x+2, & x\neq 1\end{cases}$$

代码如下：

```
x = float(input("输入 x 的值:"))
if x = =1:
    y = 0
else:
    y = 3*x+2
print("y =",y)
```

运行结果如下：

```
输入 x 的值:0.5
y =  3.5
```

再次运行代码，结果如下：

```
输入 x 的值:1
y= 0
```

3.2.3 多分支结构

多分支结构是指程序运行出现了多向分支,有多种不同的情况,当相应条件表达式成立时会执行对应的语句。其流程图如图 3-4 所示,基本语法格式如下:

```
if 表达式 1:
      语句块 1
elif 表达式 2:
      语句块 2
elif 表达式 3:
      语句块 3
      ……
[else:
      语句块 n+1]
```

说明:

(1) 多分支结构由 if...elif...elif...else... 语句表示,if 和 elif 关键字后面的表达式 1、2、3 等表示条件,可以是算术表达式、字符串表达式、关系表达式和逻辑表达式等。当表达式 1 结果为 True 时,执行语句块 1 中的内容;当表达式 2 结果为 True 时,执行语句块 2 中的内容;当表达式 3 结果为 True 时,执行语句块 3 中的内容;当以上表达式都不成立时,执行 else 中语句块 $n+1$ 的内容,其中 else 与语句块 $n+1$ 可以省略。注意,表达式后面以及 else 后面都要加英文的冒号。

(2) 语句块 1, 2, 3, …, $n+1$ 为 if 和 elif 表达式分别成立时执行的内容,可以是一条或多条语句。注意,语句的缩进应保持准确性和一致性。

(3) 需要注意的是,多分支结构中只执行某一种条件下对应的语句块,并跳过其余所有分支。

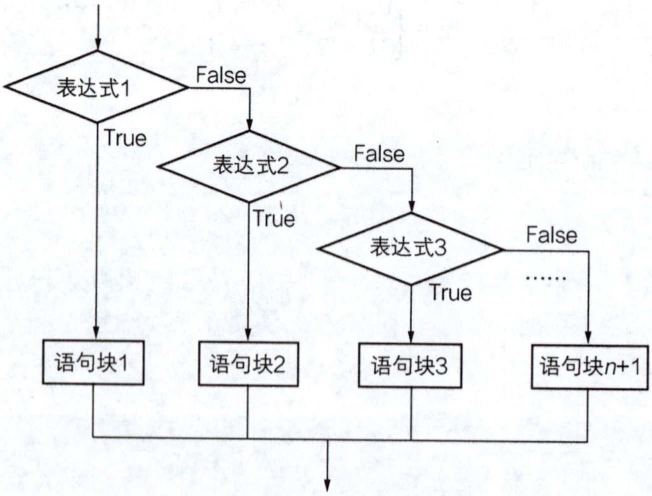

图 3-4 多分支结构流程图

例 3.7 根据车牌首字母判断汽车所在地。

以浙江省为例,除特种车外,一般汽车牌号首字母的命名规则是固定的,如 A 代表杭州市,B 代表宁波市,C 代表温州市,F 代表嘉兴市等。因此要判断一辆汽车所在地,只需输入车牌号首字母即可。代码如下:

```
letter = input("请输入车牌首字母")
if letter = = 'A':
    print("杭州市")
elif letter = = 'B':
    print("宁波市")
elif letter = = 'C':
    print("温州市")
elif letter = = 'F':
    print("嘉兴市")
else:
    print("能力有限,没查到哦!")
```

为了保证各个分支运行正确,可以对其进行正确性测试,测试运行结果如下:

```
请输入车牌首字母 A
杭州市
```

再次运行代码,结果如下:

```
请输入车牌首字母 G
能力有限,没查到哦!
```

例 3.8 根据空气质量指数(AQI)分级判断空气质量情况。空气质量指数基于空气中的污染物浓度被分为不同的等级。根据我国分级标准,AQI 在 50 以下为优,51~100 为良,101~150 为轻度污染,151~200 为中度污染,201~300 为重度污染,大于 300 为严重污染。

代码如下:

```
aqi = int(input("输入空气质量指数:"))
if aqi < = 50:
    print("优")
elif 51 < = aqi < = 100:
    print("良")
elif 101 < = aqi < = 150:
    print("轻度污染")
elif 151 < = aqi < = 200:
    print("中度污染")
elif 201 < = aqi < = 300:
    print("重度污染")
elif aqi > 300:
    print("严重污染")
```

运行结果如下:

```
输入空气质量指数:40
优
```

例 3.9　输入某科目成绩，如果成绩低于 60 分为不及格，60~69 分为合格，70~79 分为中等，80~89 分为良好，90~100 分为优秀。

代码如下：

```
score = float(input("请输入成绩:"))
if score<60:
    print("不及格")
elif 60< = score< = 69:
    print("合格")
elif 70< = score< = 79:
    print("中等")
elif 80< = score< = 89:
    print("良好")
elif 90< = score< = 100:
    print("优秀")
```

运行结果如下：

```
请输入成绩:55
不及格
```

再次运行代码，结果如下：

```
请输入成绩:95
优秀
```

3.2.4　嵌套分支结构

嵌套分支结构是指在一个分支结构中嵌入了另一个分支结构，程序本身有递进关系。使用嵌套分支结构时，一定要注意控制不同层次语句块的缩进量。

例 3.10　某商场根据用户的购买金额和是否为会员，给予不同的优惠折扣。购买金额在 1 000 元（不含）以下会员和非会员都没有折扣；在 1 000 元（含）~2 000 元（不含）之间，会员九折，非会员九五折；超过 2 000 元（含），会员八折，非会员八五折。

代码如下：

```
x = float(input("输入购买金额:"))
d = 0   # 初始化折扣为 0
if x > = 2000:
    is_member = int(input("是否会员？输入 1 表示会员，输入 0 表示非会员:"))
    if is_member:              # 如果用户是会员
        d = 0.8
        print("购买金额超过 2000 元，且您是会员，打八折。")
    else:                      # 如果用户不是会员
        d = 0.85
        print("购买金额超过 2000 元，但您不是会员，打八五折。")
elif x> = 1000:
    is_member = int(input("是否会员？输入 1 表示会员，输入 0 表示非会员:"))
    if is_member:              # 如果用户是会员
        d = 0.9
        print("购买金额在 1000- 2000 元之间，且您是会员，打九折。")
```

```
    else:# 如果用户不是会员
        d = 0.95
        print("购买金额在 1000- 2000 元之间,但您不是会员,打九五折。")
else:
    d = 1
    print("购买金额未达到优惠标准,没有折扣。")
# 计算并输出最终需要支付的金额
f = x*d
print("最终需要支付的金额为:{:.2f}元".format(f))
```

运行结果如下:

```
输入购买金额:2000
是否会员? 输入 1 表示会员,输入 0 表示非会员:1
购买金额超过 2000 元,且您是会员,打八折。
最终需要支付的金额为:1600.00 元
```

再次运行代码,结果如下:

```
输入购买金额:2000
是否会员? 输入 1 表示会员,输入 0 表示非会员:0
购买金额超过 2000 元,但您不是会员,打八五折。
最终需要支付的金额为:1700.00 元
```

§3.3　循环结构

循环结构是指程序在执行中根据符合的条件重复执行某些操作的结构。例如,求从 1 到 100 的累加和,求阶乘的累乘积,遍历列表、字符串等数据类型中的每个元素进行单独处理等。循环结构主要包括已知循环次数的 for 循环和未知循环次数的 while 循环。

例 3.11　3.2 节分支结构的例 3.3 编写了根据 BMI 值判断人体胖瘦情况的程序,如果更进一步,要判断不同的 5 个人(或者更多人)的 BMI 值呢? 要求:在例 3.3 的基础上,依次判断 5 个人的 BMI 值,并根据判断情况输出对应结果。

此例要判断 5 个人的 BMI 指数,需要使用循环结构,循环次数为 5 次,循环体是判断不同的 BMI 值,并产生不同的结果,是典型的循环结构。编写循环结构的关键是理清循环次数和循环体,并注意语句的缩进。

代码如下:

```
for i in range(5):
    bmi = float(input("请输入你的 BMI 值:"))
    if 18.5<=bmi<=24:
        print("正常状态")
    elif bmi<18.5:
        print("消瘦状态")
    elif bmi>24:
        print("超重状态")
```

运行结果如下:

```
请输入你的 BMI 值:18
消瘦状态
请输入你的 BMI 值:20
正常状态
请输入你的 BMI 值:22
正常状态
请输入你的 BMI 值:24
正常状态
请输入你的 BMI 值:28
超重状态
```

3.3.1 for 循环

在 Python 中,for 语句常称为计数型循环语句,一般与 in 关键字搭配,可以遍历任何序列中的元素。其流程图如图 3-5 所示,基本语法格式如下:

```
for 变量 in 序列:
    语句块
```

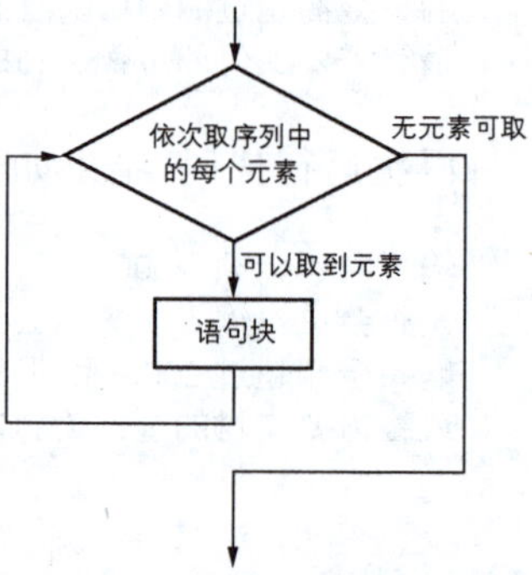

图 3-5　for 循环流程图

说明:

(1) 序列可以是常用的 range( ) 函数、字符串、列表、元组等类型。注意,序列后面要加英文冒号。

(2) 遍历时,每次从序列中取一个元素赋值给变量,然后执行循环体的语句块一次。直到把序列中的元素都取完,循环结束。因此,循环的次数由序列中的元素个数决定。注意,循环体的语句块可以是一条语句或多条语句,语句的缩进应保持准确性和一致性。

例 3.12　循环序列是 range( ) 函数。求从 1 到 100 的累加和并输出。

range( ) 函数是 Python 的内置函数,功能是创建一个整数序列。它包含三个参数,其基本语法格式如下:

```
range(start, end, step)
```

其中,start 表示整数序列的起始值,可以省略,省略后默认从 0 开始。end 表示整数序列的终止值,不可以省略,是开区间,即不包括 end 这个具体值。step 表示整数序列的步长值,可以省略,省略后默认是 1。

例如,range(1,10,2)表示从 1 开始,步长为 2,终止值为 10 的整数序列,对应的内容为:1,3,5,7,9。因此,从 1 到 100 的整数序列为 range(1,101)。代码如下:

```
s=0
for i in range(1,101):
    s=s+i
print("从 1 加到 100 的累加和为:",s)
```

运行结果如下:

```
从 1 加到 100 的累加和为:5050
```

例 3.13　循环序列是 range( ) 函数。输出 1～100 中既是 3 的倍数且个位数字是 6 的所有整数,计算它们的和并输出。

此例可以先通过循环依次从 1～100 中取整数,用 i 表示取到的整数,再判断条件是否满足,“是 3 的倍数”可用“i%3==0”实现,“个位数字是 6”可用“i%10==6”实现。代码如下:

```
s=0
for i in range(1,101):
    if i%3==0 and i%10==6:
        print(i,end='\t')
        s=s+i
print("\n 结果为:",s)
```

运行结果如下:

```
6    36   66   96
结果为:204
```

例 3.14　循环序列是列表。已知列表 lst=['黄花','桂花','菊花','兰花','梅花'],要求遍历输出列表中的每个元素。

遍历列表有索引法和枚举法两种。索引法通过 len( ) 函数获得列表的长度,通过 range( ) 函数生成列表元素的索引范围,再根据索引值输出对应的元素。枚举法则通过直接访问列表,依次输出相应元素。

(索引法)代码如下:

```
# 索引法
lst=['黄花','桂花','菊花','兰花','梅花']
for i in range(len(lst)):        #i 表示列表中的每个元素的索引值
    print(lst[i])
```

(枚举法)代码如下:

```
# 枚举法
lst=['黄花','桂花','菊花','兰花','梅花']
for i in lst:    #i 表示列表中的每个元素
    print(i)
```

运行结果如下:

```
黄花
桂花
菊花
兰花
梅花
```

例 3.15　循环序列是字符串。输入一个字符串,判断是否是回文词。

回文词就是正读和反读是一样的字符串,例如,上海自来水来自海上,就是一个回文词。即第一个字符和最后一个字符相同,第二个字符与倒数第二个字符相同,依此类推。

当只有一个字符时,也认为是回文词。

代码如下:

```
# 判断是否是回文词
s=input('请输入一个字符串:')
for i in range(1,len(s)+1):
    if s[i-1]! =s[-i]:
        print(s, '不是回文词。')
        break
else:
    print(s, '是回文词。')
```

运行结果如下:

```
请输入一个字符串:上海自来水来自海上
上海自来水来自海上 是回文词。
```

3.3.2 while 循环

在 Python 中,while 语句一般用于循环次数未知的循环结构。其流程图如图 3-6 所示,基本语法格式如下:

```
while 表达式:
    语句块
```

说明:

(1) 表达式表示循环的条件,可以是算术表达式、字符串表达式、关系表达式和逻辑表达式等。当表达式的结果为 True 时,进入循环体执行语句块中的内容;否则,不执行语句块。注意,表达式后面要加英文冒号。

(2) 语句块表示循环体,可以是一条或多条语句,要注意语句的缩进应保持准确性和一致性。

(3) while 语句的作用是先判断表达式的值,如果为 True,则执行语句块;再判断表达式的值,如果为 True,则再次执行语句块,依此循环反复,直到表达式的值为 False,循环结束。

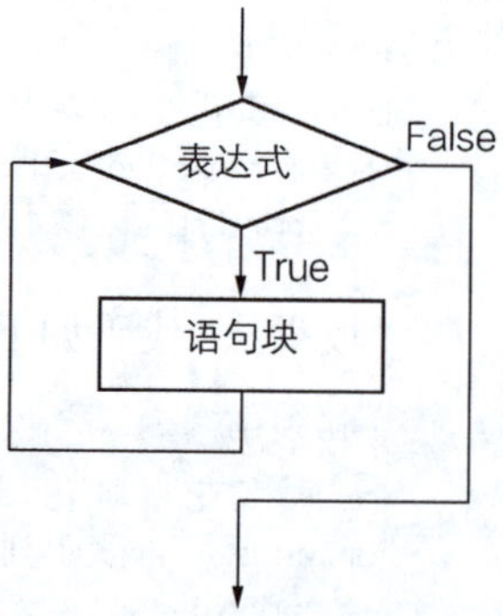

图 3-6 while 循环流程图

例 3.16 假设今年儿子 8 岁,父亲 35 岁,多少年后,父亲的年龄是儿子年龄的 2 倍?那时,儿子和父亲的年龄各是多少岁?编写程序进行计算。

此例中的循环次数未知,因此要用 while 循环实现。循环结束的条件是父亲的年龄是儿子年龄的 2 倍。设儿子的年龄为变量 a,其初始值为 8,父亲的年龄为变量 b,其初始值则为 35。

代码如下:

```
a=8      #a 表示儿子的年龄
b=35     #b 表示父亲的年龄
```

```
n=0      #n 表示过去的年
while b!=2*a:
    a=a+1
    b=b+1
    n=n+1
print("经过了",n,"年")
print("此时儿子的年龄为:",a)
print("此时父亲的年龄为:",b)
```

运行结果如下:

```
经过了 19 年
此时儿子的年龄为:27
此时父亲的年龄为:54
```

例 3.17 猜数游戏。猜数游戏是首先由计算机产生一个随机数(1~100 之间的整数),然后用户进行猜测。系统根据用户的猜测情况,输出反馈结果,即“猜大了”或者“猜小了”,直到用户猜的数与随机数相同,输出“恭喜,获胜!”,表示猜中,此时程序结束。

此例首先,需要使用导入随机数模块 random,再使用 randint( ) 函数产生一个 1~100 之间的随机整数。其次,需要使用 input( ) 函数接收键盘输入值。最后,确定循环结束的条件是用户所猜数与生成的随机数相等,循环体是二者相比较的过程。

代码如下:

```
import random
num=random.randint(1,100)
guess=int(input("请输入您猜的数:"))
while guess!=num:
    if guess>num:
        print("猜大了")
    else:
        print("猜小了")
    guess=int(input("请输入您猜的数:"))
print("恭喜,获胜!")
```

运行结果如下:

```
请输入您猜的数:50
猜大了
请输入您猜的数:25
猜小了
请输入您猜的数:30
恭喜,获胜!
```

思考: 如果限定猜数游戏的次数为 5 次,并且当 5 次都没有猜对时,程序也结束,并输出“次数用完,没有获胜!”该如何实现呢?

要注意的是,当 while 循环中的循环条件一直为真时,循环将无限继续,程序一直在不停的循环中循环，从而形成死循环。例如：

```
while True:
    print("hello...")
```

这个程序中，循环条件为 True，表示为真，因此程序会不停的输出“hello...”，从而陷入了死循环。为了避免死循环，需要加入循环的终止条件，再使用 break 关键字退出循环即可。因此，可以将上面的程序改为输出 10 遍“hello...”，代码如下：

```
n=0
while True:
    print("hello...")
    n=n+1
    if n==10:
        break
```

再如，要求输入学生的成绩并保存到列表中，当输入的成绩为负数的时，程序停止运行，代码如下：

```
score=[]
while True:
    s=float(input("输入学生的成绩:(当输入负数停止)"))
    if s<0:
        break
    score.append(s)
print("您输入的成绩为:",score)
```

运行结果如下：

```
输入学生的成绩:(当输入负数停止)90
输入学生的成绩:(当输入负数停止)88
输入学生的成绩:(当输入负数停止)70
输入学生的成绩:(当输入负数停止)68
输入学生的成绩:(当输入负数停止)65
输入学生的成绩:(当输入负数停止)- 2
您输入的成绩为:[90.0, 88.0, 70.0, 68.0, 65.0]
```

3.3.3 嵌套循环

嵌套循环是指在一个循环体中又包含了另一个循环结构，可以是 for 循环嵌套 for 循环或 while 循环，也可以是 while 循环嵌套 for 循环或 while 循环。

例 3.18 百钱买百鸡问题。假设市场上有鸡三种，小鸡、公鸡和母鸡，小鸡每只 0.5 元，公鸡每只 3 元，母鸡每只 5 元。若用 100 元去买 100 只鸡，请问可以怎么样买？

此例可以使用“穷举法”来解决，即尝试所有可能的组合，判断哪些组合满足条件。设买了 x 只小鸡，买了 y 只公鸡，买了 z 只母鸡。根据题目条件，可以建立以下方程：

总数是 100 只鸡：$x + y + z = 100$

总价是 100 块钱：$x/2 + 3y + 5z = 100$

由于 x、y、z 都必须是整数（不能买“部分”鸡），所以 x 从 0 开始依次递增值，最大值为

200,又根据此题要求可知,x 的最大值应为 100;y 也从 0 开始依次递增值,最大值为 33;z 的值等于 $100 - a - b$。通过嵌套循环求解得到的整数解就是符合题目要求的买法。

代码如下:

```
#百钱买百鸡问题
for x in range(0,101,2):
    for y in range(0,33):
        z=100-x-y
        if z>=0 and x/2+3*y+5*z==100:
            print(f"小鸡:{x},公鸡:{y},母鸡:{z}")
```

运行结果如下:

```
小鸡:80, 公鸡:20, 母鸡:0
小鸡:84, 公鸡:11, 母鸡:5
小鸡:88, 公鸡:2, 母鸡:10
```

例 3.19　把一张 10 元的人民币兑换成 2 元和 1 元的零钱,请问有哪些兑换方法?

代码如下:

```
for x in range(6):
    for y in range(11):
        if 2*x+y==10:
            print("2 元:",x,"1 元:",y)
```

运行结果如下:

```
2 元:0  1 元:10
2 元:1  1 元:8
2 元:2  1 元:6
2 元:3  1 元:4
2 元:4  1 元:2
2 元:5  1 元:0
```

3.3.4　循环结构的其他语句

1. break 语句和 continue 语句

在 Python 循环体结构中,可以使用 break 语句和 continue 语句改变循环执行的路径。break 语句称为循环的断路语句,它可以直接跳出循环,使循环结束,流程图如图 3-7 所示。continue 语句称为循环的短路语句,它可以跳过本次循环体内 continue 后面的语句,并开始下一次循环,流程图如图 3-8 所示。这两条语句通过在循环体中与 if 语句一起使用实现有条件的跳转。

例 3.20　以下两个程序段显示了 break 语句和 continue 语句的区别。

break 语句的示例代码如下:

```
for i in range(1,6):
    if i==3:
        break
    print(i,end=' ')
```

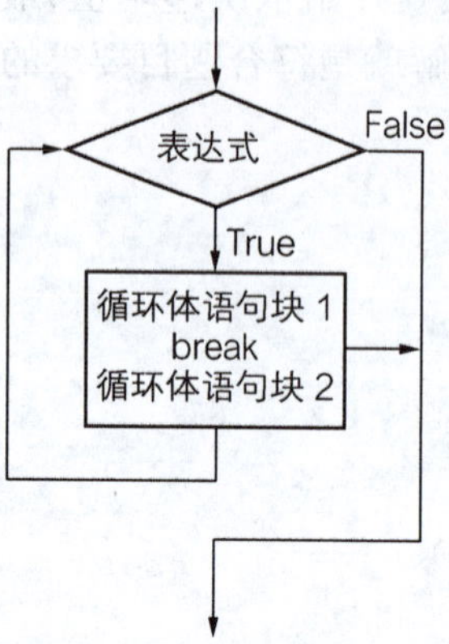

图 3-7　break 语句流程图

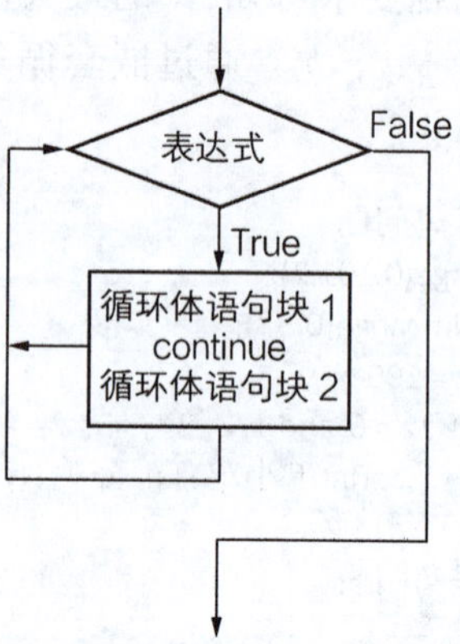

图 3-8　continue 语句流程图

运行结果如下：

```
1 2
```

这段代码使用循环结构输出 1 到 5。但当 i 等于 3 时，会执行 break 语句，循环终止，因此，输出结果只有 1，2。

continue 语句的示例代码如下：

```
for i in range(1,6):
    if i = = 3:
        continue
    print(i,end = ' ')
```

运行结果如下：

```
1 2 4 5
```

这段代码同样使用循环结构输出 1 到 5。但当 i 等于 3 时，会执行 continue 语句，程序将自动跳过关键字 continue 后面的 print 输出语句，继续执行下一次循环，因此，只有 3 不会输出。

2. else 语句

for 循环和 while 循环也可以与 else 语句搭配。当循环正常结束时，执行 else 语句中的内容。如果在循环过程中遇到 break 语句，则会提前终止循环，不会执行 else 语句。else 语句可以省略。for 循环与 else 语句搭配语法如下：

```
for 变量 in 序列:
    语句块 1
else:
    语句块 2
```

while 循环与 else 语句搭配语法如下：

```
while 表达式:
    语句块 1
```

```
else:
    语句块 2
```

例如：

```
for i in range(1,6):
    print(i)
else:
    print("循环正常结束!")
```

程序结果如下：

```
1
2
3
4
5
循环正常结束!
```

如果循环体中有 break 语句，例如：

```
for i in range(1,6):
    print(i)
    if i = = 3:
        break
else:
    print("循环正常结束!")
```

这时在循环体中，当 i 等于 3 的时会执行 break 语句，跳出循环，因此 else 语句的内容不会被执行。运行结果如下：

```
1
2
3
```

例 3.21　输出 2～100 之间的所有素数。

素数就是除 1 和本身以外，不能被其他任何正整数整除的数。因此判断某个数 num 是否是素数，就是用 num 依次去除以 2～num－1 的数，如果有一个能整除，则 num 就不是素数，退出循环；如果都不能整除，则 num 是素数。

此例要判断的是 2～100 中的所有素数，需通过循环依次从 2～100 中取数来判断是否为素数。显然是嵌套循环结构，外层循环是 2～100 中的每个数，内层循环是对取到的每个数进行素数判断，如果是素数则输出。

代码如下：

```
for num in range(2,101):
    for j in range(2,num):
        if num% j = = 0:
            break
    else:
        print(num,end = ' ')
```

运行结果如下：

```
2 3 5 7 11 13 17 19 23 29 31 37 41 43 47 53 59 61 67 71 73 79 83 89 97
```

3.3.5 程序调试

编写程序时出现错误是正常的，关键是如何调试，如何分析错误的原因并改正。俗话说“三分编程，七分调试”，足以说明调试的重要性。在编写好程序以后，运行程序，若运行不成功，则说明程序必有问题，这类问题一般是语法问题。即使运行成功，也需要核验运行的数据是否正常、是否合理，如果不合理，这类问题一般是逻辑问题。

1. 语法问题

语法问题在程序运行过程中会被解释器发现，系统会在输出窗口呈现错误信息，用户按照提示信息修改错误即可。一般来说，有以下 5 种常见错误。

（1）变量没有定义

例如：

```
X=5
print(x)
```

这段代码的错误信息为“NameError:name 'x' is not defined”。这说明变量 x 没有定义。因此，需要检查程序中的“x”。可以看到，赋值时使用的是大写的“X”，而输出时为小写“x”，系统运行时无法找到小写“x”，所以报错。因此，将代码中的变量大小写统一即可正常运行。在 Python 中应区分大小写。

（2）没有导入库

例如：

```
r=5
s=pi*r*r
print("圆的面积为：",s)
```

这段代码的错误信息为“NameError:name 'pi' is not defined”。这说明 pi 没有定义。因此，需要检查程序中是否导入了 math 库。pi 是 math 库的一个常量，需要先导入 math 库才能使用。正确代码如下：

```
from math import*        #导入 math 库
r=5
s=pi*r*r
print("圆的面积为：",s)
```

（3）没有引用库

导入库的方法一般有两种，即 from math import * 和 import math。使用前者方法导入 math 库后，使用 math 库的函数时不必再前缀“math.”，而使用后者方法导入 math 库后，使用 math 库的函数时必须前缀“math.”。例如：

```
import math
r=5
```

```
s=pi*r*r
print("圆的面积为:",s)
```

这段代码的错误信息为“NameError:name 'pi' is not defined”。这是因为虽然导入了math库,但是在“pi”前缺少“math.”,所以报错。应改为:

```
import math
r=5
s=math.pi*r*r
print("圆的面积为:",s)
```

（4）标点符号全角问题

例如:

```
a=input("请输入半径:“)
```

这段代码的错误信息为“SyntaxError:unterminated string literal”。这表明代码中存在一个未正确结束的字符串字面量,也就是在字符串内部缺少配对的结束引号。检查程序后发现,第二个双引号为中文全角,所以报错。

（5）数据类型错误

例如:

```
age=input("请输入您的年龄:")
age=age+1
```

这段代码的错误信息为“TypeError:can only concatenate str (not"int") to str”。这表明通过input()函数接收的数据是字符串类型,即age是字符串类型,不能执行“+1”的操作。因此,只需转换输入数据类型即可。

```
age=int(input("请输入您的年龄:"))
age=age+1
```

以上是在程序设计中可能出现的语法问题及解决方法。

2. 逻辑问题

逻辑问题在程序运行过程中不会被解释器发现,系统仍会在输出窗口呈现运行结果。这时,需要用户细心观察和判断结果是否正确。例如,下方三行代码可实现根据输入的正方形的边长来计算正方形的周长并输出。

```
a=input("请输入正方形的边长:")
c=4*a
print("正方形的周长为:",c)
```

运行结果如下:

```
请输入正方形的边长:5
正方形的周长为:5555
```

当正方形的边长为5时,其周长应该为20。显然与运行结果不符。这说明程序是有问题的。这样的问题称为逻辑问题，需要用户检查整个程序。由于 input( ) 函数接收的数据是字符串类型，即变量 a 是字符串类型，执行“4 * a”所得到的结果就是字符串重复 4 次，所以结果是 5555。因此，要得到正确的结果，需要将输入数据的类型转换为整数或浮点数。即：

```
a = int(input("请输入正方形的边长："))
c = 4*a
print("正方形的周长为：",c)
```

这时的运行结果如下：

```
请输入正方形的边长:5
正方形的周长为:20
```

对于稍复杂的程序来说，逻辑错误很难发现，这时可以在程序中添加 print 语句来观察变量的输出结果，以判断程序是否达到预期，从而找到错误的位置。也可以使用 PyCharm 或者 Anaconda 中的设置断点、单步执行、变量观察窗口等一系列调试功能进行查错。

3.3.6 应用案例

1. 字符图

字符图是由数字字母或符号组成的有规律的一些图案。在编程时要观察图形，分析规律，找到哪些是可变内容，哪些是不变内容。

例 3.22 编写程序输出如图 3-9 所示的字符图。

此例中字符是@ 符号，每一行输出的个数和行数是一样的。因此，使用 for 循环控制输出的行数，用@ 符号乘以行数来得到每行的个数即可。

```
@
@@
@@@
@@@@
@@@@@
@@@@@@
```

图 3-9 例 3.22 的字符图

代码如下：

```
for i in range(1,7):
    print("@ "*i)
```

例 3.23 编写程序输出如图 3-10 所示的字符图。

首先，本例中的字符是字母 A, B, …, G，每一行输出的个数和行数是一样的。其次，所有的字母是右对齐的，因此，第一行的左边都留出了空格，空格的个数依次递减 1，第一行的空格是 7 个，则第二行的空格就是 6 个，依次递减。最后，字母 A 变成字母 B，是把字母 A 的 ASCII 码加 1 之后得到字母 B 的 ASCII 码，然后再转成对应字母 B，即 chr(ord('A') +1)，加 2 之后得到字母 C 的 ASCII 码，然后再转成对应字母 C，依此类推。整个程序要使用 for 循环控制输出的行数。

```
      A
     BB
    CCC
   DDDD
  EEEEE
 FFFFFF
GGGGGGG
```

图 3-10 例 3.23 的字符图

代码如下：

```
for i in range(7):
    print(' '*(7- i)end = '')
    print(chr(ord('A')+i)*(i+1))
```

2. 部分级数和

例 3.24　输入整数 $n(1 \leqslant n \leqslant 9)$，计算下列多项式的值，输出结果保留五位小数。

$$s = \sum_{i=1}^{n} (-1)^{i+1} \frac{(3i+1)(i+2)}{(i+1)(2i+1)}$$

运行结果如图 3-11 所示。

```
输入n的值(1≤n≤9),输入0退出程序：1
当n=1时,s=2.00000
输入n的值(1≤n≤9),输入0退出程序：2
当n=2时,s=0.13333
输入n的值(1≤n≤9),输入0退出程序：6
当n=6时,s=0.21235
输入n的值(1≤n≤9),输入0退出程序：9
当n=9时,s=1.84942
输入n的值(1≤n≤9),输入0退出程序：0
程序结束!
```

图 3-11　例 3.24 运行结果

根据题目要求和运行结果可知，程序要使用 while True 结构，反复运行输入不同的 n 的值来计算多项式的不同结果 s。多项式结果 s 的计算是一个累加求和的过程，可以通过嵌套 for 循环来实现。最后，输出要保留五位小数，可以使用 format 格式化输出。

代码如下：

```
while True:
    n = int(input("输入 n 的值(1≤n≤9),输入 0 退出程序:"))
    if n = = 0:
        print("程序结束!")
        break
    s = 0
    for i in range(1, n+1):
        s = s+(- 1)**(i+1)*(3*i+1)*(i+2)/((i+1)*(2*i+1))
    print(f"当 n = {n}时, s = {s:.5f}")
```

运行结果如下：

```
输入 n 的值(1≤n≤9),输入 0 退出程序:1
当 n = 1 时, s = 2.00000
输入 n 的值(1≤n≤9),输入 0 退出程序:6
当 n = 6 时, s = 0.21235
输入 n 的值(1≤n≤9),输入 0 退出程序:0
程序结束!
```

例 3.25　编写程序，计算 $s = 1 + 2 + 4 + 7 + 11 + 16 + \cdots$，当 $s > 300$ 时，程序结束。求此时 s 的值，累加到了第几项，项值是多少？

求累加和的运算要用到循环结构，又因为循环次数未知，所以用 while 循环实现。已知循环结束的条件是 $s > 300$，因而循环成立的条件就是 $s \leqslant 300$。再观察项数之间的关系，第 1 项的项值是 1,第 2 项的项值等于第 1 项加 1,第 3 项的项值等于第 2 项加 2,依此类推,第 i 项等于第 $i-1$ 项加 $i-1$。

代码如下：

```
s=0              # 表示累加和
i=1              # 表示第 i 项
t=1              # 表示第 i 项对应的项值 t
while s<=300:
    s=s+t
    print(f"s={s},i={i},t={t}")
    t=t+i
    i=i+1
```

运行结果如下：

```
s=1,i=1,t=1
s=3,i=2,t=2
s=7,i=3,t=4
s=14,i=4,t=7
s=25,i=5,t=11
s=41,i=6,t=16
s=63,i=7,t=22
s=92,i=8,t=29
s=129,i=9,t=37
s=175,i=10,t=46
s=231,i=11,t=56
s=298,i=12,t=67
s=377,i=13,t=79
```

根据运行结果可知,此时 s 的值为 377,累加到了第 13 项,项值为 79。print 语句放在循环体中是为了更好地观察到每一次循环产生的结果,这样更清楚明了。

结构化程序设计是编程的重点,要养成勤思考、勤动手的习惯。

本章小结

本章主要介绍了结构化程序设计的三种基本控制结构,即顺序结构、分支结构和循环结构。顺序结构作为程序执行的最简单结构,体现了计算机的线性执行特性,所有语句按照严格的顺序逐条执行。分支结构通过条件判断机制打破了线性执行的限制,使程序具备动态决策能力,从最简单的单分支 if 判断到双分支 if...else...的判断,再到多分支 if...elif...elif...else 的判断以及嵌套分支的判断,反映了实际生活中不同的选择将面临不同的结果。在实际编程时,要合理设计判断条件以及产生的结果,并在程序调试过程中将所有可能的分支流程全部测试完毕,保证程序的正确性。循环结构通过迭代控制实现了代码的重复执行,无论是确定次数的 for 循环还是条件驱动的 while 循环,其本质都是通过循环条件和循环体的配合实现自动化处理,但需要注意避免陷入死循环或无效迭代的性能陷阱。这三种基础结构通过嵌套组合能够构建出复杂的程序逻辑,在实际编程时,应当根据具体场景选择恰当的结构组合,同时还要兼顾代码的执行效率和可维护性。

习题3

1. 根据键盘输入长方形的长和宽，计算对应长方形的周长和面积并输出，保留一位小数。

2. 根据输入的年龄判断是否成年，如果年龄低于18为未成年人。

3. 根据输入的年份判断是否为闰年并输出。提示：判断闰年的条件是该年份能被4整除但不能被100整除；或者该年份能被400整除。

4. 根据输入的数字判断并输出对应的日类型。例如：输入数字1~5，输出“工作日”；输入数字6，输出“加班日”；输入数字7，输出“休息日”。

5. 某水族馆门票规定：成人（18岁以上）需购买全票。儿童身高超过1.5米（含），需购买全票；超过1.2米（含），需购买半票，低于1.2米，免票。编程实现功能：根据输入的年龄和身高判断游客需购买全票、半票还是免票。

6. 编程输出1~100中的偶数。

7. 根据输入三角形的三条边长，判断是否可以构成三角形，若可以，则计算并输出三角形的面积。否则，输出“不能构成三角形，无法计算面积。”

8. 编程求一元二次方程 $ax^2+bx+c=0$ 的根。当 $b^2-4ac>0$ 时，方程有两个不同的根；当 $b^2-4ac=0$ 时，方程有两个相同的根；当 $b^2-4ac<0$ 时，方程无根。

9. 编写一个程序，由用户输入年龄，再根据年龄的范围划分出相应的年龄段。年龄在0~12的岁之间的是儿童；在13~18岁之间的是青少年；在19~59岁之间的是成年人；在60岁以上的是老年人。

10. 编程求所有的水仙花数。所谓水仙花数，是指一个三位数，其各位数字立方和等于该三位数本身。例如：470是水仙数，因为 $4^3+0^3+7^3=407$。

11. 编程输出年份在2000~3000之间的所有闰年。

12. 编程输出如图3-12所示字符图。

13. 编程计算多项式的结果。

输入整数 $n(1\leqslant n\leqslant 9)$，计算下列多项式的值，输出结果保留三位小数。

$$s=\sum_{i=1}^{n}(-1)^{i+1}\frac{(3i+1)}{(i+1)(i+2)}$$

运行结果可参考图3-13。

```
     *
    ***
   *****
  *******
 *********
***********
```

图3-12 第12题字符图

```
输入n的值(1≤n≤9),输入0退出程序：1
当n=1时,s=0.667
输入n的值(1≤n≤9),输入0退出程序：2
当n=2时,s=0.083
输入n的值(1≤n≤9),输入0退出程序：5
当n=5时,s=0.531
输入n的值(1≤n≤9),输入0退出程序：0
程序结束!
```

图3-13 第13题运行结果（参考）

第 4 章

组合数据类型及应用

§4.1 组合数据类型概述

Python 的组合数据类型(图 4-1)主要包括序列类型、映射类型和集合类型。

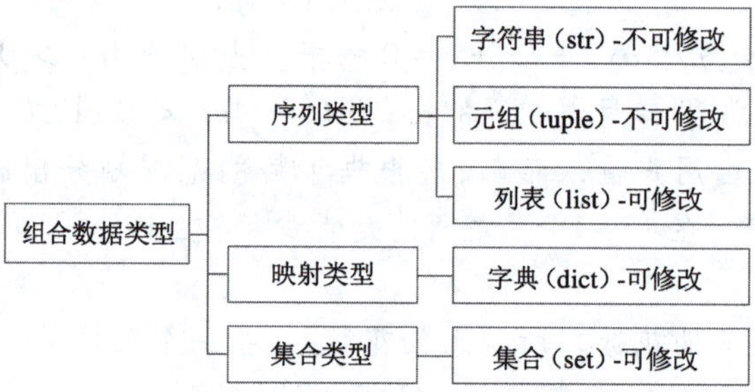

图 4-1　组合数据类型的分类

1. 序列类型

序列类型数据是一种有序的元素集合,支持一系列通用的操作符和函数(见表 4-1,其中 seq 表示任一种序列数据),可以进行索引、切片、连接、重复等操作。

表 4-1　序列类型常用操作符和函数

分类	操作符	描述
索引	seq[index]	通过索引访问序列中的元素
切片	seq[start:end:step]	获取序列的一个子序列
连接	seq1 + seq2	将两个序列连接成一个新的序列
重复	seq * n	将序列重复 *n* 次
成员关系测试	value in seq	检查 value 值是否在序列中
	value not in seq	检查 value 值是否不在序列中
通用函数	len(seq)	返回序列的长度
	max(seq)	返回序列中的最大值

（续表）

分类	操作符	描述
通用函数	min(seq)	返回序列中的最小值
	sum(seq)	返回序列中所有元素的和(适用于数字序列)
	sorted(seq)	返回一个新的、升序排序的列表(不改变原序列)
	reversed(seq)	返回一个反转的迭代器
	enumerate(seq)	返回一个枚举对象,包含序列的索引和值

2. 映射类型

映射类型是一种存储键值对的数据结构,每个键都映射到一个值上。字典存储需要快速访问的数据,可以实现数据的映射关系,例如将学生的学号映射到成绩。

3. 集合类型

集合类型是一个无序的、不包含重复元素的集合。它支持数学上的集合操作,如并集、交集、差集和对称差集等。集合主要用于去重。

§4.2 字符串

字符串作为一种基本而强大的数据类型,扮演着举足轻重的角色。通过多样的函数和方法,字符串能够轻松实现文本的拼接、分割、替换、查找等操作,并且支持丰富的格式化方法。通过学习字符串的使用,可以解锁处理文本数据的无限可能。

4.2.1 字符串的转义

字符串中的某些字符可能具有特殊意义,如换行符、制表符等。在 Python 中,为了在字符串中包含这些特殊字符,可以使用转义字符。转义字符是指在反斜杠字符(\)后跟一个或多个字符,它们组合起来表示一个特殊字符或操作。常用转义字符见表 4-2。

表 4-2 常用转义字符

转义字符	描述	转义字符	描述
\n	换行符	\r	回车字符
\t	制表符	\a	蜂鸣,响铃字符
\\	反斜杠本身	\b	退格
\'	单引号	\f	换页
\"	双引号	\v	垂直制表符

将这些转义字符放入字符串中的显示效果主要有以下五种。

1. 包含换行符的字符串

例如:

```
>>>s1 ="Hello,\nWorld!"
```

```
>>>s1
"Hello,\nWorld!"
>>>print(s1)
Hello,
World!
```

2. 包含制表符的字符串

例如：

```
>>>s2 ="Python\tis\tawesome!"
>>>print(s2)
Pythonisawesome!
```

3. 包含单引号和双引号的字符串

例如：

```
>>>s3 = 'She said,"Hello,World!"'
>>>s4 ="She said,\"Hello,World!\""
>>>s3
'She said,"Hello,World!"'
>>>s4
'She said,"Hello,World!"'
```

4. 包含反斜杠的字符串

在 Windows 系统中，文件路径常使用反斜杠“\”作为目录分隔符。如果直接在字符串中使用反斜杠，Python 可能会将其视为转义字符的开始而导致错误。因此，可以使用“\\”直接表示路径中的反斜杠。例如：

```
>>>file_path ="C:\\Users\\username\\Documents\\file.txt"
>>> print(file_path)
C:\Users\username\Documents\file.txt
```

5. r 字符串前缀

在字符串前添加“r”，可以告诉 Python 解释器将反斜杠字符视为普通字符，即不使用转义功能。这样可以避免由于转义字符造成的错误或混淆。r 字符串前缀的主要有以下三种使用场景。

(1) 普通字符串与原始字符串

例如：

```
# 普通字符串，这里的\n 会被解释为换行符
normal_string ="你叫什么名字？\n 我叫王明。"
print(normal_string)
# 原始字符串，这里的\n 不会被解释，会原样输出
raw_string = r"你叫什么名字？\n 我叫王明。"
print(raw_string)
```

运行结果如下：

```
你叫什么名字？
```

```
我叫王明。
你叫什么名字？ \n 我叫王明。
```

(2) 文件路径中的原始字符串

使用 r 字符串前缀的原始字符串可以避免在编写文件路径时频繁使用双反斜杠(\\)。例如:

```
# 普通字符串,这里的\\表示一个反斜杠
file_path ="C:\\Users\\Username\\Documents\\file.txt"
print(file_path)

# 原始字符串,这里的\直接表示一个反斜杠
raw_file_path = r"C:\Users\Username\Documents\file.txt"
print(raw_file_path)
```

运行结果如下:

```
C:\Users\Username\Documents\file.txt
C:\Users\Username\Documents\file.txt
```

(3) 正则表达式中的原始字符串

在处理正则表达式时,正则表达式常要使用反斜杠,此时可以使用 r 字符串前缀避免转义(详见 9.3.1 小节)。

4.2.2　字符串的基本操作符

Python 提供六种字符串的基本操作符。

1. 连接(+)

该操作符用于连接字符串 s1 和 s2。例如:

```
>>>first_name ="小明"
>>>last_name ="王"
>>>full_name = last_name + first_name
>>>full_name
王小明
```

2. 复制(*)

s * n 或 n * s 表示复制 n 次字符串 s。例如:

```
>>>hello ="快乐"
>>>greeting = hello*3
>>>greeting
快乐 快乐 快乐
```

3. 成员判断(in 或 not in)

该操作符用于判断一个字符串是否是一个字符串的子串。例如:

```
>>>word ="welcome"
>>>"come" in word
True
```

```
>>>word ="welcome"
>>>"come" not in word
False
```

4. 索引(str[i])

字符串由字符序列组成。字符串中的每个字符都有一个索引号,分为正向索引和反向索引。如果字符串的长度为 L,正向索引从左向右、从 0 开始递增编号至 $L-1$,反向索引从右向左、从-1 开始递减编号至 $-L$。使用索引可以访问字符串中的每个单个字符。

如图 4-2 所示,以字符串 s="欢迎学习 Python" 为例,s 共包含 10 个字符,其中每个字符都有其对应的正向或反向索引号,通过索引号可以精准地定位到 s 中的每个字符。

正向索引	0	1	2	3	4	5	6	7	8	9	
s="	欢	迎	学	习	P	y	t	h	o	n	"
反向索引	-10	-9	-8	-7	-6	-5	-4	-3	-2	-1	

图 4-2 字符串的正向索引与反向索引示例

例如:

```
>>>s="欢迎学习 Python"
>>>s[0]
'欢'
>>>s[7]
'h'
>>>s[-1]
'n'
>>>s[-6]
'P'
```

5. 切片(str[start:end:step])

使用切片可以访问字符串中的部分字符。通过切片操作可以返回一个新字符串,新字符串为从索引号 start 开始到索引号 end 结束(不包括 end 位置的字符)、截取步长为 step 的字符串。step 为负数时反向截取字符串。

其中,start、end、step 都可省略,但冒号不可以省略。如果省略开始索引 start,则从字符串的左侧开始处切片;如果省略结束索引 end,则会切片到字符串的末尾;如果省略步长 step,表示步长默认为 1,将按字符顺序依次切片。

例如:

```
>>>s="欢迎学习 Python"
>>>s[0:2]
'欢迎'
>>>s[0:4:2]
'欢学'
>>>s[4:]
'Python'
>>>s[:4]
'欢迎学习'
```

```
>>>s[::]
'欢迎学习 Python'
>>>s[-8:-6]
'学习'
>>>s[::-1]
'nohtyP 习学迎欢'
```

例 4.1　生成如下所示的字符图。

```
请输入高度 n:5
    *
   ***
  *****
 *******
*********
```

此例结合行数与每行字符个数的关系,可以利用字符串的复制功能实现上述效果。通过循环控制行数 i,先打印递减空格,再奇数递增打印星号。代码如下:

```
n = int(input("请输入高度 n:"))                # 定义三角形的高度(行数)
for i in range(1, n + 1):
    print(' '*(n - i), end=' ')               # 打印空格
    print('*'*(2* i - 1))                     # 打印星号
```

例 4.2　星期二是某店的开业日,为庆祝开业,出生日是 2、12、22 的客户都可以享受八八折的优惠。请根据客户登记信息中的身份证号输出客户的生日,并判断这个客户是否能享受优惠。

此例可以使用切片提取身份证号中的出生年月日信息,并判断生日是否为特定日期。若为特定日期,则输出可享受八八折优惠的信息;否则提示无法享受优惠。代码如下:

```
''' 为了减少测试代码时反复输入身份证号的麻烦,可以提前预设身份证号,待程序完整后再调整成
使用 input()函数输入身份证号 '''
# ID = '000000199012310000'

ID=input(' 请输入要查询的身份证号:')
year = ID[6:10]                              # 提取身份证号码中的年
month = ID[10:12]                            # 提取身份证号码中的月
day = ID[12:14]                              # 提取身份证号码中的日
birth_date = f"{year}年{month}月{day}日"      # 利用年月日生成生日
if day in ['02','12','22']:                  # 判断出生日是否是 2、12、22
    print(f"您的生日是{birth_date}。恭喜! 可以享受八八折的优惠。")
else:
    print(f"您的生日是{birth_date}。很遗憾,不能享受此次优惠。")
```

运行结果如下:

```
请输入要查询的身份证号:000000200108120000
您的生日是 2001 年 08 月 12 日。恭喜! 可以享受八八折的优惠。
```

4.2.3 字符串的遍历

字符串的遍历是一项基础而常用的操作。通过遍历可以依次得到字符串中的每个字符,遍历常见方法有枚举法和索引法。

1. 枚举法

枚举法是指通过 for 循环枚举遍历字符串中的每个字符。

例 4.3 利用 for 循环法重新打印字符串"Python",形成"*P*y*t*h*o*n*"的形式。

代码如下:

```
str1 ="Python"
print("*",end="")
for char in str1:                #遍历时可以通过循环直接按顺序获得字符串的每个字符
    c=char+"*"
    print(c,end="")
```

运行结果如下:

```
*P*y*t*h*o*n*
```

如果想额外获得字符的索引号,可以使用 enumerate()函数同时获得索引号和单字符。代码如下:

```
str1 ="Python"
for index,char in enumerate(str1):
    print(f"索引号为{index}, 单字符为{char}")
```

运行结果如下:

```
索引号为 0, 单字符为 P
索引号为 1, 单字符为 y
索引号为 2, 单字符为 t
索引号为 3, 单字符为 h
索引号为 4, 单字符为 o
索引号为 5, 单字符为 n
```

2. 索引法

索引法是指通过字符串的索引来遍历字符串。

例 4.4 利用索引法重新打印字符串"Python",形成"*P*y*t*h*o*n*"的状态。

代码如下:

```
str1 ="Python"
print("*",end="")
for i in range(len(str1)):       #遍历需要靠索引号的变化得到字符,遍历的同时获得索引号
    c=str1[i]+"*"
    print(c,end="")
```

运行结果如下:

```
*P*y*t*h*o*n*
```

这两种方法各有其应用价值。枚举法可以直接获得字符串的每个字符，索引法则在处理需要字符顺序或修改字符串的场景中更为常见。

4.2.4　内置字符串处理函数

内置的字符串处理函数（表 4-3）在字符串处理、数据转换和格式化输出等方面非常有用。

表 4-3　内置的字符串处理函数（6 个）

函数	描述	代码举例
str(x)	返回任意数据类型 x 所对应的字符串形式	>>>num = 123 ; str_it = str(num) >>>type(str_it)) <class 'str_it'> >>>str_it "123"
len(s)	返回字符串 s 的长度	>>>s ="Hello,World!" >>>len(s) 13
chr(n)	返回 Unicode 编码 n 对应的单字符	>>>chr(65) A >>>chr(97) a
ord(c)	返回单字符 c 对应的 Unicode 编码	>>>ord('A') 65 >>>ord('a') 97
max(s)	返回字符串 s 中编码值最大的字符	>>> max("Python") 'y'
min(s)	返回字符串 s 中编码值最小的字符	>>> min("Python") 'p'

例 4.5　在例 4.1 的基础上更新字符图，生成如下所示的新字符图。

```
请输入高度 n:5
    ❀
   ❁❁
  ❂❂❂
 ❃❃❃❃
❄❄❄❄❄
```

此例中的字符图每行的字符不一，可以通过与行号一同更新的字母编码值来实现字符的变化。通过 ord('❀')可获得第一行的字符“❀”的编码值为 10048。在循环中，通过行号 i 的变换改变符号的编码值，让每一行的符号随着行号变化而变化。代码如下：

```
n = int(input("请输入高度 n:"))                    # 定义三角形的高度(行数)
for i in range(1, n + 1):
```

```
    print(' '*(n - i),end='')          # 打印空格
    print(chr(10047+i)*i )             # 打印变化的符号
```

注意,不同的符号在不同运行环境里的宽度可能会有差别,符号和空格的排列需要在环境中调试才能确定。

例 4.6 回文句是指正读和反读都一样的句子,这些句子在中文中富有韵律和美感,常用于文学创作和趣味语言游戏中。编写程序找到回文句的中间字符。

根据回文句式对称的特点,此例可以通过计算字符串长度确定中间位置的索引,来提取回文字符串中心字符并输出。以“香山碧云寺云碧山香”为例,代码如下:

```
s ="香山碧云寺云碧山香"
middle_index = len(s) // 2
middle_character = s[middle_index]
print(f"回文字符串'{s}' 的中间字符是'{middle_character}'")
```

使用 len( ) 函数获取字符串总长度,可以用整除运算定位中间字符的索引位置并提取中间字符。运行结果如下:

```
回文字符串'香山碧云寺云碧山香'的中间字符是'寺'
```

4.2.5 内置字符串处理方法

Python 的字符串类型提供了许多内置方法,用于执行各种操作,如搜索、替换、格式化等。字符串类型共有 43 个内置方法,这里主要介绍其中 20 个常用方法,见表 4-4(其中 str 表示字符串),这些方法使得处理字符串变得更加方便和高效。

表 4-4 内置字符串常用处理方法(20 个)

方法	描述	代码举例
str. upper( )	将 str 中所有字符转换为大写	>>>s ="hello" >>>s.upper() "HELLO"
str. lower( )	将 str 中所有大写字符转换为小写	>>>s ="HELLO" >>>s.lower()) "hello"
str. capitalize( )	将 str 的第一个字符转换为大写,其余字符转换为小写	>>>s ="hello WORLD" >>>s.capitalize() "Hello world"
str. title( )	返回标题化的 str,即每个单词的首字母大写,其余小写	>>>s ="hello world" >>>s.title() "Hello World"
str. center (width, [fillchar])	在指定的宽度 width 中居中字符串的方法,fillchar 是填充字符,缺省则为空格	>>>s ="hello" >>>s.center(10,'*') "**hello***"
str. count (sub[, start, [end]])	返回子字符串 sub 在 str 中出现的次数,可以指定搜索的开始和结束位置	>>>s ="hello hello hello" >>>s.count('hello') 3

（续表）

方法	描述	代码举例
str. find (sub[,start[,end]])	返回子字符串 sub 在 str 中首次出现的位置索引，如果找不到则返回-1	>>>s ="hello world" >>> s.find('world') 6
index (sub[,start[,end]])	与 find( )方法类似，但如果 sub 不在 str 中，会抛出一个 ValueError	>>>s ="hello world" >>>s.index('world') 6
str. split (sep=None, maxsplit=-1)	通过指定分隔符对 str 进行分割，sep 默认空格，maxsplit 为分割次数，默认不限次数	>>>s ="hello,world,python" >>>s.split(',') ['hello','world','python']
str. replace (old, new, count)	把 str 中的 old 替换成 new，如果指定了 count，则替换不超过 count 次	>>>s ="hello hello hello" >>>s.replace('hello','hi',2) "hi hi hello"
str. strip (chars)	去除 str 两端的空白字符（默认空格）。如果指定 chars，则去除 chars 中列出的字符	>>>s =" hello " >>>s.strip() "hello"
str. join( )	将组合数据类型中的元素以指定的字符 str 连接生成一个新的字符串	>>>strings = ['hello','world'] >>>' '.join(strings) 'hello world'
str. islower( )	如果 str 中所有字符都是小写，返回 True，否则返回 False	>>>s ="hello" >>>s.islower() True
str. isnumeric( )	如果 str 中所有字符都是数字字符，返回 True，否则返回 False	>>>s ="12345" >>>s.isnumeric() True
str. isalpha( )	如果 str 中所有字符都是字母，返回 True，否则返回 False	>>>s ="Hello" >>>s.isalpha() True
str. isspace( )	如果 str 中只包含空白字符，返回 True，否则返回 False	>>>s =" " >>>print(s.isspace()) True
str. isprintable( )	如果 str 中所有字符都是可打印的，返回 True，否则返回 False	>>>s ="hello" >>>s.isprintable() True
str. endwith (suffix, [start[,end]])	检查 str 是否以指定的后缀 suffix 结束，可以指定检查的开始和结束位置	>>>s ="hello world" >>>s.endswith('world') True
str. startwith (prefix, [start[,end]])	检查 str 是否以指定的前缀 prefix 开始，可以指定检查的开始和结束位置	>>>s ="hello world" >>>s.startswith('hello') True
str. zfill(width)	返回长度为 width 的字符串，str 右对齐，前面填充 0	>>>s ="42" >>>s.zfill(5) "00042"

值得注意的是，字符串是不能修改的。字符串方法的使用只会显示对应方法的应用效果，但不会改变原字符串。若要保留方法的应用效果，可以将方法运行结果存入变量中。

例如，在下方代码中 upper( )方法可以输出字符串的大写形式，但是不能改变字符串本身。

```
>>>string="Hello World"
>>>string.upper()
'HELLO WORLD'
>>>string
'Hello World'
```

例 4.7 字符串 s 中存储的是中央电视台纪录频道重磅打造的纪录片《超级工程(第一季)》的各集标题。编写一个程序，从字符串 s 中提取出各集的名字，并按顺序显示。

字符串如下：

```
s ='第一集:上海中心大厦,第二集:北京地铁网络,第三集:港珠澳大桥,第四集:中国风能工程,第五集:LNG 液化天然气船'
```

该字符串中各集内容由中文逗号进行分隔，可以使用 split( )方法将原始字符串分割为包含各集信息的列表，然后遍历列表每个元素，并用中文冒号进一步拆分为编号和名称。代码如下：

```
s ='第一集:上海中心大厦,第二集:北京地铁网络,第三集:港珠澳大桥,第四集:中国风能工程,第五集:LNG 液化天然气船'
episodes = s.split(',')                  # 使用","分割字符串,得到一个包含各级名字的列表
for episode in episodes:                 # 遍历列表
    number,name = episode.split(':')     # 使用":"分割每一集的名字和编号
    print(f"{number}:{name}")            # 打印编号和名字
```

运行结果如下：

```
第一集:上海中心大厦
第二集:北京地铁网络
第三集:港珠澳大桥
第四集:中国风能工程
第五集:LNG 液化天然气船
```

例 4.8 个人信息脱敏的意义在于保护个人隐私和数据安全，防止敏感信息的泄露和滥用。编写程序完成电子邮箱脱敏，如将 example123@ example. com 显示为 e ******* @ example. com。

要对电子邮箱脱敏，需要先以“@”为分隔符拆分原始邮箱，分离出用户名和域名，再对用户名进行脱敏，最后将脱敏后的用户名与原始域名拼接，生成并输出形如“e ******** @ example. com”的匿名化邮箱地址，有效隐藏用户敏感信息。代码如下：

```
email ="example123@example.com"
username,domain = email.split('@')                           # 分离用户名和域名
masked_username = username[0] + '*'*(len(username) - 1)      # 生成脱敏后的用户名
masked_email = masked_username + '@' + domain                # 拼接脱敏后的邮件地址
print(masked_email)
```

运行结果如下：

```
e*********@example.com
```

4.2.6　字符串类型的格式化

在 Python 中，字符串格式化与 print( ) 函数结合能获得更多样化的输出效果，使字符串更加易读和易于理解。格式化操作也可以创建动态字符串，根据程序运行时的数据或用户输入来变化。Python 提供三种字符串格式化的方法。

1. C 风格格式化

C 风格的格式化使用配合一个或多个格式化指令的“%”操作符来指示格式化操作，类似于 C 语言中的 printf( ) 函数。常用格式说明符见表 4-5。

表 4-5　常用格式符说明符

d	十进制整数
f 或 F	浮点数
e 或 E	指数
c	单个字符
s	字符串

例 4.9　格式化一个包含字符串、整数和浮点数的字符串。

代码如下：

```
name ="王明"
age = 30
weight = 68.67                    # 单位为千克
print("我的名字是% s,我今年% d 岁。我的体重是% .1f 斤。"% (name,age,weight*2))
```

其中，%s 表示字符串，%d 表示整数，%. 1f 表示保留一位小数的浮点数。运行结果如下：

```
我的名字是王明,我今年 30 岁。我的体重是 137.3 斤。
```

C 风格格式化在 Python 早期版本中广泛使用，但自从引入更灵活简洁的 str. format( ) 及 f-strings 方法后，C 风格格式化方法使用频率逐渐降低。

2. str. format( ) 方法

str. format( ) 方法的规则相当灵活。它可以构造一个字符串，其字符串的某些部分以一对花括号“{}”作为槽替换为指定的值，并可指定如何格式化对应的值。str. format( ) 方法的基本语法格式如下：

```
<带若干个{}槽的模板字符串>.format(<参数 1,参数 2,…,参数 n>)
```

str. format( ) 方法常用的格式规则：

(1) 位置参数：不带索引的花括号{}会被 format( ) 方法中参数的按顺序依次替换。带索引的花括号{0}，{1}，{2}……会被 format( ) 方法中对应索引位置的参数替换。例如：

```
>>>text1 ="坐标:{}, {}"
>>>text1.format(35,20)
坐标:35, 20
```

```
>>>text2 ="坐标:{1}, {0}"
>>>text2.format(75,12)
坐标:12, 75
```

（2）关键字参数：花括号中可以包含关键字，例如，下方代码中的{name}被 format( )方法中名为 name 的关键字参数替换。

```
>>>text ="姓名:{name},年龄:{age}"
>>>text.format(age=20,name="王明")
姓名:王明,年龄:30
```

（3）宽度：可以在冒号后指定最小宽度，如{:10}表示最小宽度为 10。

（4）精度：对于浮点数，可以在“.”后指定小数点后的位数，如{:.2f}表示保留两位小数。

（5）类型：可以通过格式说明符在冒号后指定类型和格式。例如：

```
import math
text ="{:15.10f}"
f_text = text.format(math.pi)
print(f_text)
```

上方代码控制最小输出宽度为 15、小数点后位数为 10 位。运行结果如下：

```
    3.1415926536
```

（6）百分比：可以将数字格式化为百分比形式。例如：

```
>>>text ="{:.2%}"
>>>text.format(0.123)
12.30%
```

（7）千位分隔符：对于整数，可以使用逗号作为千位分隔符。例如：

```
>>>text="{:,}"
>>>text.format(12362443)
'12,362,443'
```

（8）其他格式：可以表示二进制、八进制、十六进制等，如{:b}, {:o}, {:x}或{:X}。

若通过 str. format( )方法改写例 4.9 中的代码，改写后的代码如下：

```
name ="王明"
age = 30
weight = 68.67   #单位为千克
print("我的名字是{},我今年{}岁。我的体重是{:.1f}斤。".format(name,age,weight*2))
```

其中，输出语句中字符串的 3 个花括号{ }相当于 3 个槽，{ }中的内容会按照格式要求被 format( )方法中的参数依次替换。前两个槽中的内容按参数顺序用变量 name 和 age 替换，第三个槽{:.1f}用于格式化浮点数，用体重 weight * 2 的值替换并保留一位小数。

3. f-string 格式化方法

f-string 格式化方法是 Python 3.6 及以上版本引入的一种新的字符串格式化方法，允许在字符串前加上“f”或“F”，并通过花括号{}作为槽将变量或表达式的值嵌入字符串常量中。它与 str.format()方法相似，但语法更简洁易读，目前是 Python 中使用更广泛的格式化方法。

f-string 格式化方法的基本语法格式如下：

```
f<模板字符串>或 F<模板字符串>
```

其中，模板字符串包括若干个花括号{}槽以替换其他值。例如：

```
>>>name ="王明"
>>>age = 30
>>>f'你好，我是{name}，今年{age}岁。'
'你好，我是王明，今年 30 岁。'
```

其中，name 和 age 是两个变量，它们的值根据字符串中花括号{}槽的位置依次被插入字符串中。

可以在花括号内的变量名后使用英文冒号“:”，后跟格式说明符来指定值的格式化方式。例如：

```
>>>number = 1524.65412
>>>f'{number:9.2f}'
'1524.65'
```

上方代码中 number 为浮点数变量，格式化为占位 9 位、保留两位小数的浮点数并转换为字符串显示。位数不足时，在左侧填充空格。

通过 f-string 方法改写例 4.9 中的代码会更直接和简洁，改写后的代码如下：

```
name ="王明"
age = 30
weight = 68.67  #单位为千克

print(f"我的名字是{name}，我今年{age}岁。我的体重是{weight*2:.1f}斤。")
```

4.2.7　应用案例

例 4.10　设计一个生成和验证四位验证码的系统。

此例可以使用 random 库生成验证码并转换为字符串格式，以便后续显示和比较。使用 while True 循环来不断接收用户的输入，直到用户输入正确的验证码为止。代码如下：

```
import random
captcha_num = random.randint(1000,9999)
captcha_str = str(captcha_num)
print("验证码为：",captcha_str)                    # 显示验证
while True:
    user_input = input("请输入验证码")
```

```
        if user_input = = captcha_str:
            break
        elif user_input.isnumeric() = = False:
            print("输入错误,请输入数字")
        else:
            print("验证码错误!")
    print("验证码正确!")
```

运行结果如下:

```
验证码为:5429
请输入验证码 fda1
输入错误,请输入数字
请输入验证码 245
验证码错误!
请输入验证码 5429
验证码正确!
```

例 4.11　一名信息安全专家最近接收到一条包含敏感信息的明文消息。为了保护这条消息在传输过程中不被窃取或篡改,需要对其进行加密处理。专家决定采用一种简单的字母和数字循环移位加密方法,具体规则如下:若为大写字母、小写字母和数字,则每个字符向后移动 7 个位置,如果移动后超出字母或数字范围(A~Z, a~z, 0~9),则回到起始位置(如 A, a, 0)继续循环移位;其他字符保持不变,不进行加密。

编写一个 Python 程序实现上述加密规则,要求能够接收一个明文字符串,并输出加密后的字符串。

代码如下:

```
original ="Welcome you to study Python 3.x!!!"
new =""                                     # 存放加密后的结果
for i in range(0,len(original)):
    c = original[i]
    if"A"< = c < ="Z":                      # 大写字母加密
        asc = ord(c) + 7
        if asc > ord("Z"):
            asc - = 26                            # 加密后字母超过 Z
        new = new + chr(asc)
    elif"a"< = c < ="z":                          # 小写字母加密
        asc = ord(c) + 7
        if asc > ord("z"):
            asc - = 26                            # 加密后字母超过 z
        new += chr(asc)
    elif"0"< = c < ="9":                          # 数字加密
        asc = ord(c) + 7
        if asc > ord("9"):
            asc - = 9                             # 加密后字母超过 9
        new += chr(asc)
    else:                                         #为其他字符时不加密
```

```
        new += c
print("加密前字符串   ",original)
print("加密后字符串   ",new)
```

运行结果如下：

```
加密前字符串   Welcome you to study Python 3.x!!!
加密后字符串   Dlsjvtl fvb av zabkf Wfaovu 1.e!!!
```

§4.3 元组

在 Python 中，元组(tuple)是一种不可变的序列类型，用于存储一系列有序且不可变的元素。元组中的每个元素都可以是不同类型的数据，如整数、浮点数、字符串、元组、列表等。元组一旦被创建就不能被修改，因此常用于存储不应该被改变的数据。

元组使用英文圆括号“( )”来定义，元组中的元素通过英文逗号“,”分隔。元组类型的示例如下：

```
# 用一维数组存储数字 0~9：
number=(0,1,2,3,4,5,6,7,8,9)
# 用一维数组存储一周的天数：
weekdays = ("Monday","Tuesday","Wednesday","Thursday","Friday","Saturday", "Sunday")
# 用二维数组存储班级中学生的姓名和学号：
students = (("王明","Z20501"),("李晓","Z20502"),("田丽珍","Z20503"))
```

元组的不可变性保证了数据的安全性，防止意外修改，同时支持高效查找与存储。

4.3.1　元组的创建

1. 使用圆括号( )直接创建元组

用圆括号将多个元素括起来，元素用英文逗号分隔。例如：

```
>>>my_tuple = (1,2,3)
>>>my_tuple
(1,2,3)
```

如果元组中只有一个元素，那么该元素后面必须加上英文逗号，以区分该元组和普通圆括号。例如：

```
>>>tup1=(1000)
>>>type(tup1)
<class 'int'>                    # 这里 tup1 为整数类型
>>> tup2=(1000,)
>>>type(tup2)
<class 'tuple'>                  # 这里 tup2 为元组类型
```

2. 使用内置的 tuple( )函数创建元组

可以将字符串、列表或其他可迭代对象转换为元组。例如：

```
>>>s="hello"                    # 将字符串转化为元组，每个字符作为元组单独的元素
>>>tuple(s)
('h','e','l','l','o')
>>>my_list = [4, 5, 6]          # 将列表转化为元组
>>>tuple(my_list)
(4,5,6)
>>>empty_tuple = tuple()        # 创建空元组
>>>empty_tuple
()
```

4.3.2　元组的基本操作符

与字符串类似，Python 也提供六种元组的基本操作符。

1. 连接(+)

该操作符用于将两个元组相连。例如：

```
>>>(1,2,3)+(4,5,6)
(1,2,3,4,5,6)
```

2. 复制(*)

t*n 或 n*t 表示复制 n 次元组 t。例如：

```
>>>(1,2,3)*2
(1,2,3,1,2,3)
```

3. 成员判断(in 和 not in)

该操作符用于判断一个元组是否是另一个元组的元素。例如：

```
>>>('王明') in ('王明','李晓')
True
>>>4 not in ((1,2,3),4)
False
```

4. 索引(t[i])

作为序列类型数据，元组也和字符串一样，可以通过索引进行访问。以元组 tup=('王明',"Z20501",21)为例，其索引方式如图 4-3 所示。代码如下：

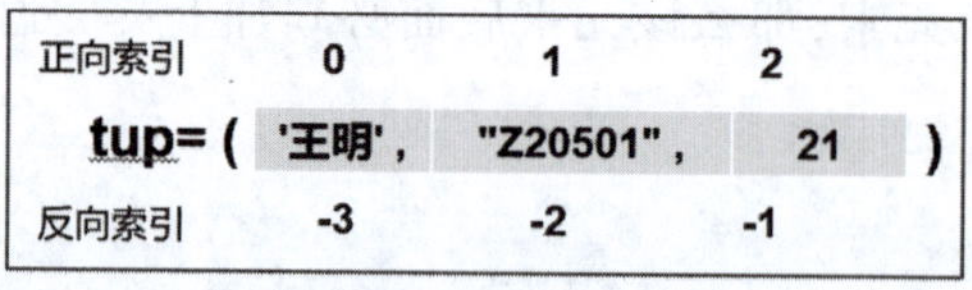

图 4-3　元组的正向索引与反向索引示例

```
>>>tup=('王明',"Z20501",21)
>>>tup[0]                # 获得学生的姓名
'王明'
>>>tup[-2:]              # 获得学生的学号和年龄
```

```
("Z20501",21)
>>>tup[1]="f001"
TypeError:'tuple' object does not support item assignment
# 会报错,元组不可修改
```

二维元组也同样可以通过索引访问元组。例如:

```
students = (
      ("王明","Z20501"),              # 第一个学生的姓名和学号
      ("李晓","Z20502"),              # 第二个学生的姓名和学号
      ("田丽珍","Z20503")             # 第三个学生的姓名和学号
)
```

上方代码中给出的二维元组 students 是一个元组的嵌套,其每个元素也是一个元组。students 包含了三个元素,每个元素都是一个包含两个字符串的元组,分别代表一个学生的姓名和学号,可以使用索引读取这个结构中的数据。该二维元组的正向索引如图 4-4 所示。代码如下:

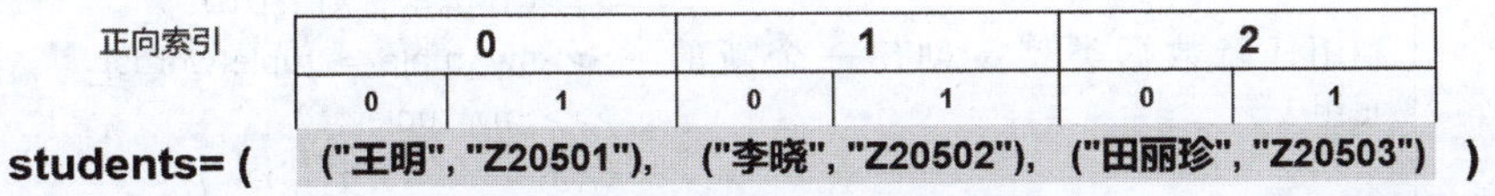

图 4-4　二维元组的正向索引号

```
>>>students[0]                    # 为第一个学生的元组
("王明","Z20501")
>>>students[1]                    # 为第二个学生的元组
("李晓","Z20502")
>>>students[2]                    # 为第三个学生的元组
("田丽珍","Z20503")
```

如果想获取特定学生的姓名或学号,可以进一步使用索引。例如:

```
>>>students[0][0]                    # 为第一个学生的姓名
"王明"
>>>students[0][1]                    # 为第一个学生的学号
"Z20501"
>>>students[2][0]                    # 为第三个学生的姓名
"田丽珍"
```

通过这种方式,可以很方便地存储和读取包含学生姓名和学号的二维数组中的数据,这类似于有行和列的表格结构,如图 4-5 所示。

索引号	0	1
0	"王明"	"Z20501"
1	"李晓"	"Z20502"
2	"田丽珍"	"Z20503"

图 4-5　二维元组数组存储所对应的表格结构

5. 切片(t[start:end:step])

元组切片与字符串切片用法相似,例如:

```
>>>per_info = ("王明","1995-04-20",1573846253)
>>> per_info[1:]
("1995-04-20",1573846253)
```

4.3.3 元组的常用函数

元组提供了一些有用的函数和方法,使得处理元组变得更加方便,见表 4-6。

表 4-6 元组常用的函数与方法

函数与方法	描述	代码举例
len(t)	用于获取元组 t 的长度	>>>my_tuple = (1,2,3,4,5) >>>len(my_tuple) 5
tuple(x)	利用任意数据类型 x 创建一个新的元组	>>>words="你好,中国" >>>my_tuple = tuple(words) >>> my_tuple ('你','好',',','中','国')
max(t)、min(t)	获取元组 t 中的最大值和最小值	>>>my_tuple = (1,2,3,4,5) >>> max(my_tuple) 5 >>>my_tuple = ('你','好',',','中', '国') >>>max(my_tuple) ,
sum(t)	获取以数值为元素的元组 t 的总和	>>> sum((1,2,3)) 6
sorted(t)	对元组 t 中的元素进行排序并放入列表中,默认升序。若要降序,需设置参数 reverse=True	>>>t=(98,75,92) >>>sorted(t) [75,92,98] >>>t=(98,75,92) >>>sorted(t,reverse=True) [98,92,75]

例 4.12 single_stu = (120,115,110,130,135)元组存储了一名学生的成绩,从左到右分别为语文、数学、英语、物理、化学成绩。计算这位学生的总分和单科最高分,并按科目成绩排序。

代码如下:

```
single_stu = (120,115,110,130,135)                  # 语文、数学、英语、物理、化学
print("学生的总分:",sum(single_stu))
print("学生的单科最高分:",max(single_stu))
low_to_high = sorted(single_stu)
print("五门课按成绩由低到高排序:",low_to_high)
```

```
high_to_low = sorted(single_stu, reverse = True)
print("五门课按成绩由高到低排序:",high_to_low)
```

运行结果如下：

```
学生的总分:610
学生的单科最高分:135
五门课按成绩由低到高排序:[110,115,120,130,135]
五门课按成绩由高到低排序:[135,130,120,115,110]
```

例 4.13　students 元组存储了三位学生的成绩。分别计算这三位学生的总成绩。

代码如下：

```
students = (
    (120,115,110,130,135),
    (115,120,125,135,140),
    (110,110,120,125,130)
)
for index,score in enumerate(students):
    sum_score = sum(score)
    print(f"第{index+1}位学生的总成绩为{sum_score}")
```

运行结果如下：

```
第 1 位学生的总成绩为 610
第 2 位学生的总成绩为 635
第 3 位学生的总成绩为 595
```

4.3.4　应用案例

作为组合数据类型，元组中的每个元素都可以是不同类型的数据，而由于元组的不可变特性，一般用元组存储一些不能被修改的数据。以下是常见的元组应用场景。

（1）若希望数据在创建后不被修改，可以使用元组。例如：

```
students_info = (                          # 学生的姓名和身份证号在创建后不再修改
    ("王明","110104201002160000"),
    ("李晓","110108201108230000"),
)
point = (10,20)                            # 表示一个二维坐标点，通常不应该被修改
```

（2）由于元组是不可变的，所以可以作为字典的键（详见 4.5 节）。例如：

```
stock_prices = {
    ("A 公司","2024-08-04"):175.45,
    ("B 公司","2024-08-04"):2937.60,
    ("C 公司","2024-08-04"):300.20,
}
# 此字典存储公司在各日期的股票收盘价，键为包含公司名和日期信息的元组
```

这种数据结构非常有用，它允许分析师快速检索和比较不同股票在不同时间点的表

现。例如,若需分析 B 公司股票在过去一周内的价格波动,可以通过遍历字典并筛选出所有与“B 公司”相关的健值对来实现。也可以将值扩展为包含更多信息的结构,如下方代码所示的加入成交量等。

```
stock_prices = { ("A 公司","2024-08-04") :(175.45,56575) }
```

(3) 当函数需要返回多个值时,可以使用元组来打包(详见第 5 章)。

§4.4 列表

列表(list)是一种非常灵活的数据结构,与元组一样可以用于存储一系列有序的元素。列表中的每个元素可以是不同类型的数据或进行多维嵌套。但与元组不同的是,列表是动态、可变的,在创建后可以添加、删除或修改其中的元素,这种灵活性使列表的应用非常广泛。

列表使用方括号[ ]来定义,列表中的元素通过英文逗号分隔。列表类型的示例如下:

```
# 一维列表举例
student_scores =["王明","男",92,]                          # 学生成绩列表
shopping_list = ["苹果","香蕉","牛奶","面包"]               # 购物清单
# 二维列表举例
student_grades = [ ("王明",90),("李晓",85),("田丽珍",92) ]       # 学生成绩表
movie_ratings = [["霸王别姬",9.6],["美丽人生",9.5] ]             # 电影评分列表
```

在 Python 中,一维列表常用于存储单一类型的数据集合,而二维列表可存储表格型数据。列表中的数据可以根据需要进行增、删、改操作,有着更丰富的函数和方法。列表还具有可变性、动态大小调整能力,因此,在需要修改或动态管理数据的场景中更具优势。

4.4.1 列表的创建

1. 使用方括号[ ]直接创建

例如:

```
lst=[ ]                                    #创建空列表
lst_num=[1,4,7,10,13,16,19]
lst_info=["王明","男",19,(85,92,95)]
```

2. 使用 list( ) 函数创建列表

例如:

```
# 从元组创建列表
>>>list((1,2,3,4,5))
[1,2,3,4,5]

# 从字符串创建列表,每个字符作为列表单独的元素
>>>list("abcdefg")
['a','b','c','d','e','f','g']
```

```
# 使用 range()函数创建整数列表
>>>list(range(10))
[0,1,2,3,4,5,6,7,8,9]
```

4.4.2　列表的基本操作符

与字符串类似，Python 同样提供六种列表的基本操作符。

1. 连接(+)

该操作符用于连接 2 个列表。例如：

```
>>>L1 = [1,2,3]
>>>L2 = [4,5,6]
>>>result = L1 + L2
>>>result
[1,2,3,4,5,6]
```

2. 复制(*)

lst * n 或 n * lst 表示复制 n 次列表 lst。例如：

```
>>>lst = [1,2,3]
>>>result = lst*3
>>> result
[1,2,3,1,2,3,1,2,3]
```

3. 成员判断(in 和 not in)

该操作符用于判断一个列表是否是另一个列表的元素。例如：

```
>>>lst = [1,2,3,4,5]
>>>3 in lst
True
>>>lst = [1,2,3,4,5]
>>>8 not in lst
True
```

4. 索引(lst[i])

一维列表索引示例代码如下：

```
>>>lst = [1,2,3,4,5]
>>>lst[2]
3
```

一个二维列表的正向索引号示例如图 4-6 所示，代码如下：

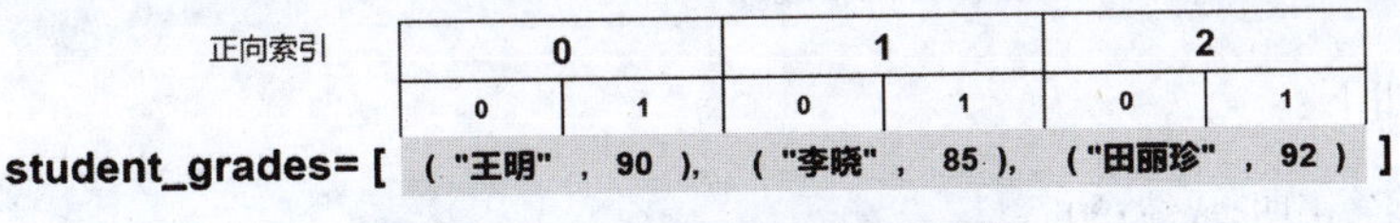

图 4-6　二维列表的正向索引号

```
>>> student_grades = [("王明",90),("李晓",85),("田丽珍",92)]
>>>students[1]          #为第二个学生的元组
("李晓",85)
>>>students[2][1]       #为第三个学生的成绩
92
```

5. 切片(lst[start:end:step])

例如：

```
>>>lst = [1,2,3,4,5]
>>>lst[1:4:2]
[2,4]
```

4.4.3 列表的遍历

枚举法和索引法是两种常用的列表遍历方法。

例 4.14 一个列表 suits = ["♠","♥","♣","♦"]里存放了扑克牌的四种花色，利用枚举法对花色做处理，使每种花色占据一行，输出 4×4 的如下所示的图案。

```
♠♠♠♠
♥♥♥♥
♣♣♣♣
♦♦♦♦
```

代码如下：

```
suits = ["♠","♥","♣","♦"]
for char in suits:
    print(char*4)
```

例 4.15 假设有一个列表，存储了班级学生的姓名和成绩，打印出每个学生的学号（第 n 个学生的学号为 Zn）、姓名和成绩。

此例可以使用二维列表存储姓名和成绩，利用 enumerate()函数遍历列表的同时获得索引和子列表。将每个子列表解包为姓名和成绩变量，使用格式化字符串将索引转换为以“Z”开头的学号，最终按指定格式输出每位学生的学号、姓名和成绩信息，实现结构化数据的规范化展示。代码如下：

```
# 二维列表，每个子列表包含姓名和成绩
scores = [["王明",90],["李晓",85],["田丽珍",92]]

for index,student in enumerate(scores):
    name, score = student
    print(f"学号：Z{index+1}, 姓名：{name}, 成绩：{score}")
```

运行结果如下：

```
学号：Z1，姓名：王明，成绩：90
学号：Z2，姓名：李晓，成绩：85
学号：Z3，姓名：田丽珍，成绩：92
```

例 4.16　利用索引法来输出例 4.14 的效果。

代码如下：

```
suits = ["♠","♥","♣","♦"]
for i in range(len(suits)):
    print(suits[i]*4)                    #使用索引法获得每个花色
```

4.4.4　列表的常用函数

列表的常用函数与方法与元组类似，见表 4-7。

表 4-7　列表常用的函数和方法

函数与方法	描述	代码举例
len(lst)	用于获取列表 lst 的长度，即列表中元素的数量	>>>my_list = [10,20,30,40,50] >>>len(my_list) 5
list(x)	利用任意数据类型 x 用于创建一个新的列表	>>>s="abcdef" >>>list(s) ['a','b','c','d','e','f']
max(lst)、min(lst)	获取列表 lst 中的最大值和最小值	>>>my_list = [10,20,30,40,50] >>>max(my_list) 50 >>>min(my_list) 10
sum(lst)	获取以数值为元素的列表 lst 的总和	>>>my_list = [10,20,30,40,50] >>>sum(my_list) 150
sorted(lst)	对列表 lst 中的元素进行排序并放入列表中，默认升序。若要降序，需设置参数 reverse=True	>>>my_list = [10,20,30,40,50] >>>sorted(my_list,reverse=True) [50,40,30,20,10]

4.4.5　列表的增、删、改操作

与元组和字符串相比，列表是可变的，增、删、改操作是列表非常实用的功能，这也是元组和字符串无法执行的操作。列表的增、删、改操作可以通过索引切片和列表特有的方法实现。

增操作（添加元素）可以在列表的末尾或指定位置添加一个或多个元素。动态扩展列表可以使其存储更多的数据，也便于在列表特定位置插入新数据，维护列表的有序性，满足特定算法的需求。

删操作（删除元素）可以从列表中移除一个或多个元素。删操作可以清理冗余、错误的数据。节省内存空间，维护列表的准确性和有效性。

改操作（修改元素）可以更改列表中一个或多个元素的值。改操作可以更新现有数据，保持列表的最新状态。也可以在不重新创建列表的情况下，灵活调整列表存储的数据，提高程序效率和可维护性。

1. 索引和切片

在 Python 中,列表的索引和切片功能是一种非常强大的工具,它可以用来实现列表的部分复制和提取,间接实现列表的增、删、改。需要注意的是,索引和切片本身并不直接执行增、删、改操作,而是通常与赋值操作或其他方法结合,以达成增、删、改的目的。例如:

```
# 增:插入元素
>>>my_list = ['Hello',3.14,[1,2,3]]
>>>my_list = my_list[:1] + ['world'] + my_list[1:]        # 在索引"1"的位置插入 'world'
>>>my_list
['Hello','world',3.14,[1,2,3]]

# 删:删除元素
>>>my_list = ['Hello',3.14,[1,2,3]]
>>>my_list = my_list[:1] + my_list[2:]                      # 删除索引"1"的元素
>>>my_list
['Hello',[1,2,3]]

# 改:修改元素
>>>my_list = ['Hello',3.14,[1,2,3]]
>>>my_list = my_list[:2] + [[4,5,6]] + my_list[3:]        # 注意这里 my_list[3:] 是空列表
>>>my_list
['Hello',3.14,[4,5,6]]
```

注意,在切片修改中,如果替换的部分长度和原来不一致,多余或缺少的部分会自动处理。例如,将上方代码中的一个元素替换为多个元素:

```
#用多个元素替换索引"2"的元素
>>>my_list = ['Hello',3.14,[1,2,3]]
>>>my_list = my_list[:2] + ['a','b','c']
>>>my_list
['Hello',3.14,'a','b','c']
```

2. 列表的方法

在 Python 中,列表的增和删可以通过多种方法来实现,见表 4-8。这些方法提供了更加高效的操作方式。

表 4-8　列表增、删的方法

功能	方法	描述	代码示例
增	lst. append(x)	在列表的末尾添加一个元素 x	>>>my_list = [1,2,3] >>>my_list.append(4) [1,2,3,4]
	lst. extend(iterable)	通过添加迭代器 iterable 中的所有元素来扩展列表	>>>my_list = [1,2,3] >>>my_list.extend([4,5]) [1,2,3,4,5]
	lst.insert(i, x)	在指定位置 i 插入一个元素 x	>>>my_list = [1,2,3] >>>my_list.insert(1,'a') [1,'a',2,3]

（续表）

功能	方法	描述	代码示例
删	lst. remove(x)	删除列表中第一个值为 x 的元素	>>>my_list = [1,2,3,2] >>>my_list.remove(2) [1,3,2]
	lst. pop(i)	删除指定位置 i 的元素，并返回该元素的值。如果不指定 i，则默认删除并返回最后一个元素	>>>my_list = [1,2,3] >>>my_list.pop(1) [1,3]　　#返回值是 2 >>> last_element = my_list.pop() 3　　# my_list 现在是 [1]

	lst. clear()	清空 lst 中的所有元素	>>> my_list = [1,2,3,4,5]
			>>> my_list.clear()
			[]

	del 语句	可以通过索引范围删除列表中的元素	>>>my_list = [1,2,3,4,5] >>>del my_list[1:3] [1,4,5]
		使用 del 删除特定位置的元素	>>>del my_list[0] [4,5]

例 4.17　一个存储字符串的列表中同时存有字母型字符和数字型字符。编写 Python 程序，将字母和数字分别存放于两个列表中。

此例可以遍历原始列表，并使用条件判断区分字母和数字，分别存放到两个新的列表中。代码如下：

```
mixed_list = ['a','100','b','200','c','300','d','400']
letters = []
numbers = []
for item in mixed_list:
    if item.isalpha() = = True:                # 检查当前项是字母还是数字
        letters.append(item)                   # 如果是字母，添加到字母列表
    elif item.isnumeric() = = True:            # 如果是数字，添加到数字列表
        numbers.append(item)
print("字母列表：",letters)
print("数字列表：",numbers)
```

上方代码通过枚举法遍历原始列表，利用字符串方法 isalpha() 和 isnumeric() 判断元素类型，将字母和数字字符串分别归类到两个独立列表中，最终数据的分类存储与输出。运行结果如下：

```
字母列表：['a','b','c','d']
数字列表：['100','200','300','400']
```

4.4.6　列表的排序

对列表进行排序主要有两种方法：内置函数 sorted() 和列表对象的方法 lst. sort()。

1. 使用内置函数 sorted( )

sorted( )函数可以对任何可迭代的对象进行排序,并返回一个新的列表,且不会改变原来的对象。sorted( )函数同样适用于其他组合数据类型。

(1) 一维列表

sorted( )函数可以直接对列表各元素进行排序,并返回一个新列表。

例 4.18 假设有一个包含学生成绩的列表,想要按照成绩从低到高进行排序,并打印出排序后的成绩列表。

此例使用 sorted( )函数进行排序的代码如下:

```
scores = [88,95,70,100,82]
sorted_scores = sorted(scores)
print("排序前",scores)          # 原列表保持不变
print("升序排序后",sorted_scores)
```

运行结果如下:

```
排序前 [88,95,70,100,82]
升序排序后 [70,82,88,95,100]
```

若需对成绩进行降序排序,可以为 sorted( )函数设置 reverse 参数(reverse = True 为降序,reverse 缺省为默认升序),修改上方代码如下:

```
scores = [88,95,70,100,82]
sorted_scores = sorted(scores,reverse=True)
print("排序前",scores)          #原列表保持不变
print("降序排序后",sorted_scores)
```

运行结果如下:

```
排序前 [88,95,70,100,82]
降序排序后 [100,95,88,82,70]
```

(2) 二维列表

如果面对的是结构更复杂的二维列表,可以配合匿名函数 lambda 设置排序的关键字。

例 4.19 下方二维列表中同时存储了学生姓名和学生成绩,请根据成绩进行升序排序。

```
students = [["Alice",88],["Bob",95],["Charlie",70]]
```

此例可以使用 sorted( )函数排序,并为函数增加排序关键字 key 参数,代码如下:

```
students = [["Alice",88],["Bob",95],["Charlie",70]]
sorted_students = sorted(students,key=lambda x:x[1])
print("排序前",students)
print("按成绩升序排序后",sorted_students)
```

上方代码通过 key 参数来指定排序的关键字。lambda 函数是一个匿名函数,它接收一个参数(此例为 x),并返回一个值(此例为 x[1])。在这个程序中,x 是 students 列表中的每

一个元素(如["Alice",88]),x[1]通过索引操作表示每个元素的第二个子元素,即学生的分数,这个分数将作为排序依据的关键字。运行结果如下:

```
排序前 [['Alice',88],['Bob',95],['Charlie',70]]
按成绩升序排序后 [['Charlie',70],['Alice',88],['Bob',95]]
```

此例若同时要达到降序排列成绩的目的,可以进一步调整 sorted()函数,代码如下:

```
sorted_students = sorted(students,key=lambda x:x[1],reverse=True)
```

运行结果如下:

```
排序前 [['Alice',88],['Bob',95],['Charlie',70]]
按成绩降序排序后 [['Bob',95],['Alice',88],['Charlie',70]]
```

2. 使用列表对象的方法 lst.sort()

lst.sort()是列表对象的一个方法,它会直接对列表对象进行排序,且不会返回新的列表。因此,sort()方法又称为原地修改方法。其他组合数据类型都无法使用 sort()方法。和 sorted()函数一样,lst.sort()也可以通过 key 和 reverse 参数分别控制排序的关键字和排序顺序。

例 4.20　有一个商品价格的列表如下,需要按照价格从低到高对原列表进行排序。

```
prices = [29.99,19.99,49.99,39.99,9.99]
```

此例使用 lst.sort()方法的代码如下:

```
prices = [29.99,19.99,49.99,39.99,9.99]
prices.sort()
print("升序后的价格列表:",prices)
```

运行结果如下:

```
升序后的价格列表:[9.99,19.99,29.99,39.99,49.99]
```

例 4.21　若商品价格存储于如下二维列表,按照价格从高到低对商品进行排序。

```
products = [["笔记本",6200],["智能手机",1800],["台式机",3100]]
```

此例排序的对象是个二维列表,可以结合匿名函数 lambda,代码如下:

```
products = [["笔记本",6200],["智能手机",1800],["台式机",3100]]
products.sort(key=lambda x:x[1],reverse=True)
print("降序后的价格列表:",products)
```

运行结果如下:

```
降序后的价格列表:[['笔记本',6200],['台式机',3100],['智能手机',1800]]
```

总的来说,sorted()函数适用于需要在得到排序结果的同时保留原始数据的场景。lst.sort()方法适用于不需要保留原始顺序,只需要一个排序后列表的场景。选择哪种排序方法取决于具体需求和对原始数据的处理方式。

4.4.7 列表推导式

列表推导式是 Python 中一种简洁而高效地生成列表的方式，它允许在一个表达式中完成循环和条件判断，从而生成一个新的列表。列表推导式的基本语法格式如下：

```
[表达式 for 元素 in 可迭代对象 if 条件]
```

其中，表达式指对每个元素进行的操作；元素指从可迭代对象中提取出来的当前元素；可迭代对象可以是列表、元组、字符串等；条件指一个可选的判断条件，只有满足条件的元素才会被包括在新列表中。

列表推导式具有强大功能和灵活性，能够用简洁的代码实现复杂的列表生成和筛选操作。列表推导式的应用示例如下：

```
# 生成 1 到 10 的平方数
>>>squares = [x**2 for x in range(1,11)]
>>>squares
[1,4,9,16,25,36,49,64,81,100]

# 将列表中的每个字符串转换为大写
>>>fruits = ["apple","banana","cherry"]
>>>uppercase_fruits = [fruit.upper() for fruit in fruits]
>>>uppercase_fruits
['APPLE','BANANA','CHERRY']

# 筛选出列表中的偶数，并生成它们的平方数
>>>numbers = [1,2,3,4,5,6,7,8,9,10]
>>>even_squares = [x**2 for x in numbers if x % 2 == 0]
>>>even_squares
[4,16,36,64,100]
```

例 4.22 已知下方两个列表：

```
s1=["A","B","C"]
m=[1,2,3]
```

以列表推导式的方法，生成下列类型的列表：

（1）生成包含 1-A、1-B、2-C 等所有形式的列表。

（2）如果只输出 2 开头的呢？

（3）如果只想要一一对应输出呢？

列表推导式的输出可以让生成列表的代码更精炼，代码如下：

```
s1=["A","B","C"]
m=[1,2,3]

# (1)生成包含 1-A、1-B、2-C 等所有形式
list1=[f"{x}-{y}"for x in m for y in s1]
print(f"第一种形式:{list1}")

# (2)只输出 2 开头
```

```
list2=[f"{x}-{y}"for x in m for y in s1 if x==2]
print(f"第二种形式:{list2}")

# (3)一一对应输出
list3=[f"{x}-{y}"for x,y in zip(m,s1)]
print(f"第三种形式:{list3}")
```

运行结果如下：

```
第一种形式:['1-A','1-B','1-C','2-A','2-B','2-C','3-A','3-B','3-C']
第二种形式:['2-A','2-B','2-C']
第三种形式:['1-A','2-B','3-C']
```

4.4.8 列表引用问题

例如：

```
>>>L1=L2=[1,2,3]
>>>L2.append(4)
>>>L2
[1,2,3,4]
>>>L1
[1,2,3,4]
```

在 Python 中，当执行 L1=L2=[1,2,3]的赋值操作时，是将列表[1,2,3]这个对象的引用同时赋值给 L1 和 L2，即 L1 和 L2 都指向了内存中同一个列表对象[1,2,3]，如图 4-7 所示。当通过 L2 修改列表，例如添加一个元素 4，[1,2,3]列表变成[1,2,3,4]。由于 L1 也指向这个列表，所以当打印 L1 时，也会显示列表内容为[1,2,3,4]。

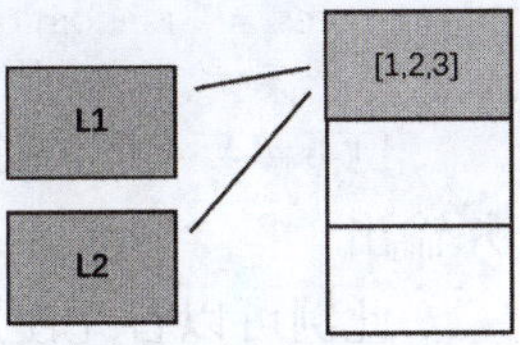

图 4-7　L1 和 L2 的列表引用

若想要使 L1 和 L2 指向不同列表，且修改时不会互相影响，则需要创建一个新的列表对象或通过复制列表来实现。代码如下：

```
L1 = [1,2,3]
L2 = L1.copy()                    # 或者 L2 = [x for x in L1]   或者 L2 = [1,2,3]
```

思考：序列类型中的元组和列表类型各有特点，尤其列表因其可变性可以有更多操作性，请问列表中的哪些操作与元组相似，又有哪些操作只适用于列表？

4.4.9 应用案例

例 4.23　随机生成 30 个学生成绩(0～100 分)存入列表中，计算学生的最高成绩、最低成绩和平均分。

此例可以使用 random 库生成学生的随机成绩，代码如下：

```
import random
scores=[ ]
for i in range(30):
    scores.append(random.randint(0,100))
max_score = max(scores)
min_score = min(scores)
average_score = sum(scores) / len(scores)
print(f"生成的 30 个成绩样本:{scores}")
print(f"最高成绩:{max_score}分")
print(f"最低成绩:{min_score}分")
print(f"平均成绩:{average_score:.2f}分")
```

上方代码通过 random 模块生成 30 个 0~100 的随机整数模拟学生成绩,利用列表 append()方法构建成绩列表,调用 max()、min()函数直接获取极值,通过 sum()与 len()函数计算平均分,最后进行格式化输出,完整实现了成绩数据的生成、统计与展示。运行结果如下:

```
生成的 30 个成绩样本:[73,60,12,64,6,89,77,61,23,98,56,15,81,88,26,98,98,40,26,9,87,52,9,11,95,82,
50,51,19,4]
最高成绩:98 分
最低成绩:4 分
平均成绩:52.00 分
```

若使用列表推导式产生 30 个随机成绩,代码可以简写如下:

```
scores = [random.randint(0,100) for _ in range(30)]
```

例 4.24 孪生数是指相差为 2 的一对素数。找出 100~200 之间的孪生数放入列表中并输出。

此例可以首先使用循环找出 100~200 之间的所有素数并存储在列表中。然后遍历列表,检查每对相邻的素数是否相差 2。如果相差 2,就将这对素数作为孪生数存储在新列表中。代码如下:

```
# 找出 100 到 200 之间的素数
primes = [ ]
for num in range(100,201):
    is_prime = True
    for i in range(2,int(num**0.5) + 1):
        if num % i == 0:
            is_prime = False
            break
    if is_prime:
        primes.append(num)

# 找出孪生数并打印
twin_primes = [ ]
for i in range(len(primes) - 1):
    if primes[i + 1] - primes[i] == 2:
        twin_primes.append((primes[i],primes[i + 1]))
print("100 到 200 之间的孪生数有:")
```

```
for twin in twin_primes:
    print(twin)
```

运行结果如下：

```
100 到 200 之间的孪生数有：
(101,103)
(107,109)
(137,139)
(149,151)
(179,181)
(191,193)
(197,199)
```

§4.5　字典

字典用于存储键值对，每个键（key）都映射到一个值（value）。字典是可变的，可以添加、删除或修改键值对。字典使用花括号来定义，键和值之间用英文冒号分隔，键值对之间用英文逗号分隔。键是唯一且不可变的数据类型（字符串、数字、元组），而值则可以是任意数据类型。字典类型的示例如下：

```
# 键是字符串
course = {"course_name":"高等数学","course_code":"MATH101","credits":4}
#键是数值
book_chapters = {
    1:["第一章:引言","第二章:背景"],
    2:["第三章:方法","第四章:结果"],
    3:["第五章:讨论","第六章:结论"],
    4:["第七章:附录","第八章:参考文献"]
}
# 键是元组
employee_records = {
    ("John Doe","Sales"):5000,
    ("Jane Smith","Marketing"):5500,
    ("Mike Brown","Engineering"):6000,
    ("Emily Davis","HR"):5200
}
```

在 Python 中，字典的优点在于字典的键值关系唯一，可以实现高效查找和存储灵活。字典适用于需要快速查找、存储结构化数据的场景，可提升代码可读性和维护性。

4.5.1　字典的创建和访问

1. 字典的创建

字典的键值对使字典具有映射结构，创建字典的方法有以下两种。

（1）直接创建

直接在花括号内写出键值对，键和值之间用英文冒号隔开，多个键值对之间用英文逗号隔开。例如：

```
scenic_spots = {"丽江古城":"云南","黄山":"安徽","九寨沟":"四川"}   #创建 3 个元素的字典
empty = {}                                                       #创建空字典
```

（2）使用 dict( ) 函数

dict( ) 函数可以将包含两个键和值两个元素的序列（如元组或列表）转化为字典。例如：

```
>>> scenic_spots = dict([(1,"丽江古城"),(2,"黄山"),(3,"九寨沟")])
>>> scenic_spots
{1:' 丽江古城 ',2:' 黄山 ',3:' 九寨沟 '}
```

2. 字典的访问

字典是无序数据，无法像列表等序列类型数据一样通过索引和切片来访问字典中的元素，但是可以通过具有映射关系的键值对来实现数据访问。字典的访问方式主要有以下三种。

（1）通过键 dict[key] 访问

直接使用字典的键来获取对应的值。如果键不存在，会引发 KeyError。例如：

```
>>>scenic_spots = {1:'丽江古城',2:'黄山',3:'九寨沟'}
>>>scenic_spots[2]
' 黄山 '
>>> scenic_spots['3']
KeyError:'3'
>>>students = {'王明':[20,'计算机科学'],'李晓':[22,'电子工程'],'田丽珍':[21, '数学']}
>>>students["李晓"][1]
' 电子工程 '
```

（2）通过 get( ) 方法访问

使用 get( ) 方法可以避免键不存在时引发的错误，当键不存在时会返回 None 或者指定的默认值。get( ) 方法的基本语法格式如下：

```
dict.get(key[,default = None])
```

其中，key 表示要访问的键；default 是可选参数，表示如果指定键不存在时的返回值，缺省时返回 None。例如：

```
>>>scenic_spots = {1:'丽江古城',2:'黄山',3:'九寨沟'}
>>>scenic_spots.get(3)
'九寨沟'
>>> scenic_spots.get(4)
>>>
>>>scenic_spots.get(5,'不存在这个键')
'不存在这个键'
```

（3）通过 keys( )、values( )、items( ) 方法访问

keys( )、values( )、items( ) 方法提供了一种便捷访问字典的方式，可以快速获取字典的

键、值或键值对，其功能见表 4-9。

表 4-9　keys( )、values( )、items( )方法的功能

方法	功能
dict. keys( )	返回字典中所有键的列表
dict. values( )	返回字典中所有值的列表
dict. items( )	返回字典中所有键值对的列表(每个键值对是一个元组)

例如：

```
scenic_spots = {1:'丽江古城',2:'黄山',3:'九寨沟'}

# keys()方法访问键
>>>keys = scenic_spots.keys()
>>>keys
dict_keys([1,2,3])
''' 这里 keys 是一个视图对象，它显示了字典中的所有键。注意，在不同的 Python 版本中，输出格式
可能略有不同，但内容是一致的。'''

# values()方法访问值
>>>values = scenic_spots.values()
>>>values
dict_values(['丽江古城','黄山','九寨沟'])

# items()方法访问键值对:用元组来表示
>>>items = scenic_spots.items()
>>>items
dict_items([(1,'丽江古城'),(2,'黄山'),(3,'九寨沟')])
```

3. 字典的遍历

通过对字典的访问，可以实现对字典各元素的遍历，以实现更丰富的输出效果。字典的遍历方式主要有以下两种。

（1）通过键对字典遍历

利用键和值的对应关系，可以实现对字典元素的遍历。例如：

```
scenic_spots = {1:'丽江古城',2:'黄山',3:'九寨沟'}
for key in scenic_spots:        # 字典在迭代时会返回其键，等价于 for key in scenic_spots.keys()
    print(f"序号：{key}，景点：{scenic_spots[key]}")        # 利用键遍历字典
```

运行结果如下：

```
序号：1，景点：丽江古城
序号：2，景点：黄山
序号：3，景点：九寨沟
```

上方代码通过 scenic_spots. keys( )方法获取字典所有键，并在循环中使用键来访问字典中的值。

（2）通过 items( )方法对字典元素进行遍历

items()方法可以同时获得字典的键和值，输出上述运行效果的代码如下：

```
scenic_spots = {1:'丽江古城',2:'黄山',3:'九寨沟'}
for key,value in scenic_spots.items():
    print(f"键:{key}, 值:{value}")
```

上方代码直接通过 scenic_spots. items()方法获取字典所有键值对，并在循环中解包每个键值对进行访问。

4.5.2 字典的增、删、改操作

作为一种存储键值对的、可修改的数据结构，字典的增、删、改操作非常方便。

1. 增加和修改

（1）直接赋值

通过指定新的键和值，可以将新的键值对添加到字典中。若键本身已存在，则可以修改该键对应的值。直接赋值的基本语法格式如下：

```
dict[键] = 值
```

例如：

```
>>>scenic_spots = {1:'丽江古城',2:'黄山',3:' 九寨沟 '}
>>>scenic_spots [4] = '张家界'                # 键"4"不存在，则增加新键值对
>>>scenic_spots
{1:'丽江古城',2:'黄山',3:'九寨沟',4:'张家界'}
>>>scenic_spots [4] = '张家界'
>>>scenic_spots                              # 键"4"已存在，则修改原键值对
{1:'丽江古城',2:'黄山',3:'九寨沟',4:'张家界'}
```

（2）update()方法

与直接赋值法相似，update()方法也可以指定新的键和值。若键本身已存在，则可以修改该键对应的值。update()方法的参数是个完整的字典键值对，其基本语法格式如下：

```
dict.update({键:值})
```

上方代码用 update()方法改写后的代码如下：

```
>>>scenic_spots = {1:'丽江古城',2:'黄山',3:' 九寨沟 '}
>>>scenic_spots.update({4:'张家界'})          # 键"4"不存在，则增加新键值对
>>>scenic_spots
{1:'丽江古城',2:'黄山',3:'九寨沟',4:'张家界'}
>>>scenic_spots.update({4:'张家界'})
>>>scenic_spots                              # 键"4"已存在，则修改原键值对
{1:'丽江古城',2:'黄山',3:'九寨沟',4:'张家界'}
```

2. 删除

从字典中删除键值对，有以下两种方法。

（1）del 关键字

通过指定键，删除对应的键值对。例如：

```
>>>scenic_spots = {1:'丽江古城',2:'黄山',3:'九寨沟',4:'黄果树瀑布'}
>>>del scenic_spots[4]                  # 删除键“4”的键值对
>>>scenic_spots
{1:'丽江古城',2:'黄山',3:'九寨沟'}
>>>del scenic_spots                     # 直接删除整个字典,清除了存储
>>>scenic_spots
NameError:name 'scenic_spots' is not defined
```

（2）pop( )方法

通过指定键,删除对应的键值对,并返回该键的值。例如:

```
>>>scenic_spots = {1:'丽江古城',2:'黄山',3:'九寨沟',4:'黄果树瀑布'}
>>>removed_value = scenic_spots.pop(4)          # 删除键“4”的键值对,并返回其值
>>>scenic_spots
{1:'丽江古城',2:'黄山',3:'九寨沟'}
>>>removed_value
'黄果树瀑布'
```

4.5.3　字典的排序

在 Python 3.6 及以下版本中,字典中的元素没有固定的顺序。然而,从 Python 3.7 开始,字典按照插入顺序进行维护,插入键值对的顺序会被保留下来。字典可以通过 sorted( ) 函数对字典的键或值进行排序。

1. 对键排序

使用 sorted(dict) 和 sorted(dict. keys( )) 方法都可以对字典的键进行排序。

例如,fruits 字典存储了水果名称和对应的数量,对水果名称进行升序排序的代码如下:

```
fruits = {"banana":655,"apple":245,"cherry":165}
print("直接对字典升序排序:",sorted(fruits))
```

```
print("使用 keys()方法升序排序:",sorted(fruits.keys()))
```

运行结果如下:

```
直接对字典升序排序:['apple','banana','cherry']
使用 keys()方法升序排序:['apple','banana','cherry']
```

若要对字典整体的键值对成员进行排序,可以根据字典的键值对关系,先得到按键排序的键列表,再通过这些键获取对应的值。

例 4.25　按水果名称的首字母升序排序,输出水果及对应数量。

代码如下:

```
fruits = {"banana":655,"apple":245,"cherry":165}
print(f"排序前的水果字典为:{fruits}")
sorted_keys = sorted(fruits)
print("按水果名称首字母升序排序后为:")
for key in sorted_keys:
    print(f"{key}的数量为{fruits[key]}")
```

上方代码中,fruits 字典包含水果名称及其对应的数量,sorted()函数对 fruits 的键进行升序排序,得到一个按首字母排序后的 sorted_keys 键列表,存储内容为['apple','banana','cherry']。循环遍历排序后的键列表 sorted_keys,利用原始字典 fruits 中对应的键值对关系,输出按水果名称首字母排序后的水果及数量。运行结果如下:

```
排序前的水果字典为:{'banana':655,'apple':245,'cherry':165}
按水果名称升序排序后为:
apple 的数量为 245
banana 的数量为 655
cherry 的数量为 165
```

2. 对值排序

结合 values()方法,可以对字典的值进行排序。

例如,在例 4.25 的基础上,对水果数量进行升序排序。代码如下:

```
fruits = {"banana":655,"apple":245,"cherry":165}
print("使用 values()方法对值升序排序:",sorted(fruits.values()))
```

运行结果如下:

```
使用 values()方法对值升序排序:[165,245,655]
```

3. 对键值对排序

结合 items()方法和匿名函数 lambda,可以对字典的键值对成员排序。

例 4.26 使用 items()方法,按水果数量降序排序,输出水果及对应数量。

代码如下:

```
fruits = {"banana":655,"apple":245,"cherry":165}
print(f"排序前的水果字典为:{fruits}")
sorted_list = sorted(fruits.items(),key=lambda item:item[1],reverse=True)
print("按水果数量降序排序后为:")
for key,value in sorted_list:
    print(f"{key}的数量为{value}")
```

上方代码中,fruits. items()获取字典的键值对列表,key=lambda item: item[1]指定按照每个键值对中的值(即水果数量)进行排序。sorted()函数返回一个按数量排序后的键值对列表存储在 sorted_list 中,即[('banana',655),('apple',245),('cherry',165)]。最后,循环遍历排序后的键值对列表进行格式化的输出。运行结果如下:

```
排序前的水果字典为:{'banana':655,'apple':245,'cherry':165}
按水果数量降序排序后为:
banana 的数量为 655
apple 的数量为 245
cherry 的数量为 165
```

例 4.27 下方 fruits 字典的值是一个列表,包含水果等级、水果规格和水果数量信息。请以水果的销量进行降序排序并输出。

```
fruits = {"banana":["A 级","盒",655],"apple":["B 级","箱",245],"cherry":["A 级","袋",165]}
```

此例的字典中，键是水果名称，值是一个列表。若要按值中的水果数量进行排序，需要用 sorted( ) 函数结合匿名函数 lambda。代码如下：

```
fruits = {"banana":["A 级","盒",655],"apple":["B 级","箱",245],"cherry":["A 级","袋",165]}
print(f"排序前的水果字典为:{fruits}")
sorted_fruits = sorted(fruits.items(),key = lambda item:item[1][2],reverse = True)
print("按数量降序排序后为:")
for fruit,sale in sorted_fruits:
    print(f"{fruit}的销量为{sale[2]}{sale[1]}")
```

上方代码中，lambda item:item[1]可以定位到字典的值，即定位到水果信息列表，lambda item:item[1][2]可以定位到值的索引号“2”位置，即列表中的水果数量。运行结果如下：

```
排序前的水果字典为:{'banana':['A 级','盒',655],'apple':['B 级','箱',245],'cherry':['A 级','袋',165]}
按数量降序排序后为:
banana 的销量为 655 盒
apple 的销量为 245 箱
cherry 的销量为 165 袋
```

4.5.4 应用案例

例 4.28 如图 4-8 所示，“嘉兴”文件夹内存储了三个景点的图片。要求建立嘉兴景点名称和对应图片地址的字典，键为景点名，值为景点照片地址，通过字典的访问直接打开对应景点的图片。

图 4-8 “嘉兴”文件夹

Pillow 是经典图像处理库 PIL(Python Imaging Library)的活跃分支，完全兼容 PIL API 并新增 Python 3.x 支持。它以轻量级、跨平台为特点，成为 Python 图像处理领域的首选工具，尤其适合快速实现图像编辑、格式转换、批量处理等需求。本例利用字典中景点名称和图片地址对应的键值对关系获得图片地址，再使用 Pillow 库显示图像。代码如下：

```
JiaXing = {"红船":"红船.png","南湖革命纪念馆":"南湖革命纪念馆.png","子城":"子城.jpg"}
from PIL import Image
place = input("请输入你想查询的地点:")
im = Image.open(JiaXing[place])
im.show()
```

上方代码通过 input( ) 函数获得用户想查询的景点名称并存储在变量 place 中。使用

JiaXing[place]从字典中获取用户输入景点对应的图片文件地址,并通过 Image. open()函数打开该图片文件。打开后的图像对象存储在变量 im 中,调用 im..show()方法显示图像。

注意,本例图片文件与代码 py 文件在同一目录下,代码使用了文件读取的相对路径读取文件(文件的读取详见第 6 章)。运行结果如下:

```
请输入你想查询的地点:红船
# 运行后程序打开“红船”对应的景点图片(如图 4-9 所示)
```

图 4-9　打开红船图片

例 4.29　某学生为自己建立了一个生僻字字典,输入生僻字可以查得该汉字释义,若该生僻字不存在,则添加该生僻字。

此例中生僻字字典的键为生僻字,值为生僻字的释义。利用字典访问 get()方法的特性,可以判断字典的键是否存在,并执行显示释义或添加新字的对应操作。代码如下:

```
rareChr = {"鬘":"mán:1.形容头发美;2.作装饰的花环。","叆":"ài:形容云气很盛。\nyǐ:仿佛,不很分明的样子"}
chr = input("输入要查询的生僻字:")
if rareChr.get(chr,0) = = 0:
    print("不存在该生僻字,请新建")
    rareChr[chr] = input("输入生僻字“"+chr+"”的释义:")
    print(f"新增生僻字{chr}的释义为:\n{rareChr[chr]}")
else:
    print(f"查询到该生僻字{chr}的释义为:\n{rareChr[chr]}")
```

上方代码使用 get()方法尝试从字典中获取查询字的释义。如果字典中不存在该生僻字,get()方法返回默认值 0。①若 rareChr. get(chr,0)的值等于 0,则说明字典中不存在该生僻字,执行新建生词及释义操作,并打印输出;②若不等于 0,则说明字典中存在该生僻字,直接打印出生僻字及其释义。

运行结果①如下:

```
输入要查询的生僻字:蘧
不存在该生僻字,请新建
输入生僻字“蘧”的释义:qú:惊喜的样子
新增生僻字蘧的释义为:
qú:惊喜的样子
```

运行结果②如下：

```
输入要查询的生僻字:叆
查询到该生僻字叆的释义为:
ài:形容云气很盛。
yǐ:仿佛,不很分明的样子
```

例 4.30　建立学生提交作业次数的统计字典。键为学号,值为作业提交的次数。通过循环输入学号,更新学生交作业的次数。

字典键不重复的特性使其非常适合用于存储学生的学号及其对应信息。get(dict,0)方法则非常适合用于统计次数。代码如下：

```
stu = {"101":1 ,"102":3 }
while True:
    no = input("请输入学生学号(输入 0 则结束程序):")
    if no!  ="0":
        stu[ no ] = stu.get(no,0)+1
        print(stu)
    else:
        break
```

上方代码创建了一个无限循环 while True 结构,并使用 input( ) 函数获得学生的学号。如果用户输入的学号不是 0,则继续执行后续代码;否则,通过 break 语句跳出循环,结束程序。对于用户输入的学号,使用 get(no,0)方法更新字典中对应学号的出勤次数。运行结果如下：

```
请输入学生学号(输入 0 则结束程序):101
{'101':2,'102':3}
请输入学生学号(输入 0 则结束程序):103
{'101':2,'102':3,'103':1}
请输入学生学号(输入 0 则结束程序):0
```

例 4.31　统计下方英文绕口令中各单词出现的频次,并按频次升序显示单词及词频。

```
Cook can cook cookies! How many cookies could a good cook cook if a good cook could cook cookies? A good cook could cook as much cookies as a good cook who could cook cookies.
```

与例 4.30 类似,字典也非常适合存储不重复的单词及其次数。但由于原数据为字符串,字符串不区分大小写,也包含空格、标点等特殊符号,所以需要对原数据进行清洗和处理,以将单词进行拆分。代码如下：

```
str1 = '''Cook can cook cookies! How many cookies could a good cook cook
if a good cook could cook cookies? A good cook could cook
as much cookies as a good cook who could cook cookies. '''
str1 = str1.lower()
punctuation_list = [ ",",".","!","?" ]   # 将文章中可能出现的标点符号放入列表
for i in punctuation_list:                 # 去除文章中的标点符号,使得仅剩单词
    str1 = str1.replace(i,"")
s_list = str1.split()                      # 将单词分离后放入单词列表
d_dict  =  {}                              # 建立字典空集,键为单词,值为次数
```

```
for key in s_list:                        # 遍历单词列表
    d_dict[key] = d_dict.get(key,0) + 1        # 根据单词,更新字典对应键和值
# print("排序前:")
# for key in d_dict:                      # 遍历字典,输出单词和对应的计数
#     print(f"{key}:{d_dict[key]}")
print("排序后:")
new_lst = sorted(d_dict.items(),key = lambda x:x[1],reverse = True)
for i in range(len(new_lst)):
    print(f"{new_lst[i][0]}:{new_lst[i][1]}")
```

上方代码根据英文特点进行数据清洗,先将整个字符串转换为小写并去除所有的标点符号,使字符串中仅剩单词和空格。再使用 split( )方法将处理后的字符串按照空格分割成单词列表。与例 4.30 相同,使用字典存储单词和对应的出现次数,并对次数进行降序排序。部分运行结果如下:

```
排序后:
cook:10
cookies:5
could:4
a:4
good:4
as:2
```

§4.6 集合

在 Python 中,集合是一个无序的集合,用于存储不重复的元素,主要用于数学上的集合操作,如并集、交集、差集和对称差集等。

集合使用花括号{}来定义,但不同于字典,集合中的元素之间只用英文逗号分隔,没有键值对。集合中的元素是唯一的,即集合中不会出现重复的元素。集合中的元素是不可变的,但集合是可变的,可以添加或删除元素。集合类型的示例如下:

```
>>>my_list = [1,2,2,2,2,3,4,4,5]
>>>my_set = set(my_list)      # 转换为集合去除重复元素
my_set = {1,2,3,4,5}
```

集合类似于数学中用于表示一组无序且不重复的元素的基础概念,其作用在于将具有某种共同特性的对象归纳为一个整体,便于进行统一处理、分析或计算,从而简化问题,提高解决问题的效率与准确性,是现代数学和计算机科学中不可或缺的工具。

4.6.1 集合的创建

集合的创建主要有以下两种方式。

1. 直接使用花括号创建

例如:

```
>>>my_set1 = {1,2,3,4,5}          #创建含有 5 个元素的集合
>>>my_set2 = {1,}                 #创建包含单个元素的集合需要在元素后加逗号,以区分字典
```

2. 使用 set( ) 函数创建

例如：

```
>>>my_set1 = set()                    #创建一个空集合
>>>my_set2 = set([1,2,3,4,4,4,5])
>>>my_set2
{1,2,3,4,5}
```

4.6.2 集合的运算

集合主要用于数学上的集合运算，如并集、交集、差集和对称差集等。

1. 并集

并集操作返回两个集合中所有不重复的元素，使用“|”运算符或 union( ) 方法实现。例如：

```
set1 = {1,2,3}
set2 = {3,4,5}
union_set1= set1 | set2                 # 或 union_set1 = set1.union(set2)
print(union_set1)                        # 输出：{1,2,3,4,5}
```

2. 交集

交集操作返回两个集合中共有的元素，使用“&”运算符或 intersection( ) 方法实现。例如：

```
set1 = {1,2,3}
set2 = {3,4,5}
intersection_set1= set1 & set2          # 或 intersection_set1 = set1. intersection(set2)
print(intersection_set1)                 # 输出：{3}
```

3. 差集

差集操作返回在第一个集合中但不在第二个集合中的元素，使用“-”运算符或 difference( ) 方法实现。例如：

```
set1 = {1,2,3}
set2 = {3,4,5}
difference_set1 = set1 - set2           # 或 difference_set1 = set1. difference(set2)
print(difference_set1)                   # 输出：{1,2}
```

4. 对称差集

对称差集操作返回两个集合中不共有的元素，使用“^”运算符或 symmetric_difference( ) 方法实现。例如：

```
set1 = {1,2,3}
set2 = {3,4,5}
symmetric_diff_set1 = set1 ^ set2       # 或 symmetric_diff_set1 = set1. symmetric_difference(set2)
print(symmetric_diff_set1)               # 输出：{1,2,4,5}
```

4.6.3 应用案例

集合的存储无序且不重复数据的特性,使其常用于去重、数学集合操作、关系测试(如判断一个集合是否为另一个集合的子集或超集)等场景。

例 4.32 假设两个学生 A 和 B 分别选了一些课程。判断并输出 A、B 共同选的课程,A 选了而 B 没选的课程,以及所有课程。

此例中的问题可以直接化简为求集合的交集、差集和并集。代码如下:

```
courses_A = {"数学","英语","物理","编程"}
courses_B = {"英语","物理","化学","生物"}
# 交集
same_courses = courses_A & courses_B
print("共同选择课程:",same_courses)
# 差集(A 中有但 B 中没有)
unique_to_A = courses_A - courses_B
print("A 选择而 B 未选课程:",unique_to_A)
# 并集
all_courses = courses_A | courses_B
print("所有课程:",all_courses)
```

运行结果如下:

```
共同选择课程:{'英语','物理'}
A 选择而 B 未选课程:{'数学','编程'}
所有课程:{'英语','编程','生物','物理','数学','化学'}
```

本章小结

本章深入探讨了 Python 中五种核心组合数据类型——字符串、元组、列表、字典与集合的特性及操作。字符串作为不可变序列,支持丰富的文本处理方法;元组作为轻量级不可变容器,常用于数据封装与解包。列表提供动态可变序列,通过灵活的增、删、改、查操作实现复杂数据管理。字典以键值对形式存储数据,可以实现快速查找。集合通过无序唯一元素特性,支持高效的并集、交集等集合运算。

习题 4

1. 已知字符串 s="happy",在交互状态下显示以下内容:

(1) 显示 s 的第一个字符。

(2) 显示 s 的最后一个字符。

(3) 判断字符 b 是否在字符串 s 中。

(4) 重复 3 次显示字符串 s。

(5) 字符串 t="life",如何利用 s 和 t 形成字符串"happy life"。

2. 编写程序，要求输入任意位正整数（如 000425667343），均能逆序输出（若数末尾有0，逆序后不省略）。

3. 编写程序，将字符串 a="a3E34c43H34" 中的字母取出，并连接成一个大写的字符串。

4. 身份证号码的第六位到第九位是出生年份，如图 4-10 所示。

0	1	2	3	4	5	6	7	8	9	10	11	12	13	14	15	16	17
4	3	0	1	0	5	1	9	6	0	0	2	0	5	1	0	2	6

图 4-10　身份证号码示例

已知字符串 sx="猴鸡狗猪鼠牛虎兔龙蛇马羊"。使用字符串切片、索引方法，程序在输入包含任意年份的身份证号时，输出相应的生肖。

提示：计算出生年份对 12 的余数，利用余数在字符串 sx 中进行索引，获得属相。

5. 编写一个程序，用户输入一个字符串和一个字符，程序需要删除字符串中所有该字符，并输出删除后的字符串。

6. 编写一个"数字统计"的程序。输入字符串（如"438Fd7"），统计其中包含的数字总数，并计算数字占文本的比例。

7. 下方 students 元组存储了三位学生的成绩。

```
students = (
    (120,115,110,130,135),
    (115,120,125,135,140),
    (110,110,120,125,130)
)
```

分别计算这三位学生的总成绩和平均成绩并输出（平均成绩保留 2 位小数）。

8. 建立一个按从小到大顺序排列的十个数（如 10, 20, …, 100）组成的列表，计算列表的总和、平均值（不保留小数），并对列表降序排序。

9. 找出 100 以内 5 的倍数，将它们的平方和存入列表中并显示。

10. 随机生成 10 个 0~100 之间的整数放到列表 L，将小于 50 的数放到列表 L1，其余放在列表 L2，分别显示列表 L1、L2。

11. 在 1~100 分之间随机生成一个包含 10 个分数的列表，去掉其中的最低分和最高分，计算最后的平均分并输出（平均分保留 2 位小数）。

12. 水仙花数为一个三位数，其各位数字立方和等于该数字本身，如 $153 = 1^3 + 5^3 + 3^3$。计算 100~999 中的水仙花数并将其存入列表中，并显示列表中的各水仙花数。

13. 下方为一个存储了若干个学生语文、数学、英语成绩的二维列表 score。

```
score = [[95,78,86],[81,79,93],[88,96,91],[82,76,88]]
```

计算每个学生三门课的总分并添加到 score 列表中作为每名学生成绩的最后一个元素，形成新的列表存储起来，并对新列表打印输出。

14. 完成字典练习，要求如下：

(1) 创建字典 D，其中键为自己家乡的景点名称，值为一个词的景点描述，共 3 个成员，如：

```
JiaXing={"红船":"古朴又代表着希望","南湖革命纪念馆":"庄严","子城":"充满历史感"}
```

（2）通过键遍历的方式，显示以下结果：

```
嘉兴有红船，它古朴又代表着希望
嘉兴有南湖革命纪念馆，它庄严
嘉兴有子城，它充满历史感
```

（3）通过 items( ) 遍历的方式，显示以下结果：

```
红船
古朴又代表着希望!
南湖革命纪念馆
庄严!
子城
充满历史感!
```

（4）利用 D[键]=值的方法，增加一个景点信息。

（5）利用 D.update(D1)的方法，再增加一个景点信息。

（6）删除字典 D 第一个景点的信息。

15. 用下方字典描述学生信息，键为学生学号，值为学生信息列表，包括姓名、性别、成绩。

```
d={"001":["陈立","男",84],"005":["张其","女",72],"003":["王平","女",93]}
```

要求进行信息建立、显示和查询，即：

（1）显示全部学生信息。

（2）通过输入学号显示对应的学生信息。

16. 使用第 15 题字典数据，进行以下各种排序。

（1）仅对学号递增排序。

（2）对所有学生信息按学号递增排序。

（3）对所有信息按成绩递减排序。

提示：利用 key=lambda 对键或值中指定的元素进行排序。

17. 使用第 16 题字典数据，对字典进行以下维护操作。

（1）利用赋值语句或 get( ) 方法添加学号为"020"学生信息，姓名为"莫璐"，性别为"女"，成绩为"88"。

（2）利用 del 语句删除学号为"001"的学生信息。

（3）将学号为"005"学生的姓名改为"孙其"。

（4）显示结果操作后的字典信息。

18. 输入一个英文句子，以字典的方式统计其中每个字母出现的次数，大小写字母作相同处理。按字母出现次数降序排序输出。

19. 在中国，身份证号码中的地址码可以用来推断一个人的户籍所在地。身份证号码的前六位数字是地址码，代表了省、市、区（县）的行政区域。

已知存储学生个人信息的元组如下：

```
students_info = (
    ("王明","110112201002160000"),
    ("李晓","110108201108230000"),
    ("田丽珍","110116201012030000")
)
```

地址码对照信息如下：

```
110112:北京市通州区
110108:北京市海淀区
110116:北京市怀柔区
```

根据学生的身份证信息，判断并输出户籍信息。

20. 下方字典为学生本周参加社区、儿童和赛事志愿者服务的时长。计算每位志愿者服务的总时长并存入此列表中，根据服务总时长推选出本周最美志愿者并进行结果公示。

```
stu={"王一鸣":[ 2 ,1 ,3 ],"陆家书":[ 1 ,0 ,2 ],"方 圆":[ 0 ,2 ,2 ],"李域城":[ 2 ,0 ,1 ]}
```

第 5 章
函数设计

在编程中，当需要重复编写相似代码时，普通的编写方式会让程序变得繁复冗长，而函数正是解决这一问题的核心工具。它像“积木”一样，将代码封装为独立模块，通过参数传递灵活适配不同场景，用匿名函数简化临时逻辑，以变量作用域管理数据边界，并通过递归设计实现复杂问题的分解。本章将从函数的基础定义出发，逐步解析参数的多样传递方式、函数的嵌套机制，并探讨如何通过模块化封装提升代码复用性。结合贴近日常的应用案例，学习如何以系统化的思维高效解决实际问题。

§5.1 函数基础

函数是编程中用于封装特定功能的可重复调用代码单元。函数将复杂任务分解为独立逻辑块，具备模块化设计的特点，提升了代码的可读性和可维护性。通过一次定义、多次调用，消除了冗余代码，提高了代码的复用性。

日常生活中，我们接触的不少设备，其功能原理与编程中的函数概念有着异曲同工之妙。以家用咖啡机为例，其配备了多种咖啡冲泡模式，每一种模式都如同一个封装了特定制作流程的函数。如图 5-1 所示，当用户选择一种特定的冲泡模式，咖啡机就接收这个选择作为输入，然后制作并输出一杯特定类型的咖啡，就如同函数接收参数后执行并返回结果一样。这样的设计使得冲泡过程变得简单，同时也确保了每次制作出的咖啡品质都是一致和可预测的。用户不必掌握咖啡制作的复杂技巧，就能够享受到一杯大师级的咖啡。这就是函

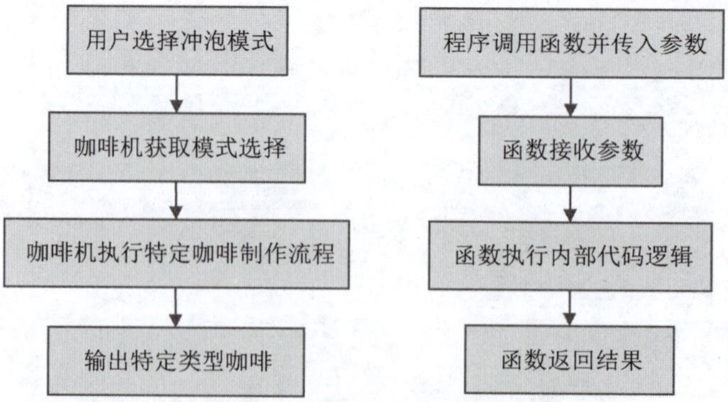

图 5-1 咖啡机制作流程与函数工作流程对比

数在编程中的魔力，其封装复杂性，提供简洁的接口，使任务执行变得既高效又可靠。

在 Python 中，各种不同类型的函数就像是不同种类的“工具包”，根据其来源和功能可分为以下四类。

1. 内置函数

内置函数是 Python 自带的预定义函数集合，即“基础工具包”，无需导入任何模块即可直接使用。例如，int()、str()函数用于数据类型转换，len()、type()函数用于信息获取，print()、input()函数用于交互操作。在 Python 3. x 中，内置函数位于名为 builtins 的模块（Python 2. x 中位于__builtins__模块）。若想查看所有内置函数，可通过 import builtins 导入模块后，借助 dir(builtins)方法实现。

2. 标准库函数

标准库函数主要由 Python 核心团队开发和维护，好似安装 Python 解释器时附赠的“专业工具包”，无需额外的安装步骤。通过 import 语句导入相应的标准库模块，就能使用其中的函数。例如通过 import math 导入 math 库后，即可调用 math. sqrt()等函数。

3. 第三方库函数

第三方库函数来自社区中的开发者或组织开发的库或模块，相当于“扩展工具包”。一般需使用 pip 等包管理工具进行第三方库安装和导入后再调用，例如 numpy、pandas、requests 等库中的函数。第三方库函数极大地扩展了 Python 的功能，尤其在科学计算、数据分析、网络请求等领域，让编程变得更加便捷高效。

4. 用户自定义函数

开发者基于特定需求编写的函数即用户自定义函数，好似开发者的“专属工具包”。这类函数可包含一系列语句，在函数被调用时执行。普通函数使用 def 关键字定义，而匿名函数则借助 lambda 关键字创建。

5.1.1 函数的定义

用户自定义函数，通常简称为自定义函数，可以优化代码组织、提升编程效率，是编程创造力的体现。通过自定义函数，可以将解决问题的步骤封装起来，从而使代码更具模块化，便于理解与重用。

在 Python 中，创建自定义函数主要有两种方式，即通过 def 关键字或 lambda 关键字进行创建。本小节先介绍使用 def 关键字定义函数的方法，涉及确定函数名、参数及函数体结构。其基本语法格式如下：

```
def 函数名([形参列表]):
    函数体
    [return 返回值]
```

其中：

(1) def：是定义函数的关键字，传达给 Python 解释器接下来的代码是一个函数定义。def 后紧跟函数名，再加上括号。注意，即便函数没有参数，括号也必不可少。

(2) 函数名：是用于在代码中调用该函数的标识符，一般应清晰表达函数功能，且遵循标识符命名规则。注意避免使用 if、for、while 等 Python 保留字。

(3) 形参列表：形参和实参是定义函数时的两个重要概念，其简介见表 5-1。形参列表定义了函数可以接收的参数，这些参数在调用函数时会被实参替换（将在 5.2 节作展开介绍）。如果函数不需要接收任何参数，形参列表留空。

表 5-1　形参和实参简介

类型	全称	概念	主要作用	示例
形参	形式参数（Formal Parameter）	在函数定义中声明的参数，代表函数可以接收的输入值，定义时被指定，但此时无具体体值	为函数调用时传递的实参提供占位符，在函数被调用时，实参会暂时“替换”形参	def add(a,b): return a + b a 和 b 即为形参
实参	实际参数（Actual Parameter）	在函数调用时传递给函数的具体值，可以是常量、变量、表达式等	为函数中的形参提供具体的数据，使函数能够执行具体的操作	result = add(2,3) 2 和 3 即为实参，它们被传递给 add() 函数，分别对应形参 a 和 b

（4）函数体：是函数的核心组成部分，是一段包含函数执行逻辑与具体操作的代码块。当定义一个函数时，函数体以缩进开始，这一缩进的起始标志着函数具体功能实现部分的开启。函数体中的所有语句必须保持正确的缩进层次，同一层级语句的缩进量需保持一致。如果缩进错误，Python 解释器将无法准确识别代码的逻辑结构与层次关系，程序将无法正常运行。

函数体的语句数量并非固定不变，需至少包含一条语句，用于完成一些基本操作，如简单的变量赋值、打印输出等。函数体也可以容纳任意多的语句，以实现复杂的业务逻辑，如数据处理、算法实现、文件读写等。

（5）return 语句：用于从函数返回一个值。当程序执行到 return 语句时，程序会立即终止并返回指定的值。在定义函数时使用 return 语句的多种情况见表 5-2。如果函数的目的是执行某些操作而不返回值，可以省略 return 语句。

表 5-2　return 语句的多种类型

类型	返回值	举例	说明
一个返回值	返回单个计算结果	def calculate_square(number): return number*number	函数执行计算后返回一个值，用于后续程序对该计算结果的使用

多个返回值	将多个值打包成元组返回	def get_user_info():
		    name ="张三"
		    age = 30
		    return name,age
			可以一次返回多个数据，方便在调用处同时获取多个信息，用于需要同时处理多个数据的场景

多个 return 语句	遇到第一个满足条件的 return 语句时，返回对应值	def check_number(num):
		    if num > 0:
		        return"Positive"
		    elif num < 0:
		        return"Negative"
		    else:
		        return"Zero"
			常用于条件判断场景，根据不同条件判断，返回不同的结果，程序根据返回值进行后续不同处理

（续表）

类型	返回值	举例	说明

没有 return 语句	默认返回 None	def print_hello():
		    print("Hello,World!")
		或
		def update_data(datalist,new):
		    datalist.append(new)
			函数主要目的是执行某些操作，如打印信息、修改传入的数据结构等，不需要返回具体计算结果，常用于仅需执行特定任务的场景

例 5.1　社区节能减排计算。

某社区开展节能减排行动，已知三户家庭当月的节电量分别为 50 度、30 度、60 度。假设每节省 1 度电可减少 0.785 千克碳排放，统计这三户家庭该月减少的碳排放量。

（1）使用顺序结构实现。代码如下：

```
saved_energy_1 = 50
carbon_reduction_1 = saved_energy_1* 0.785
print(f"家庭 1:减少碳排放{carbon_reduction_1:.2f}千克")
saved_energy_2 = 30
carbon_reduction_2 = saved_energy_2* 0.785
print(f"家庭 2:减少碳排放{carbon_reduction_2:.2f}千克")
saved_energy_3 = 60
carbon_reduction_3 = saved_energy_3* 0.785
print(f"家庭 3:减少碳排放{carbon_reduction_3:.2f}千克")
```

运行结果如下：

```
家庭 1:减少碳排放 39.25 千克
家庭 2:减少碳排放 23.55 千克
家庭 3:减少碳排放 47.10 千克
```

上方代码针对每一户家庭分别计算其节电量对应的碳减排量，虽然能实现统计，但代码存在一定的重复性。

（2）仅使用循环实现。代码如下：

```
energies = [50,30,60]
for i in range(len(energies)):
    carbon_reduction = energies[i]*0.785
    print(f"家庭{i+1}:减少碳排放{carbon_reduction:.2f}千克")
```

（3）使用自定义函数实现。代码如下：

```
def calculate_carbon_reduction(saved_energy):
    carbon_reduction = saved_energy*0.785
    return carbon_reduction
```

上方代码定义了 calculate_carbon_reduction( ) 函数，其功能是根据传入的节电量计算出相应的碳减排量。不过，此时函数仅仅是被定义，而尚未被调用，程序不会执行函数内部的任何代码，它对程序的实际执行过程不会产生任何作用，也不会有任何输出。函数定义就像是搭建了一个执行的框架模板，只有当这个函数被显式调用，并且传入了对应的参数后，才会真正执行内部的代码，进而返回结果。

尝试调用 calculate_carbon_reduction( )函数来计算三户家庭的碳减排量，代码如下：

```
energies = [50,30,60]
for i in range(len(energies)):
    reduction = calculate_carbon_reduction(energies[i])
    print(f"家庭{i+1}:减少碳排放{reduction:.2f}千克")
```

在此例中，仅用循环实现的代码看似比使用自定义函数简洁，但当需要多次调用计算逻辑、调整碳排放系数或扩展功能时，自定义函数的模块化设计将展现出更显著的优势。下一例将展示如何通过函数提升代码的复用性与可维护性。

例 5.2 课程评分计算。

某课程根据学员作业完成和期末项目考核情况计算综合评分，评分规则如下：

① 每次作业满分 10 分，累计 5 次作业取平均分，转换为百分制作为平时成绩；

② 期末项目考核分数，满分 100 分；

③ 总评分=平时成绩×0.4+期末成绩×0.6；

④ 总评分≥90 分为 A，80~89 分为 B，70~79 分为 C，低于 70 分为 D。

(1) 无函数实现。代码如下：

```
# 学员张三的评分
hw_zhang = [9,8.5,10,9.2,8.8]
final_zhang = 92
# 计算平时分
hw_avg_zhang = sum(hw_zhang) / len(hw_zhang)
hw_percent_zhang = (hw_avg_zhang / 10)*100
regular_zhang = hw_percent_zhang*0.4
# 计算总评分
total_zhang = regular_zhang + final_zhang*0.6
# 判断等级
if total_zhang >=90:
    grade_zhang ="A"
elif total_zhang >=80:
    grade_zhang ="B"
elif total_zhang >=70:
    grade_zhang ="C"
else:
    grade_zhang ="D"
print(f"张三总评:{total_zhang:.1f} 等级:{grade_zhang}")
```

运行结果如下：

```
张三总评:91.6 等级:A
```

无函数实现的方法虽然在处理单个学员评分时看似简单，但在面对多个学员或多场景应用时，会出现代码重复性高的问题。若嵌套循环结构，可能会构成复杂多层次的结构，表现出可维护性差、扩展性受限、逻辑结构不清晰的缺点。

(2) 函数实现。代码如下：

```
def calculate_grade(hw_scores,final_score):
    # 计算平时分
    hw_avg = sum(hw_scores)/len(hw_scores)
    hw_percent = (hw_avg / 10)*100
    regular = hw_percent*0.4
    # 计算总分
    total = regular + final_score*0.6
    # 判断等级
    if total >=90:
        grade ="A"
    elif total >=80:
        grade ="B"
    elif total >=70:
        grade ="C"
    else:
        grade ="D"
    return total,grade
# 调用函数计算多个学员
students = [
    {"name":"张三","hw":[9,8.5,10,9.2,8.8],"final":92},
    {"name":"李四","hw":[7,8,7.5,6,8],"final":78},
    {"name":"王五","hw":[10,9.5,9,10,9.8],"final":88}
]
for stu in students:
    total,grade = calculate_grade(stu["hw"],stu["final"])
    print(f"{stu['name']}总评:{total:.1f} 等级:{grade}")
```

运行结果如下：

```
张三总评:91.6 等级:A
李四总评:76.0 等级:C
王五总评:91.4 等级:A
```

从例 5.1 和例 5.2 可知，使用函数与仅使用循环编写程序各有利弊。使用函数的程序可读性强、可维护性高，函数发生修改，调用处皆会更新，且支持分工开发。但在简单场景下，如例 5.1，定义函数会使结构复杂。仅使用循环，代码直观、简洁，适合简单计算。可一旦计算逻辑复杂度提升，循环体内代码易冗长混乱，且当计算逻辑发生改变时，需逐处修改，维护成本高、易出错。因此，计算逻辑复用、复杂或团队协作时，优先选用函数，以提升代码质量与开发效率。

5.1.2　函数的调用

通过例 5.1 中 calculate_carbon_reduction( ) 函数的实现可知，函数定义构建了计算逻辑执行的基本框架，函数调用则是触发这个框架真正运作的关键动作，二者是不可分割的整体。调用自定义函数与调用内置函数的方法类似，其基本语法格式如下：

```
函数名([实参列表])
```

其中，实参列表的参数可以是常量、变量、表达式或其他函数的返回值，各实参之间用英文逗号分隔，并按照顺序与函数定义中的形参对应。

以例 5.1 为例，如图 5-2 所示，程序开始执行时，控制流从主程序的起始点开始，按照代码顺序逐行执行。当主程序执行到函数调用时，控制流会跳转到被调用函数的代码块，将实参传递给形参，随后开始执行其内部的代码，直到遇到返回语句（return）或者执行完函数内的所有代码。函数执行完毕后，控制流返回主程序中函数调用的位置，继续执行主程序的后续代码。若主程序中多次调用函数，控制流将多次跳转到被调用函数的代码块执行。

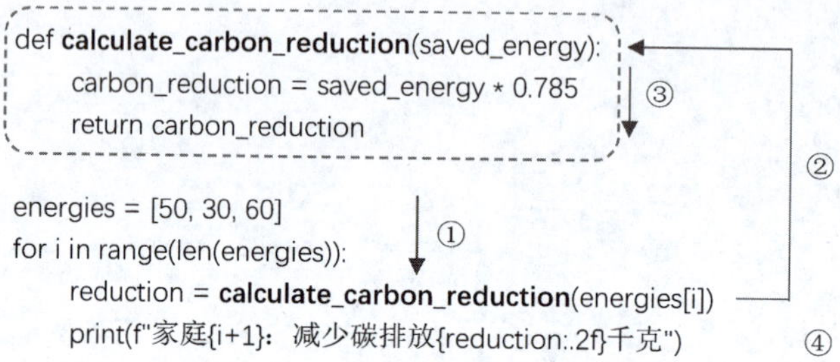

图 5-2　函数调用的控制流执行过程

在 Python 中，函数调用有两种基本形式：独立语句调用和表达式调用。其选择取决于是否需要使用返回值。

1. 独立语句调用

此种调用方式适用于执行操作而非获取返回值的场景，常见于打印信息或数据修改。例如：

```
def my_function():
    print("Hello,World!")
my_function()
```

运行结果如下：

```
Hello,World!
```

2. 表达式调用

当函数的返回值需要被使用时，函数调用可以作为表达式的一部分。在这种情况下，函数调用的结果可以被赋值给变量，也可以作为其他函数调用的参数，或者嵌入其他表达式中。例如：

```
def my_function():
    print("Hello,World!")
    return True
result = my_function()
print(result)
```

运行结果如下：

```
Hello,World!
True
```

在使用表达式调用时，如果函数没有设置 return 返回值，则默认返回 None。例如：

```
def my_function():
    print("Hello,World!")
result = my_function()
print(result)
```

运行结果如下：

```
Hello,World!
None
```

结合表 5-2 中列举的定义函数时使用 return 语句的多种类型，即可在主程序中对函数进行调用。

例 5.3　一个返回值的函数：使用海伦公式计算三角形（图 5-3）面积。

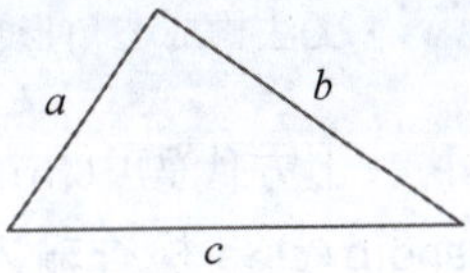

图 5-3　三角形

海伦公式（Heron's formula，也称为 Hero's formula）是一种通过三角形三边长度直接计算其面积的方法，由古希腊数学家海伦提出。该公式适用于已知三条边长且满足三角形不等式的情况。海伦公式的具体表达式如下：

$$S = \sqrt{p(p-a)(p-b)(p-c)}$$

其中，S 为三角形面积，a、b、c 为三角形的三边长，p 为半周长，其计算公式如下：

$$p = \frac{a+b+c}{2}$$

代码如下：

```
import math
def triangle_area(a,b,c):
    if (a + b) > c and (a + c) > b and (b + c) > a:
        p = (a + b + c) / 2
        S = math.sqrt(p*(p - a)*(p - b)*(p - c))
        result = S
    else:
        result = None
    return result
a = float(input("请输入第一条边长:"))
b = float(input("请输入第二条边长:"))
c = float(input("请输入第三条边长:"))
area = triangle_area(a,b,c)
if area is not None:
    print(f"三角形的面积为:{area:.2f}")
else:
    print("无法构成三角形!")
```

输入示例 1：

```
请输入第一条边长:3
```

```
请输入第二条边长:4
请输入第三条边长:5
```

输出示例 1:

```
三角形的面积为:6.00
```

输入示例 2:

```
请输入第一条边长:1
请输入第二条边长:2
请输入第三条边长:3
```

输出示例 2:

```
无法构成三角形!
```

上方代码中,triangle_area( )函数通过 if(a+b)>c and(a+c)>b and(b+c)>a 检查输入的边长是否可以构成三角形,再使用海伦公式进行三角形面积的计算,通过仅有一个返回值的 return 语句返回最终结果。主程序部分通过 input( )函数获取用户输入,并使用 float( )函数将其转换为浮点数。调用函数后将输入的边长传递给 triangle_area( )函数,根据返回值判断是否成功计算面积,并以适当格式输出结果。若遇到如图 5-4 所示的多边形面积计算,只需分解为多个三角形,多次调用函数求解各个三角形面积,再求和即可。

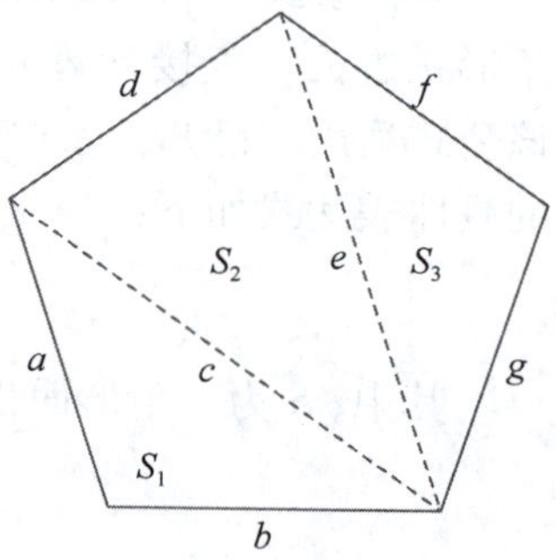

图 5-4　多边形面积分解

例 5.4　多个返回值的函数:食物营养计算器。

日常生活中,了解食物的营养成分对于保持健康饮食非常重要。以下面三种食物为例,设计用于计算特定食物卡路里和蛋白质摄入量的函数。鸡胸肉,每 100 克约 165 千卡,26 克蛋白质;苹果,每 100 克约 52 千卡,0.3 克蛋白质;杏仁,每 100 克约 567 千卡,21 克蛋白质。

此例可以在函数中根据食物编号和摄入克数,利用分支结构分别计算对应食物的卡路里和蛋白质值并返回。主程序负责接收用户输入、调用函数、判断结果有效性并格式化输出结果。代码如下:

```
def calculate_nutrition(food_id,grams):
    if food_id = = 1:
        calories = 165 / 100*grams
        protein = 26 / 100*grams
    elif food_id = = 2:
        calories = 52 / 100*grams
        protein = 0.3 / 100*grams
    elif food_id = = 3:
        calories = 567 / 100*grams
        protein = 21 / 100*grams
    else:
```

```
            return None,None
        return calories,protein

food_id = int(input("请输入食物编号(1=鸡胸肉,2=苹果,3=杏仁):"))
grams = float(input("请输入摄入量(克):"))
calories,protein = calculate_nutrition(food_id,grams)
if calories is not None and protein is not None:
    food_names = {1:'鸡胸肉',2:'苹果',3:'杏仁-'}
    food_name = food_names.get(food_id)
    print(f"摄入 {food_name} {grams}克，您摄入了：")
    print(f"-卡路里：{calories:.2f} 千卡")
    print(f"-蛋白质：{protein:.2f} 克")
else:
    print("您输入的食物编号有误，请重新输入！")
```

输入示例 1：

```
请输入食物编号(1=鸡胸肉,2=苹果,3=杏仁):1
请输入摄入量(克):150
```

输出示例 1：

```
摄入 鸡胸肉 150.0 克,您摄入了:
-卡路里:247.50 千卡
-蛋白质:39.00 克
```

输入示例 2：

```
请输入食物编号(1=鸡胸肉,2=苹果,3=杏仁):5
请输入摄入量(克):5
```

输出示例 2：

```
您输入的食物编号有误,请重新输入!
```

例 5.5 多个 return 语句的函数：判断闰年。

闰年的设置是为了调整日历与地球公转周期(约 365.242 5 天)之间的差异。如果没有闰年，日历会逐渐偏离季节。设计根据输入的年份判断是否为闰年的函数，并给出判断理由。

对于此例，如果年份能被 4 整除但不能被 100 整除，即为闰年；如果年份能被 400 整除，也为闰年。若仅需判断是否是闰年，可用条件(year % 4 == 0 and year % 100 != 0) or (year % 400 == 0)。但若要给出判断理由，可参考如下代码：

```
def check_leap_year(year):
    if year % 400 == 0:
        return f"{year}年是闰年,因为它能被 400 整除。"
    elif year % 100 == 0:
        return f"{year}年不是闰年,因为它能被 100 整除但不能被 400 整除。"
    elif year % 4 == 0:
```

```
        return f"{year}年是闰年,因为它能被 4 整除且不能被 100 整除。"
    else:
        return f"{year}年不是闰年,因为它不能被 4 整除。"
year = int(input("请输入一个年份:"))
result = check_leap_year(year)
print(result)
```

输入示例 1:

```
请输入一个年份:2000
```

输出示例 1:

```
2000 年是闰年,因为它能被 400 整除。
```

输入示例 2:

```
请输入一个年份:1900
```

输出示例 2:

```
1900 年不是闰年,因为它能被 100 整除但不能被 400 整除。
```

思考:check_leap_year()函数中分支结构的条件顺序是否可以随意调换?

例 5.6 没有 return 语句的函数:图书登记管理。

在图书馆的日常运营中,图书登记管理是一项重要的工作。设计一个可以将用户输入的新书标题添加到图书馆藏书列表中的函数。

此例需设计的函数主要是为了修改列表内容和输出提示,可参考如下代码:

```
def add_book_to_library(library,book_title):
    library.append(book_title)
    print(f"成功将《{book_title}》添加到图书馆藏书列表!")
library_books = ["西游记","三国演义","红楼梦","水浒传"]
print("当前图书馆藏书有:",library_books)
while True:
    new_book = input("请输入新书的标题,或输入'退出'结束:")
    if new_book == "退出":
        print("感谢使用本系统,下次再见!")
        break
    add_book_to_library(library_books,new_book)
    print("当前图书馆藏书更新为:",library_books)
```

运行结果如下:

```
当前图书馆藏书有:['西游记','三国演义','红楼梦','水浒传']
请输入新书的标题,或输入'退出'结束:山海经
成功将《山海经》添加到图书馆藏书列表!
当前图书馆藏书更新为:['西游记','三国演义','红楼梦','水浒传','山海经']
```

```
请输入新书的标题,或输入'退出'结束:退出
感谢使用本系统,下次再见!
```

例 5.3 至例 5.6 通过单一函数的封装简化了重复逻辑,但在实际开发和应用过程中,为了实现复杂功能往往需要多个函数协同工作。此时,将不同职责的代码块封装为独立函数,并通过合理分工协作,能显著提升代码的可读性与可维护性。

例 5.7　多个函数的调用:猜数游戏。

设计一个猜数游戏,游戏开启后生成一个随机整数,用户可以反复猜测,当猜中数字后,显示尝试次数并结束游戏。

代码如下:

```
import random
# 函数 1:获取用户定义的随机数范围
def get_number_range():
    while True:
        try:
            start = int(input("请输入随机数范围的最小值:"))
            end = int(input("请输入随机数范围的最大值:"))
            if start < end:
                return start,end
            else:
                print("最小值必须小于最大值,请重新输入!")
        except ValueError:
            print("无效输入,请输入整数!")

# 函数 2:生成指定范围内的随机数
def generate_random_number(start,end):
    return random.randint(start,end)

# 函数 3:获取用户输入的猜测
def get_user_guess(start,end):
    while True:
        try:
            guess = int(input(f"请输入你猜测的数字({start}-{end}):"))
            if start <= guess <= end:
                return guess
            else:
                print(f"请输入一个在{start}到{end}之间的数字!")
        except ValueError:
            print("无效输入,请输入一个整数!")

# 函数 4:检查猜测是否正确
def check_guess(user_guess,target_number):
    if user_guess < target_number:
        return"太小了!"
    elif user_guess > target_number:
        return"太大了!"
    else:
        return"正确!"
```

```
# 游戏主程序
print("欢迎来到猜数游戏!")
start,end = get_number_range()
target_number = generate_random_number(start,end)
attempts = 0
while True:
    user_guess = get_user_guess(start,end)
    attempts += 1
    result = check_guess(user_guess,target_number)
    print(result)
    if result =="正确!":
        print(f"恭喜你,猜中了数字 {target_number}! 共正确尝试了 {attempts} 次。")
        break
```

运行结果如下:

```
欢迎来到猜数游戏!
请输入随机数范围的最小值:5
请输入随机数范围的最大值:30
请输入你猜测的数字(5-30):66
请输入一个在 5 到 30 之间的数字!
请输入你猜测的数字(5-30):kk
无效输入,请输入一个整数!
请输入你猜测的数字(5-30):30
太大了!
请输入你猜测的数字(5-30):28
正确!
恭喜你,猜中了数字 28! 共正确尝试了 2 次。
```

上方代码中包含四个函数,每个函数负责游戏的一个特定部分。其中还使用了 try...except 块来捕获 ValueError,用于处理非整数输入。

例 5.7 展示了如何通过定义和调用多个函数来实现一个完整的猜数游戏。通过函数的模块化设计,程序的逻辑更加清晰,易于维护和扩展。同时,通过异常处理和输入验证,程序能够处理用户的各种输入情况,确保用户输入的值符合要求,并排除了错误尝试的猜测次数统计。

§5.2 函数的参数传递

函数的参数传递通过位置或关键字等多种方式,在调用函数时将实参传递至形参,为代码复用和逻辑封装提供了结构化基础。根据 Python 官方文档中对于 inspect 模块的定义,函数参数的类型主要分为五种,见表 5-3。

表 5-3 函数参数分类

名称	官方英文名	含义
仅位置参数	POSITIONAL_ONLY	在函数定义中,出现在"/"标记(若存在)之前的参数,其值必须以位置参数形式提供

（续表）

名称	官方英文名	含义
位置或关键字参数	POSITIONAL_OR_KEYWORD	其值既可以通过关键字参数传递，也可以通过位置参数传递，是 Python 函数实现的标准参数绑定行为
可变位置参数	VAR_POSITIONAL	未绑定到其他任何参数的位置参数组成的元组，对应 Python 函数定义中的 * args 参数
仅关键字参数	KEYWORD_ONLY	在函数定义中，出现在 * 或 * args 之后的参数，其值必须以关键字参数形式提供
可变关键字参数	VAR_KEYWORD	未绑定到其他任何参数的关键字参数组成的字典，对应 Python 函数定义中的 ** kwargs 参数

在 Python 中，若需同时使用以上五种参数类型，必须严格遵循以下参数定义的顺序规则且不可逆：仅位置参数→位置或关键字参数→可变位置参数→仅关键字参数→可变关键字参数。若顺序错误，会引发语法错误。这是 Python 为了确保函数参数传递的清晰性、一致性和正确性而设定的规则。

5.2.1　仅位置参数

仅位置参数是指在函数调用时必须通过位置传递，而不能通过关键字传递的参数。此类参数通过“/”符号显式声明（Python 3.8 及以上版本适用），主要目的是限制某些参数的传递方式，以防止调用者通过关键字意外修改敏感参数，提升程序的安全性。同时，也保留了参数名称的灵活性，若修改参数名也不影响现有代码，体现了兼容性设计理念。在实际应用中，内置函数（如 len()、sum()等）的参数通常为仅位置参数。

例 5.8　计算圆的面积。

代码如下：

```
def calculate_area(radius,/):
    return 3.14159*radius**2
# 正确调用方式:位置传递
print(calculate_area(5))                #输出:78.53975
# 错误调用方式:关键字传递
print(calculate_area(radius = 5))       #报错:TypeError
```

需要注意的是，由于版本限制，仅位置参数需使用 Python 3.8 及以上版本，在低版本中，“/”标记会导致语法错误。如果代码需要兼容低于 Python 3.8 的版本，就不能使用“/”声明仅位置参数这种特性。此时可以将上述函数修改为位置或关键字参数，代码如下：

```
def calculate_area(radius):
    return 3.14159*radius**2
print(calculate_area(5))
print(calculate_area(radius = 5))
```

5.2.2　位置或关键字参数

位置或关键字参数是 Python 函数中最常见的参数类型，允许调用时通过位置传递或关键字传递参数值。此类参数无需特殊语法标记，在默认情况下定义的参数均属于此类。其设计目标是提供灵活的参数传递方式，兼顾代码可读性与调用便捷性。若参数具有明确语义（如 width、height），建议优先通过关键字传递以增强可读性；若参数含义直观（如数值计算中的 x、y），则可通过位置传递简化调用。

例 5.9 计算长方体体积。

代码如下：

```
def calculate_volume(length,width,height = 10):
    return length*width*height
# 合法调用方式 1:位置传递
print(calculate_volume(5,3))                # 输出:150(length = 5,width = 3,height = 10)
print(calculate_volume(5,3,2))              # 输出:30(height = 2)
# 合法调用方式 2:混合传递
print(calculate_volume(5,width = 3))        # 输出:150(height 使用默认值)
# 合法调用方式 3:关键字传递
print(calculate_volume(width = 3,length = 5,height = 2))  # 输出:30
# 非法调用示例
print(calculate_volume(length = 5,3))       # 报错:位置参数不能在关键字参数后
print(calculate_volume(5))                  # 报错:缺少必传参数 width
```

由例 5.9 可知，无默认值的参数（length、width）必须通过位置或关键字传递，否则会触发 TypeError。有默认值的参数（height）必须位于无默认值的参数之后。关键字参数可按任意顺序传递，但参数名必须正确。

例 5.10 在商店购买商品并计算总价格。其中，参数 cost 为商品的基础价格；tax 为税率，默认为 5%；discount 为折扣率，默认为 10%。

代码如下：

```
def purchase_item(cost,tax = 0.05,discount = 0.1):
    total_cost = cost*(1 + tax)*(1 - discount)
    return total_cost
# 使用默认的税率和折扣率
total_price_default = purchase_item(100)
print("总价格(默认税率和折扣):",total_price_default)
# 指定不同的税率和折扣率
total_price_custom = purchase_item(100,tax = 0.07,discount = 0.15)
print("总价格(自定义税率和折扣):",total_price_custom)
```

运行结果如下：

```
总价格(默认税率和折扣):94.5
总价格(自定义税率和折扣):90.95
```

上方代码中，purchase_item( ) 函数有三个参数：cost 是必需的位置参数，tax 和 discount 是具有默认值的参数。如果调用函数时没有提供 tax 和 discount 的值，将使用默认值（税率 5%，折扣 10%）。

例 5.11 交通信号灯时间计算器。

在城市交通管理中，信号灯的绿灯时间设置对交通流的顺畅至关重要。绿灯时间通常

需要根据路口的宽度和车辆的通行速度来计算。假设车辆通过路口需要的最小时间(秒)= 路口宽度(米)/速度(米/秒),已知 1 公里/小时 = 1 000 米/3 600 秒。

代码如下:

```
def calculate_green_light_time(road_width,vehicle_speed):
    speed_m_per_sec = (vehicle_speed*1000) / 3600          # 转换为米/秒
    green_light_time = road_width / speed_m_per_sec
    print(f"路口宽度 {road_width} 米, 车速 {vehicle_speed} 公里/小时 → 建议绿灯时间:{green_light_time:.2f} 秒")
    return green_light_time
# 方式 1:纯位置传递
calculate_green_light_time(30,40)                    # 输出:2.70 秒
# 方式 2:纯关键字传递(顺序无关)
calculate_green_light_time(vehicle_speed=40,road_width=30)  # 结果同上
# 方式 3:混合位置与关键字传递
calculate_green_light_time(30,vehicle_speed=40)  # 结果同上
```

思考:根据上方代码计算得出的绿灯时间能通过多辆汽车吗?若不能,如何修改程序,使路口能通过指定数量的汽车?

上方代码设置的绿灯时间仅满足单辆汽车安全通过路口的需求。若需让多辆汽车在绿灯期间依次通过,需考虑以下因素:

(1) 车辆数量:每辆车通过路口的时间总和。

(2) 安全间隔:车辆之间的最小安全距离或时间间隔(此处暂简化计算,假设车辆匀速行驶,且连续通过)。

此时可以修改函数定义,新增 num_vehicles 参数,表示需通过的车辆数量,默认值为 1。代码如下:

```
def calculate_green_light_time(road_width,vehicle_speed,num_vehicles=1):
    if num_vehicles < 1:      # 校验车辆数量合法性
        print("车辆数量必须大于等于 1")
        return
    speed_m_per_sec = (vehicle_speed*1000) / 3600   # 转换为米/秒
    single_car_time = road_width / speed_m_per_sec      # 单车通过时间
    total_time = single_car_time*num_vehicles          # 多车总时间

    print(
        f"路口宽度 {road_width} 米,车速 {vehicle_speed} 公里/小时 →"
        f"{num_vehicles}辆车的建议绿灯时间:{total_time:.2f} 秒"
    )
    return total_time
# 单辆车(默认)
calculate_green_light_time(30,40)               # 输出:2.70 秒
# 5 辆车
calculate_green_light_time(30,40,5)             # 输出:13.50 秒
# 关键字传参(明确语义)
calculate_green_light_time(
```

```
    road_width=30,
    vehicle_speed=40,
    num_vehicles=3
)                                          # 输出:8.10 秒
```

上方代码通过新增 num_vehicles 参数,从支持单车通行扩展为适应多车场景,体现了参数设计的灵活性。后续可通过更多参数(如动态安全间隔、车型分类、黄灯时间补偿等)逐步完善模型,贴合实际交通管理需求。

5.2.3 可变位置参数

可变位置参数提供了一种非常灵活的方式来传递参数,允许函数接收不定数量的位置参数。使用星号(*)来定义可变位置参数,调用函数时可以传递任意数量的位置参数给这个参数,使得函数可以接收超过定义时已知数量的参数,这些参数在函数内部通常被处理为元组。

例 5.12 计算数值的总和。

代码如下:

```
def sum_values(*numbers):
    total = 0
    for number in numbers:
        total += number
    return total
total_sum = sum_values(1,2,3,4,5)
print("数值总和:",total_sum)
```

运行结果如下:

```
数值总和:15
```

5.2.4 仅关键字参数

仅关键字参数是指在函数定义中,出现在 * 或 * args 之后的参数。这类参数在函数调用时,其值必须以关键字参数形式提供,不能通过位置传递。仅关键字参数分为无默认值和有默认值两种情况:无默认值的仅关键字参数必须显式传递;有默认值的仅关键字参数可以省略,省略时使用默认值。仅关键字参数主要用于强制调用者明确参数意图,避免混淆,或提供可选配置参数,提高代码的可读性和可维护性。例如,在函数 def send_message(*,content,retries=3)中,content 是无默认值的仅关键字参数,retries 是有默认值的仅关键字参数。

例 5.13 创建计算学生成绩的函数,使其可以处理不同数量的考试分数,计算平均分、加权分、最高分、最低分,并判断是否及格。

代码如下:

```
def calculate_student_grades(
    student_name,                # 位置或关键字参数,学生姓名
    subject="数学",               # 位置或关键字参数,科目名称,默认为"数学"
    *scores,                     # 可变位置参数,接收所有考试分数
```

```
    weight,                   # 无默认值的仅关键字参数,成绩权重系数,必须显式传递
    min_passing_score=60   # 有默认值的仅关键字参数,及格分数线,默认为 60 分,可以省略
):
    # 计算常规平均分
    average_score = sum(scores) / len(scores)
    # 计算加权分数(使用仅关键字参数 weight)
    weighted_score = average_score*weight
    # 判断是否及格
    is_passing = weighted_score >= min_passing_score
    # 生成成绩报告
    report = f"""
    学生:{student_name}
    科目:{subject}
    考试次数:{len(scores)}
    平均分:{average_score:.2f}
    加权分:{weighted_score:.2f} (权重:{weight})
    最高分:{max(scores)}
    最低分:{min(scores)}
    是否及格:{'是' if is_passing else '否'}
    """
    return report
# 示例调用
print("示例 1:基本使用(必须提供仅关键字参数 weight)")
print(calculate_student_grades("张三","物理",85,92,78,88,weight=1.0))
print("\n 示例 2:使用关键字参数")
print(calculate_student_grades(
    "李四",
    "数学",
    65,72,68,75,      # 可变位置参数
    weight=0.8,       # 无默认值的仅关键字参数,必须提供
    min_passing_score=80       # 有默认值的仅关键字参数,可选
))
```

运行结果如下:

```
示例 1:基本使用(必须提供仅关键字参数 weight)
    学生:张三
    科目:物理
    考试次数:4
    平均分:85.75
    加权分:85.75 (权重:1.0)
    最高分:92
    最低分:78
    是否及格:是

示例 2:使用关键字参数
    学生:李四
    科目:数学
    考试次数:4
    平均分:70.00
    加权分:56.00 (权重:0.8)
```

```
最高分:75
最低分:65
是否及格:否
```

5.2.5 可变关键字参数

可变关键字参数在 Python 中使用两个星号(**)来定义,如 ** kwargs。它允许函数接收不定数量的关键字参数,这些参数在函数内部会被处理为一个字典。在函数调用时,调用者可以传递任意数量的键值对作为参数,函数会将这些键值对收集到字典中,其中,键是参数名,值是对应的参数值。可变关键字参数为函数提供了高度的灵活性,使函数可以处理事先不确定的参数,这在需要动态传递参数的场景中非常有用,例如,在开发框架或工具函数时,允许用户传递自定义的配置参数,而无需关心参数的数量和顺序。

例 5.14 记录和输出单条用户信息。

代码如下:

```
def user_info(**user_details):
    for key,value in user_details.items():
        print(f"{key}:{value}")
print("示例 1:基本用法")
user_info(name="张三",age=25,location="北京")
print("\n 示例 2:更多字段")
user_info(
    name="李四",
    age=30,
    email="lisi@ example.com",
    phone="123- 4567- 8901",
    department="研发部",
    employee_id="EMP001"
)
print("\n 示例 3:使用字典解包")
user_data = {
    "name":"王五",
    "title":"高级工程师",
    "years_of_experience":8,
    "skills":"Python,Java,SQL"
}
user_info(**user_data)
print("\n 示例 4:不传递任何参数")
print(user_info())
```

上方代码中,user_info()函数定义了一个可变关键字参数 ** user_details。这意味着可以传递任意数量的命名参数给这个函数,函数将遍历并打印出这些信息。

运行结果如下:

```
示例 1:基本用法
name:张三
age:25
location:北京
```

```
示例 2:更多字段
name:李四
age:30
email:lisi@ example.com
phone:123- 4567- 8901
department:研发部
employee_id:EMP001

示例 3:使用字典解包
name:王五
title:高级工程师
years_of_experience:8
skills:Python,Java,SQL

示例 4:不传递任何参数
None
```

例 5.15　记录和输出多条用户信息。

代码如下:

```
def user_info(**user_details):
    for key,value in user_details.items():
        print(f"{key}:{value}")
    print()                                       # 打印一个空行以增加输出的可读性
while True:
    user_input = input("请输入用户信息,或输入 0 退出:")
    if user_input = ="0":
        break                                     # 如果输入为 0,则跳出循环
    # 将用户输入转换为字典
    input_list = user_input.split(",")            # 按照输入信息中的逗号和空格分割输入字符串
    details_dict = {}                             # 创建一个空字典来存储用户信息
    for item in input_list:
        key,value = item.split("=")               # 将每个项分割为键和值
        details_dict[key] = value                 # 将键值对添加到字典中
    # 调用 user_info()函数打印用户信息
    user_info(**details_dict)
```

运行上方代码后,用户可以连续输入多组信息,每次输入后程序都会按设定的格式打印出相应的信息。当用户输入“0”时,程序会立即退出。

输入示例 1:

```
人物=孔子, 名=丘, 字=仲尼, 朝代=春秋时期
```

输出示例 1:

```
人物:孔子
名:丘
字:仲尼
朝代:春秋时期
```

输入示例 2：

```
人物=屠呦呦，荣誉=诺贝尔生理学或医学奖，成就=抗疟药青蒿素和双氢青蒿素
```

输出示例 2：

```
人物:屠呦呦
荣誉:诺贝尔生理学或医学奖
成就:抗疟药青蒿素和双氢青蒿素
```

输入示例 3：

```
0
```

此时，无输出结果，程序退出。

此例中每个测试输入示例都是以字符串的形式提供的，其中，包含逗号和空格(,)分隔的不同键值对，以及等号(=)分隔的键和值。程序会解析这些输入并调用 user_info() 函数来打印用户信息。

思考：上方代码中将用户输入转换为字典并调用函数的过程可否简化为以下语句？

```
details_dict = dict(item.split("=") for item in user_input.split(","))
user_info(**details_dict)
```

§5.3 匿名函数

匿名函数(lambda)是一种轻量级、无需显式命名的函数，在 Python 中通过 lambda 关键字定义。与普通函数不同，匿名函数通常用于实现简单的单行表达式，且无需使用 def 语句进行定义。

5.3.1 匿名函数的语法与特点

匿名函数的基本语法格式如下：

```
[函数名=]lambda 形参列表:表达式
```

匿名函数的一大特点是不需要显式命名。如果把匿名函数赋值给一个变量，就可以写成“变量名=lambda 形参列表:表达式”，在此语法结构中的变量名也可理解为函数名。函数名的定义并非其语法的强制要求，可以省略。

匿名函数的形参列表和普通函数的形参列表类似，支持多种参数形式。另外，匿名函数只能有一个表达式，该表达式的计算结果会被当作返回值，所以不需要使用 return 语句。

例 5.16 匿名函数的简单用法。

代码如下：

```
# 1. 简单的加法函数
add = lambda x,y:x + y
print(add(3,5))  # 输出 8
# 2. 结合三元表达式
max_num = lambda a,b:a if a > b else b
print(max_num(10,7))  # 输出 10
```

匿名函数在处理简单的函数逻辑时非常有用，尤其是在与函数式编程相关的内置函数配合使用时。例如，map( )函数是一种内置函数，它允许对可迭代对象(如列表、元组、字符串等)中的每个元素应用一个给定的函数，并返回一个包含结果的新迭代器。

例 5.17　使用 lambda 函数和 map( )函数批量计算列表中每个数的平方。

代码如下：

```
numbers = [1,2,3,4,5]
squared_numbers = list(map(lambda x:x**2,numbers))
print("平方列表:",squared_numbers)
```

运行结果如下：

```
平方列表:[1,4,9,16,25]
```

若使用列表推导式直接来实现上述功能，代码如下：

```
numbers = [1,2,3,4,5]
squared_numbers = [x**2 for x in numbers]
print("平方列表:",squared_numbers)
```

运行结果如下：

```
平方列表:[1,4,9,16,25]
```

在大多数情况下，列表推导式是更受欢迎的选择，因为它提供了一种简洁、易读的方式来创建列表。然而，在需要函数式编程风格或者处理更复杂的数据转换时，map( )、filter( )和 lambda 函数是更好的选择。其中，filter( )函数也是 Python 内置的高阶函数，用于过滤可迭代对象(如列表、元组)中的元素，其核心逻辑是将指定的函数应用于可迭代对象的每个元素，并返回一个迭代器，该迭代器仅包含函数返回值为 True 的元素。与 map( )函数不同，filter( )函数不改变元素本身，而是根据条件筛选元素。

例 5.18　商品数据折扣计算和价格筛选。

代码如下：

```
# 商品数据:(名称, 原价, 折扣率)
products = [
    ("手机",6999,0.9),
    ("游戏本",8999,0.85),
    ("耳机",1999,0.8),
    ("平板",3999,0.95)
]
# 使用 map 和 lambda 计算折后价格,并筛选出特定价格范围的商品
discounted_prices = list(map(
```

```
        lambda x:(x[0],round(x[1]*x[2],2)),   # 返回(商品名, 折后价格)
        products
))
# 筛选出折后价格在 2000-5000 之间的商品
filtered_products = list(filter(
        lambda x:2000 <= x[1] <= 5000,
        discounted_prices
))
# 打印结果
print("所有商品折后价格:")
for name,price in discounted_prices:
        print(f"{name}: ¥{price}")
print("\n2000-5000 元价格区间的商品:")
for name,price in filtered_products:
        print(f"{name}: ¥{price}")
```

运行结果如下：

```
所有商品折后价格:
手机:¥6299.1
游戏本:¥7649.15
耳机:¥1599.2
平板:¥3799.05

2000-5000 元价格区间的商品:
平板:¥3799.05
```

5.3.2 匿名函数的应用

以例 5.17 为例，计算一个数字列表中每个数字的平方，普通函数和匿名函数在定义、调用时会有不同的呈现，见表 5-4。

表 5-4 普通函数和匿名函数实现对比

对比维度	普通函数	匿名函数
定义	需要使用 def 关键字定义函数名、参数和函数体	使用 lambda 关键字和冒号定义匿名函数，直接写出参数和表达式
调用	通过函数名和一对圆括号调用，可以传递参数	通过 map( ) 函数或类似机制调用，直接在 map( ) 函数中使用 lambda 函数
运行结果	直接返回计算结果，可以一步到位地看到每个元素的平方	通过 map( ) 函数返回迭代器，需要转换为列表或其他数据结构才能看到所有结果

例 5.19 智能投票系统。

在一个大学的学生社团中，社团负责人想要通过一个智能投票系统来决定下一次社团活动的地点。社团成员可以提交他们的首选项，同时，每个社团成员都有一个投票权重，表示他们对社团活动的贡献程度。系统将根据成员的投票权重来计算每个地点的总权重得分，并选出得分最高的地点。要求使用匿名函数来计算每个地点的总权重得分。

代码如下：

```
members = ["小明","小刚","小红","小李","小芳"]
weights = [2,3,1,4,5]
votes = {
    "电影院":["小明","小刚","小红"],
    "公园":["小李","小芳"],
    "博物馆":["小明","小李"]
}
def calculate_score(vote):
    member_weights = map(lambda member:weights[members.index(member)],vote)
    return sum(member_weights)
scores = map(calculate_score,votes.values())
score_dict = dict(zip(votes.keys(),scores))
print("地点得分:")
for location,score in score_dict.items():
    print(f"{location}:{score}")
winner = max(score_dict,key=score_dict.get)
print(f"\n 下一次社团活动的地点是:{winner}")
```

运行结果如下：

```
地点得分:
电影院:6
公园:9
博物馆:6

下一次社团活动的地点是:公园
```

上方代码中，lambda member:weights[members.index(member)]是一个匿名函数，接收参数 member（表示投票成员的名字），其中，members.index(member)用于查找该成员在 members 列表中的索引位置，weights[...]根据找到的索引获取对应的权重值。map(函数，vote)中，map()函数将 lambda 函数应用到 vote 列表中的每个元素，vote 是投票某个地点的成员列表。这行代码的巧妙之处在于使用 map()函数避免了显式的循环，使用 lambda 函数简洁地表达了权重查找逻辑，又通过列表索引巧妙地将成员名字和权重对应起来，程序呈现非常简洁。

§ 5.4　函数的嵌套

函数嵌套是 Python 中的一种代码组织技术，其定义可实现闭包（Closure）、封装细节及动态生成功能，使代码更加灵活和简洁。

5.4.1　函数嵌套的概念

函数的嵌套是指在一个函数内部定义另一个函数，外部的函数称为外层函数或主函数，内部的函数称为内层函数或嵌套函数。这种结构允许函数之间形成层次关系，内层函数可以访问外层函数的变量和参数，形成闭包。这种特性使得嵌套函数非常适合于创建封装和可重用的功能。

其简单架构示例如下：

```
def 外层函数(x):
    def 内层函数(y):
        return x + y        # 内层函数可以访问外层函数的参数 x
    return 内层函数
f = 外层函数(10)
结果 = f(5)                 # 结果为 15
```

嵌套函数的作用域规则：

（1）内层函数可以访问外层函数的变量。

（2）外层函数不能直接访问内层函数的变量。

这种单向访问的特性有助于维护代码的清晰结构。

5.4.2 函数嵌套的应用

函数嵌套提供了更好的封装性，可以保护内层函数不被外部直接访问，适用于创建更模块化和可重用的代码。下面是一个嵌套函数的示例，其中外层函数中定义了一个内层函数，内层函数引用了外层变量，形成闭包。

例 5.20 闭包函数示例。

代码如下：

```
def outer_function(name):
    greeting ="Hello"
    def inner_function():
        print(greeting,name)
    return inner_function

f = outer_function("Alice")
f()        # 输出：Hello Alice
```

这是一个闭包的例子，其执行过程如下：

（1）第一步：创建闭包。

```
f = outer_function("Alice")
```

① 调用 outer_function( ) 函数并传入参数"Alice"。

② 在 outer_function( ) 函数中创建了变量 greeting。

③ 定义了内层函数 inner_function( )。

④ 返回 inner_function( ) 函数对象（不是执行结果），这个返回的函数对象被赋值给变量 f。

（2）第二步：执行闭包。

```
f()
```

① 调用之前保存的内层函数。

② 内层函数可以访问到创建时的外层变量 greeting 和参数 name。

③ 输出“Hello Alice”。

例 5.20 展示了嵌套函数的强大之处，即使 outer_function( ) 函数已经执行完毕，返回的内部函数仍然可以访问其局部变量。这种特性在创建可重用组件和封装状态时非常有用。

例 5.21　编写对字符进行简单加密的嵌套函数，采用最基础的“凯撒加密法”（Caesar Cipher），即将每个字母移动固定的位数。

代码如下：

```
def encrypt_message(shift):
    def encrypt_char(char):
        if char.isalpha():
            base = ord('A') if char.isupper() else ord('a')
            # 字母循环移动
            return chr((ord(char) - base + shift) % 26 + base)
        else:
            return char   # 非字母字符不加密
    message = input("输入待加密英文字符:")
    encrypted =""
    for c in message:
        encrypted += encrypt_char(c)
    print("加密字符为:",encrypted)

encrypt_message(3)
```

运行结果如下：

```
输入待加密英文字符:Hello,World!
加密字符为:Khoor,Zruog!
```

§5.5　变量作用域

在实际生活中，不同学校分配给学生的学号仅在其所属学校范围内有效，且有效期仅限于学生的在读阶段。与此类似，在 Python 编程中，变量作用域决定了变量的可访问范围和生命周期。Python 中的变量作用域由代码块的层次结构静态确定，主要分为以下四种类型。

（1）局部作用域（Local scope）：在函数内部定义的变量，只能在该函数内部访问，且在函数执行时创建，在函数结束时销毁。

（2）全局作用域（Global scope）：在模块（文件）级别定义的变量，可以在模块内的任何位置访问，包括函数内部（除非被局部变量覆盖）。

（3）嵌套作用域（Enclosing scope）：在嵌套函数中，内层函数可访问外层函数的变量（非全局变量）。

（4）内置作用域（Built-in scope）：Python 内置的预定义变量和函数（如 print( )、len( ) 等），其优先级属于作用域层次的最底层，若变量名与内置名称冲突，内置名称会被覆盖。

5.5.1　局部变量

局部变量是在函数内部定义的变量，其作用域仅限于定义它们的函数内部，当函数执行完毕后,局部变量会被销毁。

例 5.22　矩形面积求解。

代码如下:

```
def calculate_rectangle_area(length,width):
    area = length*width    # area 是局部变量,只在函数内部可以访问
    print(f"矩形的面积是:{area}")
    return area
result = calculate_rectangle_area(5,3)
print(f"函数返回的结果是:{result}")
```

运行结果如下:

```
矩形的面积是:15
函数返回的结果是:15
```

上方代码中,如果执行 print(area)会报错。这是因为 area 是局部变量,仅在函数内部执行过程中可以访问。

局部变量提高了代码的安全性,防止变量被其他函数意外修改,同时由于变量在函数调用结束后就会被释放,所以也节省了内存空间。此外,局部变量使不同函数可以使用相同的变量名而不会互相影响。

5.5.2　全局变量

全局变量是在所有函数外部定义的变量,它们可以在程序的任何地方被访问,其生命周期贯穿整个程序的运行过程。

例 5.23　简单的全局变量。

代码如下:

```
def f(x,y):
    x = x*x
    y = a + b
    return x + y
x = 2
a = 10
b = 20
z = f(a ,b)
print("a =",a,"z =",z,"x =",x)
```

上方代码中的 x=2, a=10, b=20 定义了 3 个全局变量。函数 f(x,y)中的 x 和 y 是函数的形参,这里的 x 是局部变量,与全局变量 x 无关。y=a+b 的计算使用了全局变量 a 和 b。

运行结果如下:

```
a = 10 z = 130 x = 2
```

1. global 关键字

在函数内部,若要声明一个变量为全局变量,可以使用 global 关键字。使用 global 关键

字意味着，函数内部对该变量的修改会影响到全局作用域中的同名变量。当在函数内部声明一个变量为 global 时，Python 解释器会在函数外部的全局作用域中查找该变量。如果找到，函数就可以访问和修改这个变量；如果未找到，它会在全局作用域中创建一个新的变量。

例 5.24　使用 global 关键字声明全局变量。

代码如下：

```
base = 5
def calculate(p,q):
    global base
    base = base*2        # 修改全局变量
    result = p + q + base
    return result
num1 = 10
num2 = 20
answer = calculate(num1,num2)
print(f"num1 = {num1},num2 = {num2},base = {base},answer = {answer}")
```

运行结果如下：

```
num1 = 10,num2 = 20,base = 10,answer = 40
```

上方代码中，如果不使用 global 声明变量 base，程序执行到 base = base * 2 时会报错。这是因为 Python 会认为程序在使用未定义的局部变量 base。

2. nonlocal 关键字

nonlocal 关键字用于在嵌套函数中声明一个变量来自外层函数的作用域（非全局作用域），其声明告知 Python 解释器在包含函数的最近一层非全局作用域中查找变量。如果找到，内层函数就可以访问和修改这个变量；如果未找到，则会抛出 UnboundLocalError 异常。

例 5.25　使用 nonlocal 关键字示例：计数器。

代码如下：

```
def create_counter():
    count = 0        # 外层函数的局部变量
    def counter():
        nonlocal count        # 声明使用外层函数的变量
        count += 1            # 修改外层函数的变量
        return count
    return counter        # 返回内层函数
num = create_counter()
print("计数器调用 1:",num())
print("计数器调用 2:",num())
```

运行结果如下：

```
计数器调用 1:1
计数器调用 2:2
```

§5.6 递归函数

递归函数常用于将问题分解为相似子问题的情况，例如，遍历树状结构、排序算法、搜索算法等。本节将探讨递归函数的概念、工作原理和编写方法，以及在使用递归时需要注意的事项。

5.6.1 递归的概念

递归函数允许函数通过直接或间接的方式调用自身而解决问题，其核心思想是将复杂的问题分解成一系列更小的、更容易处理的问题，直到问题变得足够简单，可以直接解决。

1. 直接递归

直接递归发生在函数直接调用自身的情况。计算阶乘是递归函数应用的一个经典例子，已知阶乘的定义如下：

$$n! = n \cdot (n-1) \cdot (n-2) \cdot \cdots \cdot 1$$

也可以将其表达为

$$n! = \begin{cases} 1, & n = 0 \\ n(n-1)!, & n > 0 \end{cases}$$

其代码如下：

```
def factorial(n):
    if n = = 0:
        return 1
    elif n>0:
        return n*factorial(n - 1)
```

在上方阶乘的代码中，factorial( )函数直接调用了自己，每次调用时都将 n 的值减 1，直到满足基本情况 n==0 时结束调用。

2. 间接递归

间接递归发生在函数通过调用另一个函数，而这个函数又调用了原始函数的情况。这创建了一个递归链，其中每个函数都调用了链中的下一个函数，直至链的末端解开递归链。例如：

```
def A(x):
    if x > 0:
        print(x)
        B(x - 1)
def B(x):
    if x > 0:
        A(x - 1)
```

上方代码中，函数 A 调用了函数 B，而函数 B 又调用了函数 A，形成了一个间接递归链。x<=0 成为解开递归链的条件。若主程序为 A(10)，则运行结果如下：

```
10
8
6
4
2
```

5.6.2　递归函数的设计

递归函数通常包含以下两个关键部分。

（1）基本情况：是递归停止的条件。在每个递归调用中，函数都会检查是否满足基本情况，如果是，则返回一个值而不会继续递归。基本情况是防止无限递归的重要机制。

（2）递归情况：是函数调用自身的情况。在递归情况中，函数必须确保每次调用都能向基本情况靠近，通常通过减少问题的规模或改变参数的值来实现。如果没有向基本情况靠近，递归将永远进行下去，导致栈溢出错误。

例 5.26　计算斐波那契数列的函数。

代码如下：

```
def fibonacci(n):
    if n == 0 or n == 1:
        return n        #基本情况：如果 n 为 0 或 1，直接返回 n
    elif n>1:
        return fibonacci(n - 1) + fibonacci(n - 2)
n = int(input("请输入测试值："))
result = fibonacci(n)
print(f"斐波那契数列的第 {n} 项是：{result}")
```

上方代码会进行大量重复计算，递归效率较低。尤其是对于较大的 n 值，此种方法会非常慢，并且可能导致栈溢出错误。因此，更推荐使用迭代方法来计算斐波那契数列。

例 5.27　套娃拆解。

俄罗斯套娃是一种木制的嵌套娃娃，每个娃娃打开后，都套有一个更小的娃娃，可以层层拆解，直至最后一个最小的娃娃。设计编写一个递归函数，输出拆解套娃的过程。

代码如下：

```
def russian_doll(doll_number,total_dolls):
    # 基本情况：如果只剩下一个娃娃，就停止拆解
    if doll_number == 1:
        print("拆到了最后一个最小的娃娃。")
    else:
        print(f"打开编号为 {doll_number} 的娃娃，里面还有一个更小的娃娃。")
        # 递归情况：继续拆解下一个娃娃
        russian_doll(doll_number - 1,total_dolls)
total_dolls = 5              # 假设有一个包含 5 个套娃的套装
russian_doll(total_dolls,total_dolls)
```

运行结果如下：

```
打开编号为 5 的娃娃，里面还有一个更小的娃娃。
```

```
打开编号为 4 的娃娃,里面还有一个更小的娃娃。
打开编号为 3 的娃娃,里面还有一个更小的娃娃。
打开编号为 2 的娃娃,里面还有一个更小的娃娃。
拆到了最后一个最小的娃娃。
```

递归函数是一个非常强大的工具,有助于以简洁的方式解决复杂的问题。然而,在使用递归函数时,需要遵守以下注意事项,以确保程序的正确性和效率。

(1) 避免重复计算:在某些问题中(如例 5.26),递归函数可能会重复计算相同的子问题,降低运行效率,设计时需注意避免。

(2) 避免栈溢出风险:递归函数的每次调用都会在调用栈上增加一层,如果递归太深,可能会导致栈溢出错误。设计时需确保递归深度在合理的范围内,避免栈溢出。

(3) 确保可读性和维护性:递归函数的逻辑在复杂的递归关系中可能不如迭代方法直观,因此,在设计时需注意确保递归逻辑清晰易懂,以便于维护和调试。

5.6.3 递归函数的应用

例 5.28 一名大学生为了扩展知识面,决定每天去图书馆借书,并且每天比前一天多借一本书。假设第一天借了 1 本书,第二天借了 2 本书,依此类推。编写一个递归函数,计算这个学生在前 7 天总共借了多少本书。

代码如下:

```
def total_borrowed_books(n):
    if n == 1:
        return 1
    else:
        return total_borrowed_books(n - 1) + n
days = 7
total_books = total_borrowed_books(days)
print(f"{days}天内总共借了:{total_books}本书")        # 7 天内总共借了:28 本书
```

例 5.29 小明进入大学后为了提高自我学习能力,决定每天增加学习时长。假设第一天学习了 1 小时,之后每天比前一天多学习 0.5 小时,直到达到 7 天。编写一个递归函数,计算小明这 7 天内总共学习了多少小时。

分析此例题可知:

基本情况:如果天数为 1,则返回第一天的学习时间。

递归情况:返回前一天的总学习时间加上今天的学习时间。

代码如下:

```
def total_study_hours(n):
    if n == 1:
        return 1
    else:
        return total_study_hours(n - 1) + (1 + 0.5*(n - 1))
days = 7
total_hours = total_study_hours(days)
print(f"{days}天内总共学习了:{total_hours}小时")
print("每天的学习时长:")
```

```
for day in range(1,days + 1):
    hours = 1 + 0.5*(day - 1)
    print(f"第{day}天:{hours}小时")
```

运行结果如下:

```
7 天内总共学习了:17.5 小时
每天的学习时长:
第 1 天:1.0 小时
第 2 天:1.5 小时
第 3 天:2.0 小时
第 4 天:2.5 小时
第 5 天:3.0 小时
第 6 天:3.5 小时
第 7 天:4.0 小时
```

§5.7 模块

在 Python 中,模块(Module)是组织和管理代码的基本单元,本质上是一个扩展名为.py 的源代码文件。每个模块都拥有其独立的命名空间,可以包含函数定义、类声明和变量赋值等代码元素。通过合理使用模块化编程,开发者可以构建结构化、可扩展的应用程序。本节将介绍如何创建和使用函数式模块,提升代码质量和开发效率。

5.7.1 模块封装

模块封装是将相关的代码(函数、类、变量等)组织到一个.py 文件中的过程,模块名即文件名(不包含.py 扩展名)。每个模块文件都是一个独立的命名空间,可以避免命名冲突。模块封装的主要内容包括函数定义、类定义、全局变量、常量声明和其他可执行代码。在本小节中,主要介绍函数定义的模块封装。

例 5.30　创建一个名为 reverse.py 的模块,包含翻转字符串的功能。

首先,创建一个名为 reverse.py 的文件,然后在文件中编写下方代码:

```
def reverse_string(s):
    reversed_s = s[::-1]
    print(f"原字符串:{s}")
    print(f"翻转后的字符串:{reversed_s}")
    return reversed_s
# 用于测试模块的代码
if __name__ == "__main__":
    test_str ="Hello,World!"
    reverse_string(test_str)
```

运行结果如下:

```
原字符串:Hello,World!
翻转后的字符串:! dlroW,olleH
```

上方代码中,if __name__ = ="__main__":语句的主要作用是,区分直接运行模块还是被导入到程序中。__name__ 是 Python 的一个特殊变量。当直接运行 reverse. py 时,__name__的值为"__main__",if 条件为真,测试代码会执行,将看到"Hello,World!"的翻转结果。当从其他文件中导入 reverse. py 时,__name__的值为"reverse",if 条件为假,测试代码不会执行,只能使用 reverse_string( ) 函数。

这种设计具有以下优点:

(1) 模块化:可以在同一个文件中包含函数定义和测试代码。

(2) 灵活性:模块既可以作为独立程序运行,也可以作为库被导入。

(3) 代码复用:避免测试代码在导入时被意外执行。

(4) 开发便利:便于开发时进行快速测试。

5.7.2 模块的导入与应用

模块的导入是使用模块中定义的函数、类、变量等元素的前提。Python 提供了多种导入模块的方式,当导入一个模块时,Python 解释器会在特定的路径中查找该模块。默认情况下,会在当前工作目录和 PYTHONPATH 环境变量指定的目录中查找。将模块文件和主程序文件保存在同一目录下是最简单的用法,可以直接通过模块名导入。

1. 导入整个模块

使用 import 关键字后跟模块名,可以导入整个模块。之后,可以通过模块名来访问其内部的函数。以例 5. 30 中创建的 reverse. py 模块的导入为例,可以使用模块中的函数进行字符串的翻转,代码如下:

```
import reverse
result = reverse.reverse_string("Hello")
```

2. 使用别名导入模块

使用 as 关键字可以为导入的模块指定一个别名,可用于简化较长的模块名或避免命名冲突。以例 5. 30 中创建的 reverse. py 模块的导入为例,代码如下:

```
import reverse as rs
result = rs.reverse_string("Hello")
```

3. 从模块中导入特定的函数

使用 from...import...语法可以直接导入模块中的特定函数,无需通过模块名来引用。以例 5. 30 中创建的 reverse. py 模块的导入为例,代码如下:

```
from reverse import reverse_string
result = reverse_string("Hello")
```

4. 导入多个特定函数

如果模块中有多个函数,可以同时导入。以例 5. 30 中创建的 reverse. py 模块的导入为例,以 other_funtion 表示假设存在的其余函数,代码如下:

```
from reverse import reverse_string,other_function
```

5. 导入所有内容

以例 5.30 中创建的 reverse.py 模块的导入为例，代码如下：

```
from reverse import*
```

此种导入方法可行，但不推荐使用，因其会将模块中所有公开的名称都导入当前命名空间，可能会覆盖当前命名空间中的同名变量，阅读代码时也无法直接看出某个函数或变量来自哪个模块，增加了代码维护的难度。

除了可以在导入模块后访问其中的函数，也可以使用〈模块名〉.〈名称〉访问模块内的变量。假设有一个名为 pets.py 的模块文件，其中定义了一些关于宠物姓名的变量：

```
CAT_NAME ="Whiskers"
DOG_NAME ="Buddy"
FISH_NAME ="Fin"
```

在另一个 Python 脚本中，可以导入 pets 模块，并使用〈模块名〉.〈名称〉的方式来访问模块内的变量。代码如下：

```
import pets
print(f"The cat's name is {pets.CAT_NAME}.")
print(f"The dog's name is {pets.DOG_NAME}.")
print(f"The fish's name is {pets.FISH_NAME}.")
```

§5.8 应用案例

1. 简易计算器开发

例 5.31 设计一个简易计算器程序，要求可实现以下功能：

① 支持两个数字的加、减、乘、除运算；

② 包含输入数字的错误处理；

③ 包含除数为零的错误处理；

④ 显示运算结果，并支持继续计算或退出程序。

此例可以将程序分为两个主要函数：get_number( ) 和 calculate( )，并采用模块化设计，每个函数负责特定的功能。代码如下：

```
def get_number(prompt):
    """获取用户输入的数字，包含错误处理"""
    while True:
        try:
            return float(input(prompt))
        except ValueError:
            print("错误：请输入有效的数字！")
def calculate(num1,num2,operator):
    if operator == '+':
        return num1 + num2
    elif operator == '-':
        return num1 - num2
```

```
        elif operator == '*':
            return num1*num2
        elif operator == '/':
            if num2 == 0:
                print("除数不能为零!")
                return None
            return num1 / num2
print("欢迎使用简易计算器!")
print("支持的运算:+ (加法), - (减法),*(乘法), / (除法)")
while True:
    num1 = get_number("请输入第一个数字:")
    while True:
        operator = input("请输入运算符 (+, - ,*, /):")
        if operator in ['+', '-', '* ', '/']:
            break
        print("错误:请输入有效的运算符!")
    num2 = get_number("请输入第二个数字:")
    result = calculate(num1,num2,operator)
    if result is not None:
        print(f"\n 计算结果:{num1} {operator} {num2} = {result}")
    choice = input("\n 是否继续计算? (y/n):")
    if choice.lower() != 'y':
        break
print("感谢使用! 再见!")
```

运行代码并测试,结果如下:

```
欢迎使用简易计算器!
支持的运算:+ (加法), - (减法),*(乘法), / (除法)
请输入第一个数字:p
错误:请输入有效的数字!
请输入第一个数字:8
请输入运算符 (+, - ,*, /):/
请输入第二个数字:0
除数不能为零!

是否继续计算? (y/n):y
请输入第一个数字:8
请输入运算符 (+, - ,*, /):[
错误:请输入有效的运算符!
请输入运算符 (+, - ,*, /):+
请输入第二个数字:2

计算结果:8.0 + 2.0 = 10.0

是否继续计算? (y/n):n
感谢使用! 再见!
```

2. 数据格式转换工具

例 5.32　学校的不同系统使用不同的字符串格式来存储学生信息。需要设计一个转换函数,将“紧凑格式”转换为“标准格式”,方便不同系统之间的数据交换。

数据格式说明：
紧凑格式：姓名：年龄：班级：成绩。示例：
"张三：18：高三 1 班：85"
标准格式：多行文本，每个字段占一行。示例：
姓名：张三
年龄：18 岁
班级：高三 1 班
成绩：85 分
代码如下：

```
def compact_to_standard(compact_str):
    parts = compact_str.split(':')
    name = parts[0].strip()              # 提取各个字段并去除空白
    age = parts[1].strip()
    class_name = parts[2].strip()
    score = parts[3].strip()
    standard_format = f"姓名:{name}\n 年龄:{age}岁\n 班级:{class_name}\n 成绩:{score}分"
    return standard_format

test_compact = input("输入紧凑格式:")
print("\n 转换结果:")
standard_result = compact_to_standard(test_compact)
print(standard_result)
```

运行代码并测试，结果如下：

```
输入紧凑格式:张三:18:高三 1 班:85

转换结果:
姓名:张三
年龄:18 岁
班级:高三 1 班
成绩:85 分
```

3. 数据统计

例 5.33　编写一个函数，计算一个字符串中每个连续字符的序列长度。
代码如下：

```
def count_consecutive_chars(s):
    if not s:                    # 处理空字符串
        return
    current_char = s[0]
    count = 1
    #使用一次遍历完成所有统计
    for i in range(1,len(s)):
        if s[i] == current_char:
            count += 1
        else:
```

```
                print(f"字符 '{current_char}' 连续出现了 {count} 次")
                current_char = s[i]
                count = 1
        print(f"字符 '{current_char}' 连续出现了 {count} 次") # 打印最后一组连续字符的统计
test_string = input("测试字符串:")
print("统计结果:")
count_consecutive_chars(test_string)
```

运行代码并测试,结果如下:

```
测试字符串:aabccccccaaa
统计结果:
字符 'a' 连续出现了 2 次
字符 'b' 连续出现了 1 次
字符 'c' 连续出现了 5 次
字符 'a' 连续出现了 3 次
```

上方代码的工作原理如下:

(1) 初始化阶段。

```
if not s:                    # 检查是否是空字符串,如果是则直接返回
    return
current_char = s[0]          # 将第一个字符设为当前字符
count = 1                    # 计数器初始化为 1
```

(2) 遍历统计阶段。

```
for i in range(1,len(s)):         # 从第二个字符开始遍历
    if s[i] == current_char:      # 如果当前字符与前一个相同
        count += 1                # 计数加 1
    else:                         # 如果遇到不同的字符
        print(f"字符 '{current_char}' 连续出现了 {count} 次")  # 输出统计结果
        current_char = s[i]# 更新当前字符
        count = 1                 # 重置计数器
```

(3) 输出处理阶段。

```
print(f"字符 '{current_char}' 连续出现了 {count} 次")
# 输出最后一组连续字符的统计结果
```

4. 图形绘制

例 5.34 设计绘制小三角形的函数,通过多次调用这个函数,组成一个金字塔形彩色大三角形图案,如图 5-5 所示。

此例可以定义函数 draw_triangle( ),用于绘制小三角形,其参数包括:

(1) ax:绘图坐标轴对象;

(2) center_x, center_y:三角形中心点坐标;

图 5-5 函数绘制三角形示例

（3）size：三角形大小（三角形底边长度）；

（4）color：三角形颜色。

此例中的 draw_triangle( ) 函数功能包括：

（1）计算等边三角形的三个顶点坐标；

（2）使用 matplotlib 库在指定位置绘制并填充三角形；

（3）设置线条宽度为 2，填充透明度为 0.7。

此例中，等边三角形的高度（height）= 边长（size）$\times\sqrt{3}/2$；画布尺寸设置为 8 英寸×6 英寸；小三角形使用给定的颜色列表（红、橙、黄、绿、蓝、紫）；所有小三角形的底边长度均为 0.8；按照以下中心点位置绘制三角形金字塔：

第 1 行：1 个三角形，中心点(0, 1.5)；

第 2 行：2 个三角形，中心点(-0.4, 0.8)和(0.4, 0.8)；

第 3 行：3 个三角形，中心点(-0.8, 0.1)、(0, 0.1)、(0.8, 0.1)；

第 4 行：4 个三角形，中心点(-1.2, -0.6)、(-0.4, -0.6)、(0.4, -0.6)、(1.2, -0.6)。

代码如下：

```
import matplotlib.pyplot as plt
import math
def draw_triangle(ax,center_x,center_y,size,colors):
    height = size*math.sqrt(3) / 2
    # 顶点坐标
    x1 = center_x
    y1 = center_y + height*2/3
    x2 = center_x - size/2
    y2 = center_y - height*1/3
    x3 = center_x + size/2
    y3 = center_y - height*1/3
    # 绘制三角形
    triangle_x = [x1,x2,x3,x1]
    triangle_y = [y1,y2,y3,y1]
    ax.plot(triangle_x,triangle_y,color=colors,linewidth=2)
    ax.fill(triangle_x,triangle_y,color=colors,alpha=0.7)
# 创建画布
fig,ax = plt.subplots(figsize=(8,6))
ax.set_xlim(-3,3)
ax.set_ylim(-2,3)
ax.set_aspect('equal')
ax.axis('off')
# 定义颜色
colors = ['red','orange','yellow','green','blue','purple']
# 绘制三角形图案
# 第 1 行:1 个三角形
draw_triangle(ax,0,1.5,0.8,colors[0])
# 第 2 行:2 个三角形
draw_triangle(ax,-0.4,0.8,0.8,colors[1])
draw_triangle(ax,0.4,0.8,0.8,colors[2])
# 第 3 行:3 个三角形
```

```
draw_triangle(ax,-0.8,0.1,0.8,colors[3])
draw_triangle(ax,0,0.1,0.8,colors[4])
draw_triangle(ax,0.8,0.1,0.8,colors[5])
# 第 4 行:4 个三角形
draw_triangle(ax,-1.2,-0.6,0.8,colors[0])
draw_triangle(ax,-0.4,-0.6,0.8,colors[1])
draw_triangle(ax,0.4,-0.6,0.8,colors[2])
draw_triangle(ax,1.2,-0.6,0.8,colors[3])
# 显示图形
plt.show()
```

本章小结

本章深入探讨了函数设计的重要性和多样性，涵盖从基础函数定义到高级函数特性的广泛内容；学习了如何使用 def 和 lambda 关键字来定义函数；了解了内置函数、标准库函数、第三方库函数和用户自定义函数的区别。同时，通过具体的示例，介绍了函数参数的传递机制。此外，还讨论了函数嵌套和变量作用域的概念。

在讨论递归函数时，强调了其在解决复杂问题中的强大能力，并提供了编写递归函数的指导原则。同时，探讨了模块的概念，介绍了如何创建和导入模块，以及如何通过封装提高代码的可维护性和可复用性。

最后，通过一系列实际的编程案例，展示了函数式编程在解决实际问题中的应用。

习题 5

1. 温度转换器。

设计一个函数 convert_temperature()，接收摄氏度值作为参数，并返回其对应的华氏度值。使用公式：华氏度=(摄氏度 * 9/5)+32。

2. 折扣计算器。

编写一个函数 calculate_discount()，接收原价和折扣率(如 20 表示 20%)作为参数，并返回打折后的价格。

3. 字符串反转器。

创建一个函数 reverse_string()，接收一个字符串作为参数，并返回该字符串的反转结果。

4. 智能日程规划器。

设计一个函数 schedule_appointment()，接收日期、时间和事件描述作为参数，将其添加到用户的日程表中，并在添加事件后返回更新后的日程表。

5. 个人财务管理器。

编写一个函数 track_expenses()，允许用户输入收入和支出的详细信息，包括金额、类别(如食品、交通、娱乐)，且能够计算每个类别的总支出。

6. 检查奇偶数。

设计一个函数 check_odd_even(number)，接收一个整数作为参数，并返回该数是奇数还是偶数。如果数字是奇数，返回"Odd"；如果是偶数，返回"Even"。

7. 质数检查器。

创建一个函数 is_prime(number)，接收一个整数作为参数，并返回该数是否为质数。质数是指只能被 1 和它本身整除的大于 1 的自然数。

第 6 章 数据文件及处理

Python 程序在运行过程中,会产生各种各样的数据,这些数据在程序执行期间是暂时存在的,为程序的运算和处理提供支持。然而,一旦程序关闭或终止,这些临时数据就会随之消失,无法再次访问。因此,如果希望保留这些数据,以便后续使用或分析,可以将它们写入文件中。这样即使程序关闭,数据依然存在,也可以随时被读取和处理。

§6.1 文件的使用

文件作为数据的载体,承载着数据的存储、管理以及高效访问等作用,为数据提供了一个稳固的"避风港",让用户能够在需要时随时调阅、更新或移除数据。此外,文件促进了数据的共享与传输。不同的程序能够通过文件实现数据的无缝交换,也能在网络上实现无障碍传输,使数据能够跨越地理界限,完成远程的数据交互与处理工作。

6.1.1 文件的概念

1. 文件类型的分类

计算机存储设备上的文件类型多样,涵盖文本、图像、音频等多种形式,各有用途,共同构成丰富的文件体系。".py"表示 Python 程序文件,用于存放 Python 源代码;".c"表示 C 语言程序文件,用于存放 C 语言源代码,二者分别是编写和开发相应程序的基础。程序执行后会生成产物,例如,Windows 系统中".exe"表示可执行文件,能被操作系统直接运行。还有专门存放数据的文件,例如,".xlsx"表示的 Excel 文件用于存储和处理表格数据,是办公和数据分析常用类型;".txt"表示的记事本文件是最简单的文本文件,用于存储纯文本信息,便于简单编辑和查看。

2. 文件中信息储存的形式

按储存信息的形式分类,文件可以分为文本文件和二进制文件两大类。文本文件以人类可读的字符形式存储文本,有多种编码格式,可以使用记事本等文本编辑器打开并查看。而二进制文件存放的是各种数据的二进制形式,包含了更丰富的信息类型和结构,如图片、音频、视频等,因此不能用记事本等普通文本编辑器直接打开,必须使用相应的专用软件或程序才能正确读取和处理其中的数据。Python 对文本文件的读写方式十分灵活且易于使用。

6.1.2 文件与访问路径

文件与访问路径是计算机科学和操作系统中的基本概念,它们对于数据管理和资源访问至关重要。

文件的文件名是标识和引用文件的唯一名称。文件名通常由主文件名和扩展名组成,例如文件名“document. txt”,其中“document”是主文件名,“. txt”是扩展名,表示文本文件。根据文件的扩展名,可以将文件分为不同类型,如文本文件、图像文件、音频文件、视频文件、可执行文件等。文件大小指文件占用的存储空间大小,通常以字节(B)、千字节(KB)、兆字节(MB)、吉字节(GB)等单位表示。

如果要打开一个文件,首先需要先找到它,那么就需要知道这个文件的访问路径。文件的访问路径指用于定位和操作计算机系统中文件的地址或位置,类似于现实生活中的街道地址,用于告知操作系统如何找到特定的文件。文件的目录结构一般采用树形结构,每个磁盘就像一个树根,磁盘中的文件夹和文件就像这个根的分支和叶子。

1. 绝对路径

从根目录起始,完整描述文件位置的方式被定义为绝对路径。例如,一个名为“file. txt”的文件保存在 D 盘 python 文件夹下的 test 子文件夹中,那么该文件的绝对路径应表述为“D:\python\test\file. txt”,如图 6-1 所示。

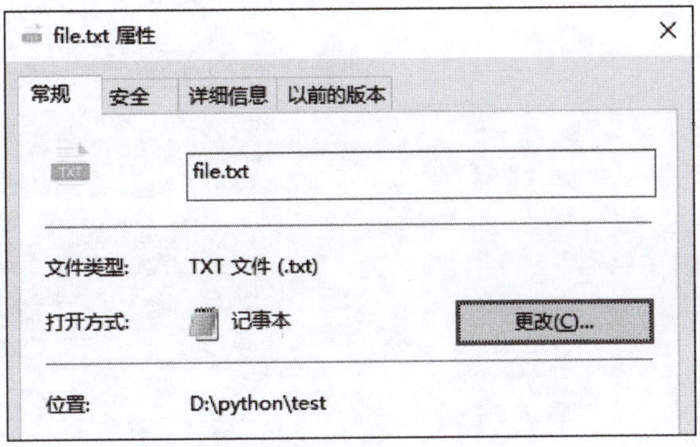

图 6-1 file. txt 文件属性

在 Windows 系统中,访问路径通常以反斜杠(\)作为目录分隔符,而在 Python 中,“\”转义为“\\”。在 Python 中,可以使用下列三种绝对路径访问 file. txt 文件。

```
"D:\\python\\test\\file.txt"
"D:/python/test/file.txt"
r"D:\python\test\file.txt"      # r 表示字符串内不转义
```

2. 相对路径

以程序当前所在的目录为基准来指明所需访问文件的相对位置,即通过参照程序自身的位置来构建文件路径,这种方法称为相对路径。绝对路径与相对路径的核心差异在于它们描述目录路径时所采用的参照点不同。以上述 file. txt 文件为例,如果 Python 程序文件也保存在 D 盘的 python 文件夹下,则可以使用下列三种相对路径访问 file. txt 文件。

```
"\\test\\file.txt"
"test/file.txt"
r"\test\file.txt"      # r 表示字符串内不转义
```

如果 Python 程序和 file. txt 文件保存在同一目录下，即 D 盘 python 文件夹中的 test 子文件夹中，则可以使用下列相对路径访问 file. txt 文件。

```
"file.txt"
```

6.1.3 文件与编码

文件的编码在物理上都是二进制的存储方式，但文件从结构上可以分为二进制文件和文本文件。文本文件是基于特定编码字符集来存储信息的文件，常用的编码有 ANSI 编码、Unicode 编码以及 UTF-8 编码等，如图 6-2 所示。打开文本文件时，需要选择合适的编码或解码方式对其进行编码或解码。

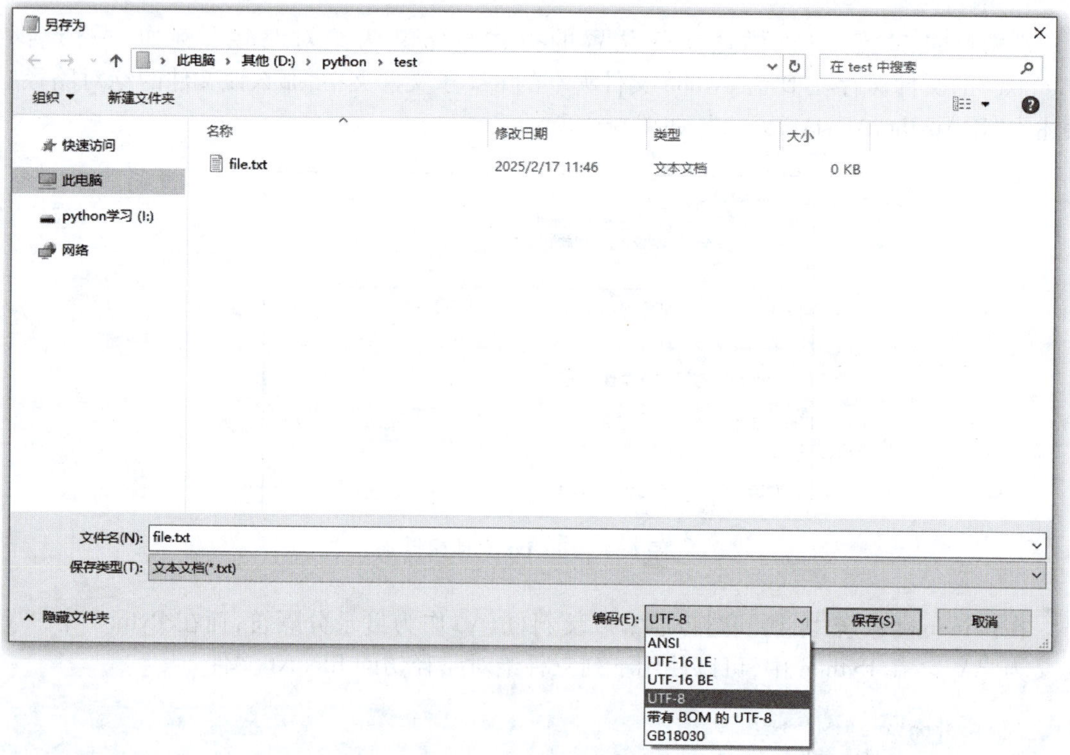

图 6-2　文本文件编码

1. ANSI 编码

ANSI 编码是一种字符代码，它是 ASCII 码的扩展，用于支持更多的语言和字符。其中，英文字符编码的 ANSI 编码使用 0x000x7F（即十进制下的 0~127）范围的 1 个字节来表示 1 个英文字符，这与 ASCII 码相同。对于超出 ASCII 码范围的字符，ANSI 编码使用 0x80 ~ 0xFFFF 来编码，即扩展的 ASCII 编码。这些额外的编码用于表示其他语言的字符，如中文、日文、韩文等。不同的国家和地区制定了不同的 ANSI 编码标准，如中国为 GB2312、GBK、GB18030，日本为 Shift_JIS 等。不同的 ANSI 编码标准之间存在差异，因此它们之间互不兼容。这意味着当信息在国际间交流时，无法将属于两种语言的文字存储在同一段 ANSI 编码的文本中。

2. Unicode 编码

Unicode 编码是一项广泛应用的国际标准，其设计初衷是容纳并准确表示全球范围内所有的语言文字。在这一编码体系中，每一个字符都被赋予了一个独一无二的数字编码，从而确保了字符在不同系统和平台之间的交换与显示的一致性。Unicode 编码在构建时充分考虑了与 ASCII 编码的兼容性，对于 ASCII 编码中原本就存在的半角字符，Unicode 编码不仅保留了它们的原编码，还将这些字符的编码长度从原来的 8 位（即 1 个字节）增加到了 16 位（即 2 个字节），为其他更多字符的加入提供了充足的空间。Unicode 编码中的字符，无论是西文还是汉字，都计为一个字符。

3. UTF-8 编码

Unicode 编码可以使用多种不同的编码方式来表示这些字符，其中，UTF-8 编码是最为常用的一种。UTF-8 编码是一种可变长度字节表示的编码形式，它可以根据字符的不同使用 1~4 个字节的不同长度来表示。这种编码方式使得 UTF-8 非常高效，它表示 ASCII 字符时仅需要 1 个字节，同时又能支持 Unicode 标准中的所有字符，包括各种语言的文字、符号等。这使得程序员可以方便地处理多语言文本数据，提高开发效率和软件的国际化程度。许多编程语言默认支持 UTF-8 编码，如 Python 3.x 版本、JavaScript、Go 等。

字符串作为 Python 中的基础类型，可以直接利用字符串对象 str 内置的 str.encode( ) 方法进行编码操作，将字符串转换为 UTF-8 编码的字节对象 bytes。因为 bytes 类型能够更精确地表示二进制数据，这一转换过程对于数据存储、网络传输等场景尤为重要。随后，若需要将已编码的字节对象还原为原始的文本形式，只需调用 bytes.decode( ) 方法即可。例如：

```
>>> s1="学习 Python 需努力"
>>> s2 = s1.encode("utf-8")
>>> s2
b'\xe5\xad\xa6\xe4\xb9\xa0python\xe9\x9c\x80\xe5\x8a\xaa\xe5\x8a\x9b'
>>> s2.decode("utf-8")
'学习 Python 需努力'
```

4. 中文文本文件编码

Python 在打开中文文本文件时，一般需要指定编码格式。Python 在使用内置 open( ) 函数打开文本文件时，使用系统默认的编码方式[在 Windows 中通常为 GBK 编码，在 Unix（如 macOS）中通常为 UFT-8 编码]。但是，系统默认编码可能会和文件的实际编码不匹配，导致文件打开报错（图 6-3），或在读取或写入文件时出现乱码或解码错误。因此，为了避免这些情况，建议在打开中文文本文件时指定文件的编码格式。

```
UnicodeDecodeError: 'gbk' codec can't decode byte
0xa4 in position 4: illegal multibyte sequence
```

图 6-3 编码报错

6.1.4 文件的打开与关闭

1. 操作系统中访问文件的流程

在操作系统中，访问文件的流程通常涉及多个步骤，这些步骤确保了文件能够被安全高效地打开、读取、修改和关闭。一个简化的在系统中访问文件流程如图 6-4 所示。

图 6-4　文件访问流程

（1）文件打开流程

应用程序通过系统调用接口请求操作系统打开一个文件，操作系统首先会验证传递给系统调用的参数是否合法，例如，检查文件路径是否有效，访问模式（如读、写、追加）是否正确等。然后操作系统会检查当前用户或进程是否有权限访问指定的文件。为了提高文件读写操作的性能，操作系统可能会为文件分配缓存和缓冲区，如文件系统缓存、页面缓存等。

（2）文件读写流程

应用程序可以使用文件描述符从文件中读取数据。如图 6-5 所示，操作系统会将文件数据从磁盘加载到内存中，然后将数据复制到应用程序指定的缓冲区。应用程序可以指定读取的起始位置和长度，在读取完成后，文件的读取位置会相应地更新。当写入文件内容时，应用程序可以使用文件描述符将数据写入文件。操作系统会将数据从应用程序指定的缓冲区复制到内存中，然后将数据写入文件。

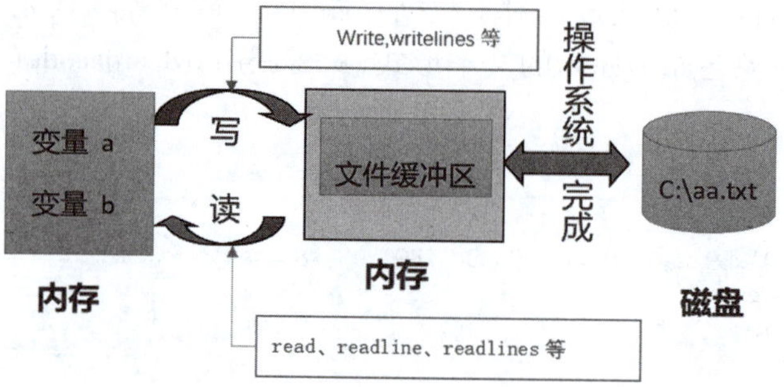

图 6-5　文件读写与文件缓冲区

（3）文件关闭流程

应用程序在完成文件操作后，需要关闭文件。关闭文件时，操作系统会释放文件描述符和相关的内核资源。如果有未写入文件的数据，操作系统会将其写入文件。关闭文件时还会更新文件的状态信息，如关闭计数、修改时间等。

（4）错误处理

在整个访问文件的流程中，如果发生任何错误，如文件不存在、权限不足、路径无效等，操作系统会返回一个错误码或抛出异常，通知应用程序文件访问失败。

2. Python 中访问文件的流程

在 Python 中，文件的访问流程通常涉及以下五个关键步骤，这些步骤确保了程序能够正确地打开、读取、写入和关闭文件。以下是一个典型的 Python 文件访问流程。

（1）打开文件

使用 open( ) 函数打开文件时，Python 会返回一个文件对象，它封装了底层的文件描述符，并提供了用于读写文件的方法。其基本语法格式如下：

```
<文件对象>=open(<文件名>[,<模式>][,<编码>])
```

其中,〈文件对象〉和〈文件名〉为必需参数,〈文件对象〉需包含文件的绝对路径或相对路径。〈模式〉和〈编码〉为可选参数,〈模式〉默认为只读模式"r",〈编码〉默认为 ANSI 或 GBK。若需要以 UTF-8 编码方式打开一个文件,需要声明 encoding="utf-8"。

例如,Python 需要以只读模式打开一个保存在 D 盘 python 文件夹下 test 子文件夹中的 file. txt 文件,使用绝对路径打开文件的代码如下:

```
fp=open("D:\\python\\test\\file.txt","r")
fp=open("D:/python/test/file.txt","r")
fp=open(r"D:\python\test\file.txt","r")      # 注意最前面 r 表示字符串内不转义
```

如果 Python 程序和 file. txt 文件在相同的目录下,使用相对路径打开文件的代码如下:

```
fp=open("file.txt","r")
```

(2) 读取文件

在 Python 中,文件对象提供了多种方法来读取文件内容。常用的方法包括 read()(读取整个文件)、readline()(读取一行)和 readlines()(读取所有行并返回一个列表)。其基本语法格式如下:

```
变量=<文件对象>.read([size])
变量=<文件对象>.readline()
变量=<文件对象>.redalines(迭代对象)
```

(3) 写入文件

在 Python 中,文件对象同样提供了多种方法来写入文件内容。最常用的方法是 write(),它接收一个字符串参数并将其写入文件。其基本语法格式如下:

```
<文件对象>.write(str)
```

例如,要将字符串“Hello,World!”写入 fp 文件对象中,代码如下:

```
fp.write("Hello,World!")
```

如果要将多个字符串“Hello”和“Word”一次性写入 fp 文件对象中,代码如下:

```
fp.write("Hello"+","+"World!") # 其中+号为字符串连接符
```

(4) 关闭文件

在完成文件的读写操作后,须调用文件对象的 close()方法来关闭文件。关闭文件会释放底层的文件描述符,并确保所有未写入的数据都被写入磁盘。其基本语法格式如下:

```
<文件对象>.close()
```

关闭一个名为 fp 的文件对象的代码如下:

```
fp.close()
```

(5) 异常处理

在文件访问过程中,可能会出现各种异常(如文件不存在、权限不足等)。Python 提供了异常处理机制来捕获和处理这些异常。通常,可以在 try 语句块中执行文件访问操作,并在 except 语句块中处理可能出现的异常。

6.1.5 文件读写模式

文件读写模式是指在打开文件进行读写操作时所使用的不同方式。这些模式决定了文件是以何种方式被访问的,包括是否可以读取、写入、追加内容,以及是以文本模式还是二进制模式进行操作。常见的文件读写模式见表 6-1。

表 6-1 常见的文件读写模式

<模式>值	含义	注意事项
r	以只读模式打开文件,适用于读取文件内容而不进行修改的场景	如果文件不存在,会引发一个错误
w	以只写模式打开文件,适用于需要写入新内容并覆盖原有内容的场景	如果文件不存在,会创建一个新文件;如果文件已存在,会清空文件内容
x	用于创建新文件	如果指定的文件已经存在会引发一个 FileExistsError 异常。这个模式确保了不会意外地覆盖一个已经存在的文件
a	以追加模式打开文件,适用于需要在文件末尾添加新内容的场景	如果文件不存在,会创建一个新文件;如果文件已存在,会在文件末尾追加内容
b	以二进制模式打开文件,适用于读取或写入非文本数据的场景,如图片、音频、视频等	必须结合其他模式一起使用,如 rb、wb、ab
t	以文本模式打开文件,适用于读取或写入文本数据	必须结合其他模式一起使用,如 rt
+	以读写模式打开文件	必须结合其他模式一起使用,如 r+、w+、a+

在文件操作体系中,文件指针占据着举足轻重的地位,它宛如一个精准无误的“导航仪”,能明确标记出下一次读写操作即将发生的位置。当打开文件时,文件指针的初始位置会依据所采用的打开模式有所不同。以只读模式(r)打开文件时,文件指针会处于文件的开头位置,即字节 0 处。以只写模式(w)打开文件时,如果文件已存在,打开文件会先清空其内容,文件指针位于文件开头;如果文件不存在,则会创建一个新文件,文件指针同样会处于文件开头。以追加模式(a)打开文件时,用于写操作的指针会位于文件末尾,方便直接在文件末尾追加内容。而以读写模式(r+或 w+)打开文件时,文件指针会处于文件开头,并且允许在读写操作之间灵活切换。

在 Python 的文件操作中,seek()方法可以改变当前文件操作指针的位置,以便从特定的位置开始读取或写入数据。其基本语法格式如下:

```
file.seek(offset[,whence])
```

其中,offset 为必需参数,表示要移动的字节数。正数表示向前移动,负数(在某些模式下)表示向后移动。

whence 为可选参数,用于指定 offset 是从哪个位置开始计算。

0(默认值):表示从文件的开头开始计算偏移量。

1:表示从当前文件指针的位置开始计算偏移量。

2:表示从文件的末尾开始计算偏移量。

在文本文件中使用 seek()方法时需谨慎。seek()方法是基于字节偏移的,但文本文件的处理涉及字符编码和可能的换行符转换(如 Windows 上的"\r"、"\n"与 Unix/Linux 上的"\n"),可能导致在处理多字节字符文本时出现不期望的行为。但若只处理单字节字符(如 ASCII 字符),或者确切知道文件中字符的字节表示,那么仍可以在文本文件中使用 seek()方法。

example. txt 文件是一个文本文件,如图 6-6 所示,使用 seek()方法的简单示例代码如下:

图 6-6 example. txt 文件内容

```
fp = open('example.txt','r+')         # 以文本模式打开文件(这里假设文件内容是 ASCII 字符)
fp.write('Hello,World!\nThis is a test.\n')   # 写入一些 ASCII 字符
fp.seek(0)                                    # 将文件指针移动到文件的开头
print(fp.read(7))                             # 读取前 7 个字符('Hello,')最后有个空格
```

运行结果如下:

```
Hello,              # 注意最后有个空格
```

上方代码中,Python 以读写模式打开 example. txt 文件,在里面写入字符串 'Hello,World!\nThis is a test.\n',由于"\n"为换行符,所以文件中会有"Hello,World!"和"This is a test."两行文字。写入完成后,文档中的指针指向第三行的第一个字符的位置。然后,通过 seek(0)将指针重新指向文件的开头,读取前 7 个字符并输出,所以运行结果为"Hello, "(注意逗号后有个空格)。

§6.2 文本文件操作

6.2.1 读取文本文件

在 Python 中,读取文本文件通常有三种常用方法:read()、readline()和 readlines()。这些方法提供了不同的方式来读取文件内容。需要注意的是,文本文件的每一行的结束都包含一个换行符"\n"。

下面以读取"D:\python\静夜思. txt"(内容如图 6-7 所示)为例,展示不同读文件的方式和方法。注意此文件的编码格式为 UTF-8,如果没有设定编码格式可能会报错。

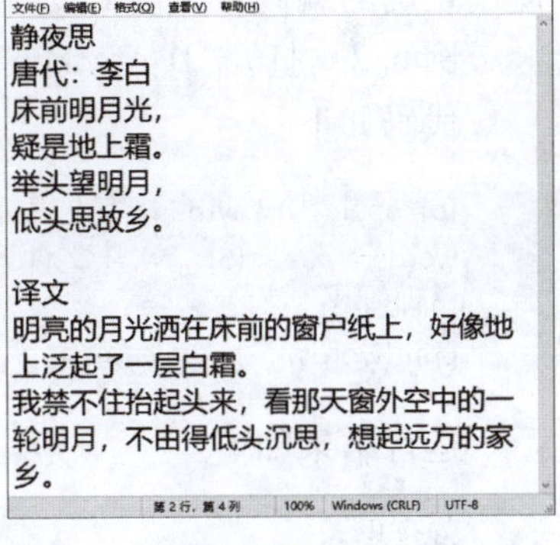

图 6-7 "静夜思. txt"文件内容

1. 〈文件对象〉. read([size])方法

read(size)方法读取整个文件或指定大小的文件内容,并返回一个字符串。其中,size 为可选整数,如果 size

省略或为负数时，将读取文本文件中的所有内容并返回一个字符串。如果写入 size，则返回和 size 长度相等的字符串。注意，每执行一次 read( )方法，文本中指针的位置也会相应移动。如果指针已经到达文件的末尾，那么再执行 read( )方法将返回一个空的字符串。

例 6.1 打开“D:\python\静夜思.txt”文件，其文件编码格式为 UTF-8，读出文件所有内容并输出。

代码如下：

```
fp = open(r"d:\python\静夜思.txt","r",encoding = 'utf-8')
words = fp.read()
fp.close()
print(words)
```

运行结果如下：

```
静夜思
唐代:李白
床前明月光，
疑是地上霜。
举头望明月，
低头思故乡。

译文
明亮的月光洒在床前的窗户纸上，好像地上泛起了一层白霜。我禁不住抬起头来，看那天窗外空中的一轮明月，不由得低头沉思，想起远方的家乡。
```

注意，此文件在使用 open( )函数打开文件时，设置了文件编码格式为 UTF-8。若未对编码方式进行设置，使用下方代码打开文件。

```
fp = open(r"d:\python\静夜思.txt","r")
```

在执行后，会出现下方的解码错误。

```
words = fp.read()
UnicodeDecodeError:'gbk' codec can't decode byte 0xa4 in position 4:illegal multibyte sequence
```

这个错误意味着 Python 无法使用 GBK 编码格式来解码文件。“静夜思.txt”是 UTF-8 的编码格式，所以应在 open( )函数中指定 encoding = 'utf-8'。因此，在打开文件时，需要确保使用正确的编码格式。

例 6.2 打开“D:\python\静夜思.txt”文件，读出文件前 6 个字符的内容并输出。

代码如下：

```
fp = open(r"d:\python\静夜思.txt","r",encoding = 'utf-8')
words = fp.read(6)    # 从文件开头读取个各字符
fp.close()
print(words)          # 输出
```

运行结果如下：

```
静夜思
唐代
```

思考：为什么使用 read(6)读取后，只输出了5个字，最后的字符"："去哪了？

2. 〈文件对象〉. readline( )方法

readline( )方法可以从文件中读取一行内容，将其放入一个字符串并返回。这个字符串以文件指针的当前位置开始，直到遇到下一个换行符为止。每次调用 readline( )方法后，文件的内部指针会自动移动到读取行的末尾(即下一行的开始位置)。如果连续调用 readline( )方法，会依次读取文件的每一行。如果文件指针已经位于文件的末尾，那么再执行 readline( )方法将返回一个空字符串。

例 6.3　打开"D:\python\静夜思. txt 文件"，按行读取文件内容，输出时逐行显示并添加行号。

代码如下：

```
fp=open(r"d:\python\静夜思.txt","r",encoding='utf-8')
i=1                                        # 行号的初始值
while True:                                # 进入循环
    line=fp.readline()                     # 对文件内容读取一行
    if line=="":                           # 如果读取的内容为空字符串时停止循环
        break
    print(i,":\t",line,end="")             # 将行号和读取的一行合并输出
    i=i+1                                  # 行号增加 1
fp.close()                                 # 关闭文件对象
```

上方代码中使用了 open( )函数打开文件，文件路径为绝对路径"d:\python\静夜思.txt"，并以只读模式("r")及 UTF-8 编码格式进行读取。初始化变量 i 为 1，用于追踪当前行号(每循环一次行号加 1)。随后，进入无限循环(while True)，通过调用 fp. readline( )方法逐行读取文件内容。当 line="" ，即读取到的行内容为空字符串时，便意味着已抵达文件末尾，此时使用 break 语句退出循环。若 line 为非空，则打印当前行号 i 及读取到的行内容 line。

运行结果如下：

```
1 :     静夜思
2 :     唐代:李白
3 :     床前明月光，
4 :     疑是地上霜。
5 :     举头望明月，
6 :     低头思故乡。
7 :
8 :     译文
9 :     明亮的月光洒在床前的窗户纸上，好像地上泛起了一层白霜。我禁不住抬起头来，看那天窗
外空中的一轮明月，不由得低头沉思，想起远方的家乡。
```

3. 〈文件对象〉. readlines( )方法

使用"〈文件对象〉. readlines( )"调用 readlines( )方法。readlines( )方法可以一次性读取文件中的所有行，将每一行作为一个字符串元素存入列表，并最终将这个列表返回。列表中的每个元素都是字符串，内容为文件中的一行(包括行尾换行符)。

例 6.4　打开"D:\python\静夜思. txt"文件，读取文件所有行的内容并输出。

代码如下：

```
fp = open(r"d:\python\静夜思.txt","r",encoding = 'utf-8')
lines = fp.readlines()                    # 读取文件所有行,返回一个列表
print(lines)                              # 直接将列表输出
fp.close()
```

上方代码中直接使用了 readlines( )方法获取的列表元素并输出,每个元素末尾的换行符"\n"会作为元素内容的一部分被输出,这样的输出格式会显得不够整洁美观。运行结果如下：

```
['静夜思\n','唐代:李白\n','床前明月光,\n','疑是地上霜。\n','举头望明月,\n','低头思故乡。\n',
'\n','译文\n','明亮的月光洒在床前的窗户纸上,好像地上泛起了一层白霜。我禁不住抬起头来,看那天窗
外空中的一轮明月,不由得低头沉思,想起远方的家乡。']
```

为了改善输出效果,可以通过遍历列表中的每个元素,逐一进行输出处理。相应的代码如下：

```
fp = open(r"d:\python\静夜思.txt","r",encoding = 'utf-8')
lines = fp.readlines()                    # 读取文件所有行,返回一个列表
for line in lines:                        # 利用循环遍历列表元素
    print(line,end = "")                  # 每行结束已有"\n",所以会换一次行
fp.close()
```

运行结果如下：

```
静夜思
唐代:李白
床前明月光,
疑是地上霜。
举头望明月,
低头思故乡。

译文
明亮的月光洒在床前的窗户纸上,好像地上泛起了一层白霜。我禁不住抬起头来,看那天窗外空中
的一轮明月,不由得低头沉思,想起远方的家乡。
```

例 6.5 已知学生成绩文件-逗号分隔.txt 文件,是以英文逗号分隔的学生信息,其内容如图 6-8 所示。读出数据,并显示最高成绩学生的姓名及成绩。

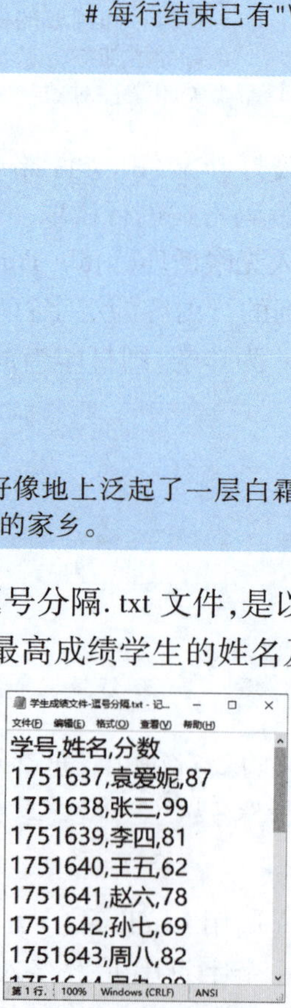
学号,姓名,分数
1751637,袁爱妮,87
1751638,张三,99
1751639,李四,81
1751640,王五,62
1751641,赵六,78
1751642,孙七,69
1751643,周八,82

图 6-8 学生成绩文件-逗号分隔.txt 文件内容

代码如下：

```
fp=open("学生成绩文件-逗号分隔.txt","r")
title=fp.readline()                    # 读取第一行
lines=fp.readlines()                   # 读取除剩余行,生成一个列表,每一行为列表中的元素
score=[]                               # 列表来存放学号和姓名两列数据
for line in lines:
    nline=line[:-1]                    # [:-1]去掉每一行最后的换行符,或使用 line.strip()
    sline=nline.split(",")             # 将每一行拆分成列表,每个列表有学号,姓名,成绩三个元素
    score.append([sline[0],float(sline[2])])         # 将学号和成绩作为列表添加到 score
score.sort(key=lambda x:x[1],reverse=True)           # 利用 lambda 函数排序,其中 1 代表第二列
print(f"学号:{score[0][0]}, 成绩最高为:{score[0][1]}")    # 输出二维列表第一行的两个元素
fp.close()
```

上方代码先使用 fp. readline()方法读取了标题行,再用 fp. readlines()方法读取剩余数据行并生成行字符串列表。处理每行时,先使用切片或 line. strip()方法去除行末尾的换行符,再通过 line. split(",")将行字符串分割为含学号、姓名、成绩的列表。分割完后将学号与转换成浮点数的成绩(float(sline[2]))作为子列表加入 score 列表中。然后利用 lambda 函数和 sort()方法对 score 列表按成绩(子列表第二元素)降序排序,排序后的第一个元素的学号和成绩,即为成绩最高学生的信息。运行结果如下：

```
>>> 学号:1751638,成绩最高为:99.0
```

6.2.2 写入文本文件

在 Python 中,写入文本文件主要有两种方法:write()和 writelines()。在使用写入方法前,需要使用 w、x、a 模式打开文件。

1. 〈文件对象〉. write(string)方法

write(string)方法将指定的字符串写入文件,其中,string 为要写入的字符串。write()方法一次只能写入一个字符串。

例 6.6　打开或创建一个名为“student. txt”的文件,将自己的信息逐行写入。

代码如下：

```
fp=open('student.txt','w', encoding='utf-8')
fp.write('学号:f12345678,\n')              # 写入自己的学号,注意换行符(\n)
fp.write('姓名:小明,\n')                    # 写入自己的姓名
fp.write('年龄:19。\n')                     # 写入自己的年龄
fp.close()
print("数据已成功写入 'student' 文件。")
```

运行后,student. txt 文件的内容如图 6-9 所示。

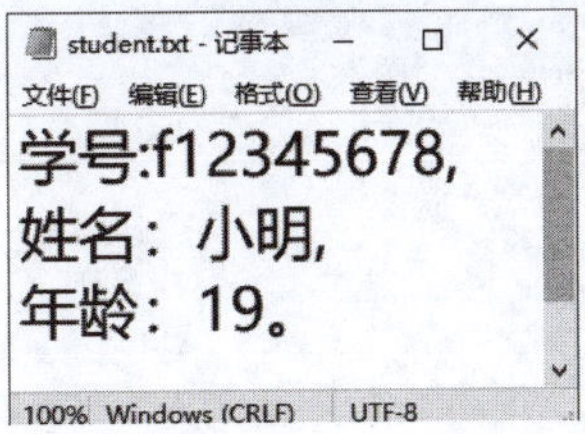

图 6-9　student. txt 文件内容

在使用 write()方法时,如果想一次性写入多项内容,可以配合列表、元组等组合数据类型,将多个元素一起写入文件中。

例 6.7　在 student1. txt 文件中,一次写入自己的多行信息。

代码如下：

```
lines = [
    '学号:f12345678,\n',
    '姓名:小明,\n',
    '年龄:19。\n']                    # 一个列表,包含多个元素,每个元素后面都有换行符
fp=open('student1.txt','w',encoding='utf-8')
fp.write(''.join(lines))              # 使用 join()将列表合并为一个字符串
fp.close()
print("数据已成功写入 'student1' 文件。")
```

运行后,student1. txt 文件内容如图 6-10 所示。

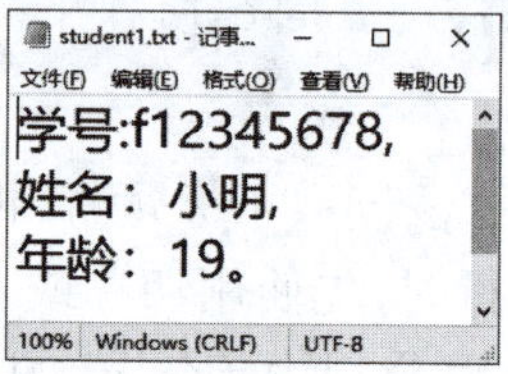

图 6-10　student1. txt 文件内容

> **思考:**除了使用 join()方法以外,可以利用循环写入列表中的每个元素吗?

2. 〈文件对象〉. writelines(lines)方法

writelines(lines)方法可以将字符串列表或字符串元组中的每个字符串依次写入文件。这种方法非常适合需要将一系列字符串写入文件,并且不想手动逐个调用 write()方法的场景。

例 6.8　在 student2. txt 文件中,使用 writelines(lines)方法一次写入自己的多行信息。

代码如下:

```
lines = [
    '学号:f12345678,\n',
    '姓名:小明,\n',
    '年龄:19。\n']                    # 一个列表,包含多个元素,每个元素后面都有换行符
fp=open('student2.txt','w',encoding='utf-8')
fp.writelines(lines)                  # lines 必须是元素为字符串的列表或其他迭代对象
fp.close()
print("数据已成功写入 'student2' 文件。")
```

运行后,student2. txt 文件内容如图 6-11 所示。

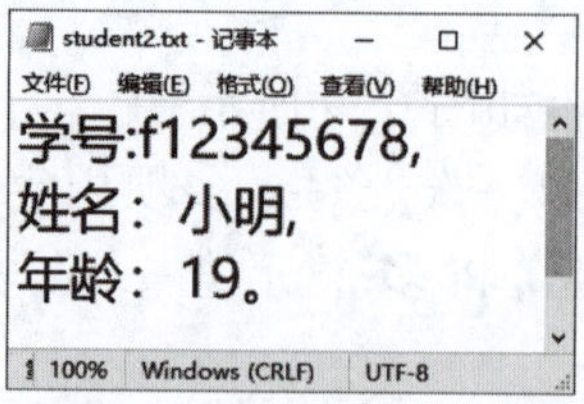

图 6-11　student2. txt 文件内容

注意,fp. writelines(lines)中的 lines 必须是一个可迭代对象,该对象中的所有元素都是字符串。通常这个可迭代对象是一个字符串列表或元组。此外,write()和 writelines()方法不会自动添加换行符。如果希望每行文本后有换行符,需要在每个字符串的末尾添加“\n”。

6.2.3 文本文件的追加

在 Python 中,如果想向一个文本文件追加内容,可以使用文本追加模式(a)或二进制追加模式(ab)。当以追加模式打开文件时,文件指针会自动移动到文件的末尾,这样就可以在不覆盖原有内容的情况下添加新数据。

例 6.9 在 student3. txt 文件中追加信息,其原始内容如图 6-12 所示。追加完成后打开文件进行验证。

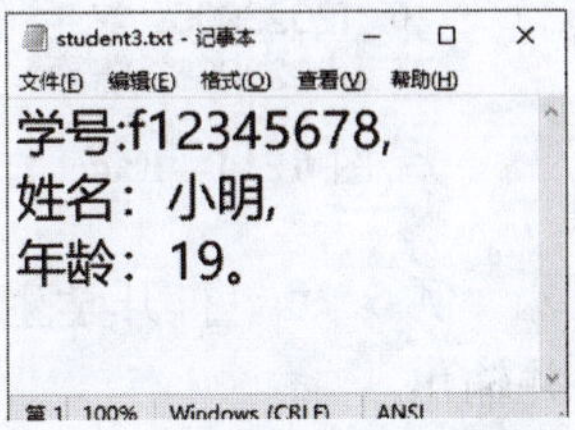

图 6-12 写入前 student3. txt 文件内容

代码如下:

```
fp = open('student3.txt','a',encoding = 'ANSI')  # 使用追加模式打开文件(如果文件不存在,会自动创建)
fp.write('专业:工程管理\n')
fp.write('电话:131002.\n')
fp.close()
fp = open('student3.txt','r',encoding = 'ANSI')  # 打开文件以读取模式,验证追加的内容
content  =  fp.read()
print(content)
fp.close()
```

上方代码使用 open()函数打开 student3. txt 文件(如果文件不存在,将创建一个新的空文件),并且将新的文本追加到文件的末尾。然后文件再次以读取模式被打开,验证文件内容。运行后的文件内容如图 6-13 所示。

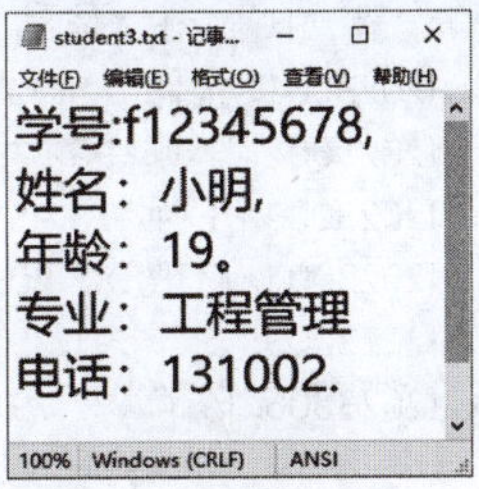

图 6-13 写入后 student3. txt 文件内容

除非在写入新数据时不小心覆盖文件中的已有内容,例如使用 seek()方法将指针向文件头处移动了足够长的方向,追加操作通常不会改变文件中原内容。

§ 6.3 CSV 文件处理

CSV 文件,即逗号分隔值(Comma-Separated Values)文件,是一种常见且广泛应用的文本文件格式。它将数据以文本形式存储,其中,数据的每个部分都由逗号或其他分隔符分隔。一个 CSV 文件通常包含多行,每行代表一条记录,而每行中每个由逗号分隔的部分则对应于一列数据。CSV 文件可以视为一个没有复杂格式、功能简化的电子表格。

6.3.1 读取 CSV 文件

以学生成绩. csv 文件为例,它是以 ANSI 编码的文本文件,记录了学生信息,通过 Excel、记事本打开该文件,内容分别如图 6-14、图 6-15 所示。

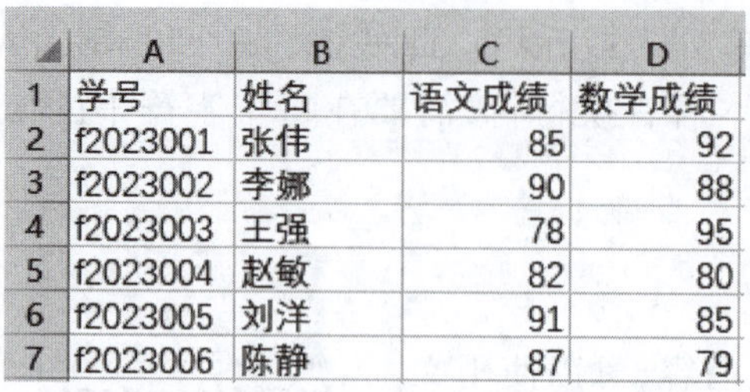

	A	B	C	D
1	学号	姓名	语文成绩	数学成绩
2	f2023001	张伟	85	92
3	f2023002	李娜	90	88
4	f2023003	王强	78	95
5	f2023004	赵敏	82	80
6	f2023005	刘洋	91	85
7	f2023006	陈静	87	79

图 6-14　Excel 打开学生成绩. csv 文件

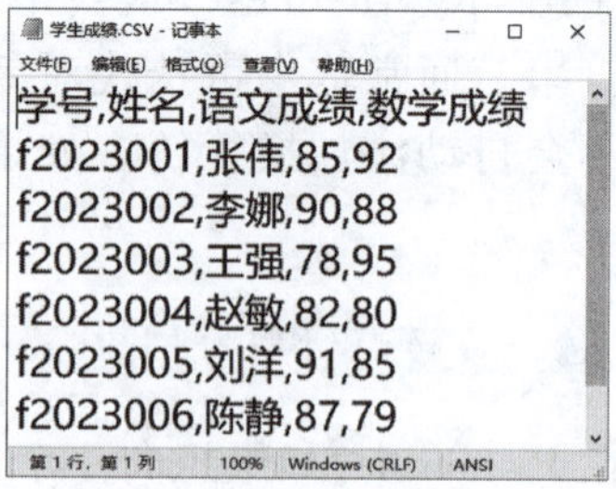

学生成绩.CSV - 记事本
文件(F) 编辑(E) 格式(O) 查看(V) 帮助(H)
学号,姓名,语文成绩,数学成绩
f2023001,张伟,85,92
f2023002,李娜,90,88
f2023003,王强,78,95
f2023004,赵敏,82,80
f2023005,刘洋,91,85
f2023006,陈静,87,79
第 1 行，第 1 列　100%　Windows (CRLF)　ANSI

图 6-15　记事本打开学生成绩. csv 文件

例 6.10　打开学生成绩. csv 文件，使用读取文本文件的方式读取该文件中的每一行，并输出。

代码如下：

```
fp = open("学生成绩.csv",mode = "r",encoding = 'ANSI')   #文件与 python 程序同一目录
lines = fp.readlines()              # 读取所有行，产生一个列表 lines，每一行作为列表的一个元素

for row in lines:                   # 遍历 lines 列表中的每一个元素
    print(row,end = "")             # 因为每一行后面都有换行符\n, 所以要加 end = ""
```

上方代码使用 readlines( )方法对 CSV 文件进行读取，并且生成了一个列表 lines。lines 中的每个元素，就是 CSV 文件的每一行。要输出 CSV 文件中的每一行，可以使用遍历循环列表的方式来输出列表中的每一个元素。运行结果如下：

```
学号，姓名，语文成绩，数学成绩
f2023001, 张伟 ,85,92
f2023002, 李娜 ,90,88
f2023003, 王强 ,78,95
f2023004, 赵敏 ,82,80
f2023005, 刘洋 ,91,85
f2023006, 陈静 ,87,79
```

读取 CSV 文件的方法相较简单，但是读取文件的主要目的是对文件中的信息进行处理和分析，从而获得想要的信息。

例 6.11　打开学生成绩. csv 文件，统计所有学生的平均成绩，并输出。

代码如下：

```
fp = open("学生成绩.csv","r")
head = fp.readline()                    # 读取第一行标题行，指针指向第二行开头
lines = fp.readlines()                  # 从第二行开始读，读取剩下的所有行。生成列表
Total = 0                               # 存放总成绩

for i in range(0,len(lines)):           # 循环 lines 列表
    stud = lines[i].split(",")          # lines[i]为每一行数据，利用逗号进行分割，生成新列表
    print(stud)                         # 输出列表 stud
    Total = Total+(int(stud[2])+int(stud[3]))
Average = Total/(len(lines))
print("平均总成绩",Average)
```

运行结果如下：

```
['f2023001',' 张伟 ','85','92\n']
['f2023002',' 李娜 ','90','88\n']
['f2023003',' 王强 ','78','95\n']
['f2023004',' 赵敏 ','82','80\n']
['f2023005',' 刘洋 ','91','85\n']
['f2023006',' 陈静 ','87','79\n']
平均总成绩 172.0
```

此例的 CSV 文件中，第一行是标题行，不参与信息的处理，所以上方代码使用 readline()方法将第一行单独读取掉，再利用 readlines()方法读取剩余行，生成一个列表 lines。在这个列表中，每一个列表元素就是原来文件的每一行数据，并且每一个元素包含多个以逗号分割的数据。lines 列表内容如下：

```
['f2023001, 张伟 ,85,92\n','f2023002, 李娜 ,90,88\n','f2023003, 王强 ,78,95\n','f2023004, 赵敏 ,82,80\n','f2023005, 刘洋 ,91,85\n','f2023006, 陈静 ,87,79\n']
```

lines 列表中每一个元素中存有想分析的数据，但是这些数据都存放于一个字符串当中，所以当遍历 lines 列表里每一个字符串元素时，利用 stud = lines[i].split(",")将每个元素（字符串）使用逗号进行分割，分割后的数据又生成为一个新列表 stud。stud 列表内容如图 6-16 所示。

```
stud中的内容:
第 1 次:  ['f2023001', '张伟', '85', '92\n']
第 2 次:  ['f2023002', '李娜', '90', '88\n']
第 3 次:  ['f2023003', '王强', '78', '95\n']
第 4 次:  ['f2023004', '赵敏', '82', '80\n']
第 5 次:  ['f2023005', '刘洋', '91', '85\n']
第 6 次:  ['f2023006', '陈静', '87', '79\n']
```

图 6-16　stud 列表内容

最后，将每一次 stud 列表中的第三个元素和第四个元素，转换成整数类型后添加到 total 总合变量中，从而算出平均成绩。

6.3.2　写入 CSV 文件

将数据写入 CSV 文件和写入文本文件的方法相同，但是要注意的是，由于 CSV 文件自身的格式特点，在写入 CSV 文件时需要知道其使用的分隔符类型。虽然逗号是 CSV 最常用的分隔符，但在某些情况下，数据可能本身包含了逗号，此时可以选择其他字符作为分隔符。常见的 CSV 文件分隔符还包括分号（;）、制表符（\t）以及空格等。

	A	B	C
1	年份	GDP总量万亿元	GDP增速
2	2019	99.09	6.1
3	2020	101.6	2.3
4	2021	114.4	8.6
5	2022	121	3.1
6	2023	127.6	5.4

图 6-17　GDP 增长.csv 文件内容

例 6.12　在 GDP 增长.csv 文件中，写入 GDP 数据，其内容如图 6-17 所示。

代码如下：

```
fp=open("GDP 增长.csv","w")
GDPinf=[
["年份","GDP 总量万亿元","GDP 增速"],
[2019,99.09,6.1],
[2020,101.6,2.3],
```

```
[2021,114.4,8.6],
[2022,121.0,3.1],
[2023,127.6,5.4]]                # 一共六行数据,其中包含字符串类型和数字类型

for line in GDPinf:              # 各数据项以逗号分隔,最后换行连接成字符串,写入文件
    fp.write(str(line[0])+","+str(line[1])+","+str(line[2])+"\n")#需要将每项数据转换成字符串
fp.close()
```

此例需要注意数据的排列方式。该文件共包含六行内容,其中第一行为标题,数据类型为字符串,其余各行数据类型为数字。然而,将数据写入 CSV 格式的必要前提是所有数据项都为字符串类型。因此,在逐行写入数据的过程中,可以利用 str( ) 函数将每一行的每个元素都转换成字符串类型,且各数据项要以英文逗号分隔,以满足 CSV 格式的要求。

例 6.13 学生成绩. csv 文件的内容如图 6-18 所示,统计每位学生的平均成绩,并将其写入学生平均成绩. csv 文件中,作为学生信息的最后一列。

	A	B	C	D
1	学号	姓名	语文成绩	数学成绩
2	f2023001	张伟	85	92
3	f2023002	李娜	90	88
4	f2023003	王强	78	95

图 6-18 “学生成绩. csv”文件内容

代码如下:

```
fp = open("学生成绩.csv","r")            # 打开要读取的文件
fp1 = open("学生平均成绩.csv","w")        # 打开要写入的文件
head = fp.readline()                     # 读取第一行标题行,指针指向第二行开头
lines = fp.readlines()                   # 从第二行开始读,读取剩下的所有行,生成列表
newscore = [ ]                           # 存放每位学生的成绩

fp1.write(head[:-1]+","+"平均分"+"\n")    # 将标题写入新文件
for line in lines:                       # 循环 lines 列表
    line = line[:-1]                     #  [:-1]去掉每一行字符串最后的换行符
    stud = line.split(",")               # line 为每一行数据,利用逗号进行分隔,生成新列表
    avg = (int(stud[2])+int(stud[3]))/2  # 计算每个学生的平均分
    fp1.write(str(stud[0])+","+str(stud[1])+","+str(stud[2])+","+str(stud[3])+", "+str(avg)+"\n")
                                         # 需要将每项数据转换成字符串

fp.close()
fp1.close()
print("执行完毕!")
```

运行后,学生平均成绩. csv 文件内容如图 6-19 所示。

	A	B	C	D	E
1	学号	姓名	语文成绩	数学成绩	平均分
2	f2023001	张伟	85	92	88.5
3	f2023002	李娜	90	88	89
4	f2023003	王强	78	95	86.5

图 6-19 学生平均成绩. csv 文件内容

上方代码先读取学生成绩.csv 文件，然后计算每个学生数学和语文两科的平均分，并将原始数据及平均分写入学生平均成绩.csv 新文件。

6.3.3　使用 csv 库读取 CSV 文件

在 Python 中，处理 CSV 文件还可以使用内置的 csv 库，它提供了读取和写入 CSV 文件的代码和功能。

1. 读取 CSV 文件

读取 CSV 文件可以使用 csv.reader( ) 函数。它为已经打开的 file 文件对象，创建一个 csv.reader 对象，该对象会迭代地返回 CSV 文件中的每一行。

例如，CSV 素材.csv 文件内容如图 6－20 所示。使用 csv.reader( ) 函数读取文件内容的代码如下：

	A	B	C
1	name	age	city
2	王小明	30	Shanghai
3	程坤	25	Nanjing
4	松江	35	beijing

图 6－20　CSV 素材.csv 文件内容

```
import csv

#打开 CSV 文件，这种打开方式不用关闭文件
with open('CSV 素材.csv',newline='',encoding="utf-8") as csvfile:
    csvreader = csv.reader(csvfile)            # 使用 csv 库自带方法读取
    for row in csvreader:                      # 读取并打印每一行
        print(row)
```

运行结果如下：

```
['name','age','city']
['王小明','30','Shanghai']
['程坤','25','Nanjing']
['松江','35','beijing']
```

2. 写入 CSV 文件

写入 CSV 文件可以使用 csv.write( ) 函数。当调用该函数时，会创建一个 csv writer 对象，该对象允许将数据写入已经打开的文件中，这个文件通常通过 open( ) 函数以写入模式（w 或 a 模式）打开。例如：

```
import csv
data = [
    ['学号','姓名','成绩'],
    ['f25001','王大翠','87'],
    ['f25002','苏晓国','90']
]                                              # 要写入的数据
with open('CSV 素材写入_输出.csv',mode='w',newline='',encoding="GBK") as csvfile:
    csvwriter = csv.writer(csvfile)
    csvwriter.writerows(data)
```

运行上方代码后，会创建一个名为“CSV 素材写入_输出.csv”的新文件，并写入 data 列表中的数据，如图 6－21 所示。由于数据中包含非 ASCII 字符（中文），所以设置文件编码为 GBK。这里，csv.writer( ) 函数用

	A	B	C
1	学号	姓名	成绩
2	f25001	王大翠	87
3	f25002	苏晓国	90

图 6－21　CSV 素材写入_输出.csv 文件内容

于创建一个写入器对象 csvwriter,writerows()方法用于将 data 列表中的多行数据写入 csvfile 指定的文件中。

§6.4 文件的异常处理

当处理文件,特别是读写文件时,异常处理尤为重要。因为文件可能不存在,可能被其他程序锁定,或者可能因为权限问题而无法访问。在 Python 中,异常处理是通过 try、except 和 finally 语句实现的。这些语句允许捕获和处理代码执行过程中可能发生的错误,从而避免程序崩溃。

例 6.14 从军行七首.txt 文件内容如图 6-22 所示,使用只读模式和 ANSI 编码方式打开文件,并针对可能出现的异常处理方法编写程序。

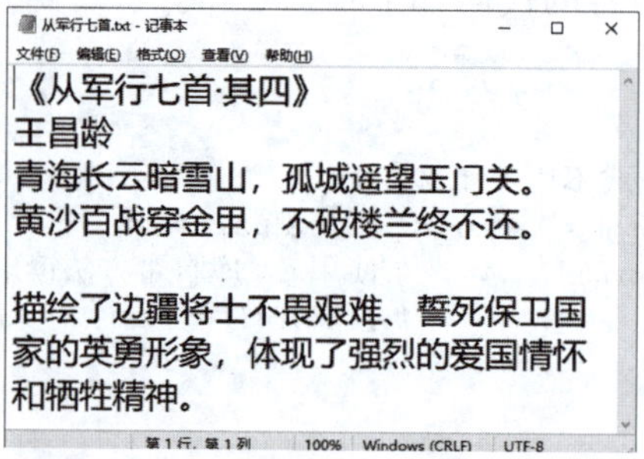
从军行七首.txt - 记事本
文件(F) 编辑(E) 格式(O) 查看(V) 帮助(H)
《从军行七首·其四》
王昌龄
青海长云暗雪山，孤城遥望玉门关。
黄沙百战穿金甲，不破楼兰终不还。

描绘了边疆将士不畏艰难、誓死保卫国家的英勇形象，体现了强烈的爱国情怀和牺牲精神。
第 1 行，第 1 列 100% Windows (CRLF) UTF-8

图 6-22 从军行七首.txt 文件内容

代码如下:

```
try:
    fp = open('从军行七首.txt','r',encoding = 'ANSI')
    content = fp.read()
    print(content)
except FileNotFoundError:                          #文件不存在的异常处理
    print("Error:The file 'example.txt' was not found.")
except UnicodeDecodeError as e:                    #文件编码错误的异常处理
    print(f"解码错误:{e}")
except Exception as e:                   #捕获其他所有异常类型,并打印异常信息
    print(f"发生了一个意外错误:{e}")
else:
    print("File read successfully.")
```

由于代码"从军行七首.txt"为 UTF-8 编码格式,所以运行结果如下:

```
解码错误:'mbcs' codec can't decode bytes in position 0- - 1:No mapping for the Unicode character exists in the target code page.
```

上方代码使用 except FileNotFoundError 验证文件是否存在,使用 except UnicodeDecodeError as e 检查文件打开时使用的编码格式是否与文件本身编码格式一致,还保留了通用的异常捕获块 except Exception as e,以确保不会遗漏任何未预见的错误。

§6.5 应用案例

1. 利用字典进行英语单词词频分析

在 Python 中，利用字典进行英语单词的词频分析是一种简单又高效的方法。字典的特点在于能够存储键值对，其中每个键都是唯一的，并且关联着一个值。对于词频分析来说，这种特性非常适合用来记录每个单词在文本中出现的次数。

在进行词频分析时，可以遵循以下步骤：

(1) 初始化空字典：创建一个空的字典，用于后续存储单词及其对应的词频。

(2) 文本预处理：包括大小写转换（以忽略大小写差异）、去除标点符号、去除停用词（可选）等，以便更准确地统计单词的频率。

(3) 遍历文本并更新字典：遍历处理后的文本，对每个单词进行判断。如果单词已经存在于字典中，将其对应的词频加 1；如果单词不存在字典中，则将该单词作为新键加入字典，并设置其词频为 1。

(4) 输出或进一步处理：完成遍历后，字典中将包含文本中所有单词及其对应的词频。可根据需要输出这些词频信息，或进行进一步的分析和处理。

例 6.15　对词频分析. txt 文件中的英语文本进行词频分析，其内容如图 6-23 所示。输出并将结果写入英语词频分析-结果. csv 文件。

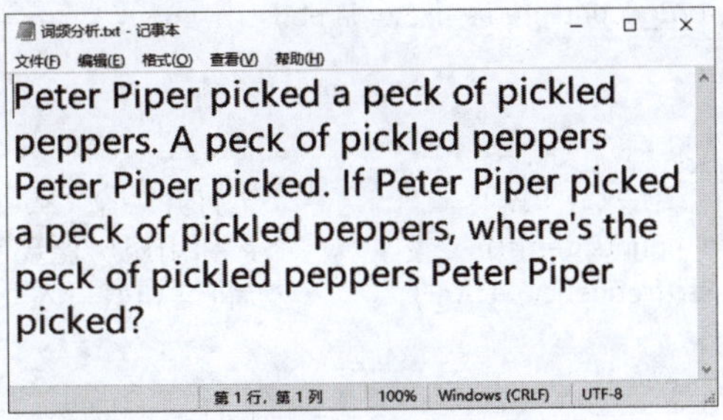
Peter Piper picked a peck of pickled peppers. A peck of pickled peppers Peter Piper picked. If Peter Piper picked a peck of pickled peppers, where's the peck of pickled peppers Peter Piper picked?

图 6-23　词频分析. txt 文件内容

代码如下：

```
# 创建函数对文本进行预处理
def process_text(text):
    text = text.lower()                    # 转换为小写
    # 定义一个包含标点符号的集合
    # 注意：这里只包含了一些常见的标点符号，你可能需要根据需要添加更多
    symbol = set('!"#$%&\'()*+,-./:;<=>? @[\\]^_`{|}~')
    no_symbol = ""                         # 初始化一个空字符串来存储结果
    for char in text:
        if char not in symbol:             # 如果字符不在标点符号集合中，则添加到结果字符串
            no_symbol+ = char              # 将非符号内容添加到字符串 no_symbol 中
    words = no_symbol.split("")            # 分隔成单词列表
    return words                           # 返回分隔后的列表
```

```
def word_frequency(text):
    word_counts = {}                                # 初始化一个空字典来存储词频
    for word in text:                               # 遍历单词列表,统计每个单词出现的次数
        if word in word_counts:
            word_counts[word] = word_counts.get(word,0)+1        # 利用字典进行计数
        else:
            word_counts[word] = 1
    return word_counts

#主程序
fp = open("词频分析.txt","r")
text = fp.read()
word_process = process_text(text) #将示例文本带入 process_text()函数,进行基本处理,并返回一个列表
word_counts = word_frequency(word_process)   #进行词频分析返回一个字典,第一列为单词,第二列为词频
# 打印结果
# print("排序前:")
# for word, count in word_counts.items():       # 利用遍历循环输出结果
    print(f"{word}:{count}")

# 按词频排序输出
print("排序后:")
# 利用 lambda 函数对字典第二列进行排序
for word,count in sorted(word_counts.items(),key = lambda row:row[1],reverse = True):
    print(f"{word}:{count}")

# 写入"英语词频分析-结果.csv"文件中
fp1 = open("英语词频分析-结果.csv","w")                # 打开一个 CSV 文件
for word,frequency in word_counts.items():           # 利用遍历循环字典中的键与值
    fp1.write(word +","+ str(frequency) +"\n")       #将键和值写入 CSV 文件,注意写入换行符\n
fp1.close()
print("写入 csv 文件完成")
```

运行后,生成的 CSV 文件内容如图 6-24 所示。

在处理自然语言时,例如需进行词干提取或词形还原(如将"picked"还原为"pick"),可以使用 NLTK(Natural Language Toolkit)等自然语言处理库来实现。

2. 利用 jieba 库进行中文词频分析

jieba 库是 Python 中非常流行的中文文本分词库。它支持三种分词模式:精确模式、全模式和搜索引擎模式,同时支持繁体分词和自定义词典。jieba 库易于安装和使用,非常适合中文文本处理任务,如文本分析、自然语言处理(Natural Language Processing,NLP)等。

	A	B
1	peter	4
2	piper	4
3	picked	4
4	a	3
5	peck	4
6	of	4
7	pickled	4
8	peppers	4
9	if	1
10	wheres	1
11	the	1
12		

图 6-24　英语词频分析-结果. csv 文件内容

在使用之前,需要安装 jieba 库,可以在环境变量中输入下方命令通过 pip 安装(详见 1.5 节)。

```
pip install jieba
```

（1）精确模式

精确模式试图将句子最精确地切开，适合文本分析。例如：

```
import jieba
jieba_list = jieba.lcut("中文文章中字词之前没有分隔符号",cut_all = False)
print("精确模式：" + "/".join(jieba_list))
```

运行结果如下：

```
精确模式：中文/ 文章/ 中/ 字词/ 之前/ 没有/ 分隔符/ 号
```

（2）全模式

全模式能够扫描出句子中所有可以成词的词语，速度非常快，但是不能解决歧义。例如：

```
import jieba
jieba_list = jieba.lcut("中文文章中字词之前没有分隔符号",cut_all = True)
print("全模式：" + "/".join(jieba_list))
```

运行结果如下：

```
全模式：中文/ 文文/ 文章/ 中/ 字词/ 之前/ 没有/ 分隔/ 分隔符/ 符号
```

（3）搜索引擎模式

搜索引擎模式可以在精确模式的基础上，对长词再次切分，提高召回率，适用于搜索引擎分词。例如：

```
import jieba
jieba_list = jieba.lcut_for_search("中文文章中字词之前没有分隔符号",HMM = False)
print("搜索引擎模式：" + "/".join(jieba_list))
```

运行结果如下：

```
搜索引擎模式：中文/ 文章/ 中/ 字词/ 之前/ 没有/ 分隔/ 分隔符/ 号
```

例 6.16　利用 jieba 库对 threekingdom1.txt 文件中的三国演义文本进行词频分析，输出并将结果写入三国演义-结果.csv 文件中。

代码如下：

```
import jieba
fp = open("threekingdom1.txt","r",encoding = "utf-8") # 打开文件
txt = fp.read() # 读取文件内容
words = jieba.lcut(txt,cut_all = False)       # 精确模式

word_counts = {}                              # 字典类型，存放单词和出现数量
for word in words:
    if len(word) = = 1:                           # 防止出现单汉字和符号，否则可能影响分析结果
        continue
    else:
        word_counts[ word ] = word_counts.get(word,0)+1          # 利用字典计数
```

```
items = list(word_counts.items())                                      # 转换成列表类型
items.sort(key = lambda X:X[1],reverse = True)                         # 从大到小排序

for i in range(7):            # 输出前 7 个最多数量的词语
    word,count = items[i]
    print("{}:{}".format(word, count))

#写入到"三国演义词频-结果.csv"文件中
fp1 = open("三国演义词频-结果.csv","w")                      # 打开 CSV 文件
for word,frequency in word_counts.items():                  # 利用遍历循环字典中的键与值
    fp1.write(word + ","+ str(frequency) +"\n")             # 将键和值写入 CSV 文件,注意写入换行符\n
fp1.close()
print("csv 文件写入完成")
```

运行后,生成的 CSV 文件内容如图 6-25 所示。

	A	B
1	曹操	953
2	孔明	836
3	将军	772
4	却说	656
5	玄德	585
6	关公	510
7	丞相	491

图 6-25　三国演义词频-结果. csv 文件内容

本章小结

本章聚焦于 Python 中数据文件处理的基础知识与应用,介绍了文件的基本概念及其在数据管理中的核心作用。文件类型多样,根据存储形式可分为文本文件和二进制文件。文件路径包括绝对路径和相对路径,是定位和操作文件的关键。同时,探讨了文件编码的异同,并介绍了字符串的编码和解码方法。在文本文件操作上,可以使用 open( ) 函数打开文件,read( )、readline( )、readlines( ) 方法读取内容,write( )、writelines( ) 方法写入内容。文件有多种读写模式,也可以通过 seek( ) 方法改变文件指针位置。对于 CSV 文件的处理,需要注意分隔符(常用英文逗号)分隔的数据存储方式,也可以使用 csv 库进行读写操作。对于文件操作的异常处理,可以通过 try、except 和 finally 语句捕获和处理异常。最后通过综合应用案例,展示 Python 中数据文件处理的强大功能。本章内容丰富,实例详实,为读者全面掌握 Python 数据文件处理技能奠定了坚实基础。

习题 6

1. 编写程序,读取 student4. txt 文件,其内容如图 6-26 所示,逐行打印内容,并统计总行数。

```
1001        张三        85
1002        李四        90
1003        王五        78
```

图 6-26　student4. txt 文件内容

2. 编写程序，创建一个名为“output. txt”的新文件，写入两行文本“Hello”和“File World!”。

3. log1. txt 文件内容如图 6-27 所示。编写程序从中提取包含关键词“ERROR”的行，并保存到名为“errors. txt”的新文件中。

```
"时间","状态"
"2023-10-25 08:30:00", "系统启动"
"2023-10-25 09:15:22", "用户登录，ID: 1001"
"2023-10-25 10:45:10", "用户执行查询操作"
"2023-10-25 11:20:33", "系统更新数据完成"
"2023-10-25 13:05:45", "用户注销，ID: 1001"
"2023-10-25 14:10:12", "ERROR"
"2023-10-25 15:30:00", "系统备份数据完成"
"2023-10-25 16:45:50", "用户登录，ID: 1002"
"2023-10-25 17:20:15", "ERROR"
"2023-10-25 18:00:00", "系统关闭"
```

图 6-27　log1. txt 文件内容

4. log2. txt 文件内容如图 6-28 所示。编写程序，将其中所有“ID:1002”替换为“ID:1001”，并保存修改(建议使用 replace()函数并直接修改原文件)。

```
"时间","状态"
"2023-10-25 08:30:00", "系统启动"
"2023-10-25 09:15:22", "用户登录，ID: 1002"
"2023-10-25 10:45:10", "用户执行查询操作"
"2023-10-25 11:20:33", "系统更新数据完成"
"2023-10-25 13:05:45", "用户注销，ID: 1002"
"2023-10-25 14:10:12", "系统备份数据开始"
"2023-10-25 15:30:00", "系统备份数据完成"
"2023-10-25 16:45:50", "用户登录，ID: 1002"
"2023-10-25 17:20:15", "用户执行导出操作"
"2023-10-25 18:00:00", "系统关闭"
```

图 6-28　log2. txt 文件原始内容

5. 学生成绩. csv 文件内容如图 6-29 所示。编写程序，使用 csv 库读取文件内容，提取学号、姓名和数学成绩三列内容，并将其输出为列表。

	A	B	C	D
1	学号	姓名	语文成绩	数学成绩
2	f2023001	张伟	85	92
3	f2023002	李娜	90	88
4	f2023003	王强	78	95
5	f2023004	赵敏	82	80
6	f2023005	刘洋	91	85
7	f2023006	陈静	87	79

图 6-29　学生成绩. csv 文件内容

6. student4. txt 文件内容如图 6-30 所示，编写程序，读取其以制表符分隔的数据，添加表头数据（学号，姓名，成绩），并将结果写入 student4-new. csv 文件中。

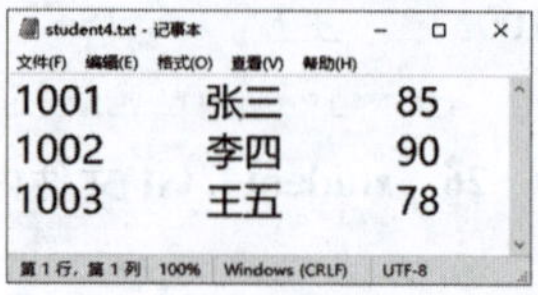

图 6-30 student4. txt 文件内容

7. 销售数据. txt 文件内容如图 6-31 所示，每行表示一个项目的销售金额和成本金额，用英文逗号分隔。编写程序，计算每个项目的利润（利润=销售金额-成本金额），以及销售额、成本、利润额的总和，并将结果写入利润额. txt 文件中。

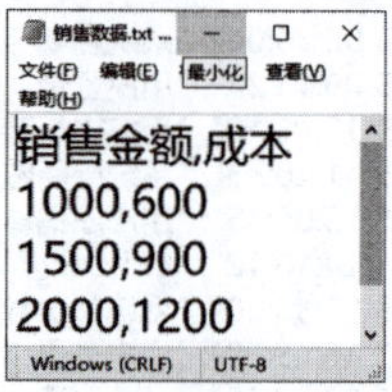

图 6-31 销售数据. txt 文件内容

第 7 章

数据可视化及应用

数据分析与数据可视化是数据科学领域两个相互连接且互补的过程。数据分析涉及数据的收集、清洗、转换、建模和分析，以提取有用的信息，提高洞察力。数据可视化则是将分析得到的数据以图形、图表等视觉形式呈现，以便更直观地理解数据背后的含义，从而更准确地进行数据解读和决策。

§7.1 数据可视化基础

7.1.1 NumPy 库

NumPy 是一个科学计算库，它提供了大量的高级数值编程工具，包括强大的 *N* 维数组对象、复杂的数学函数、线性代数操作等。NumPy 的设计目标是使 Python 在能够保持代码简洁易读的基础上，高效地进行数值计算。

1. 安装 NumPy 库

```
pip install numpy
```

2. 导入 NumPy 库

```
import numpy as np
```

3. 常用函数

arange( )和 linspace( )是两个常用于生成数组的函数。

(1) arange( )函数

numpy. arange( )函数可以生成一个具有均匀间隔的整数或浮点数序列，返回一个 NumPy 数组。其基本语法格式如下：

```
numpy.arange([start,]stop,[step,])
```

其中，start(可选参数)为数组的起始值，默认值为 0。stop(必需参数)为数组的结束值(不包含此值)。step(可选参数)为数组中每个元素之间的间隔，即等差数列的公差，默认值为 1。

例如，生成浮点数数组，步长为 0.2，代码如下：

```
>>> import numpy as np
>>> arr = np.arange(0.0,1.0,0.2)
>>> arr
>>> array([0. ,0.2,0.4,0.6,0.8])
```

例 7.1 利用 arange( ) 函数生成数组 x，数组 y 的公式为 y = sin(x)，利用 x 计算 y。代码如下：

```
import numpy as np                    # 导入 numpy 模块，别名为 np
x = np.arange(0,30,5.5)               # 生成数组 x，其中步长为 5.5
print("x 的值为：\n",x)               # 输出 x
y = np.sin(x)                         # 计算数组 y
print("y 的值为：\n",y)               # 输出 y
print("x 的数据类型",type(x))         # 获得 x 的数据类型
print("y 的数据类型",type(y))         # 获得 y 的数据类型
```

运行结果如下：

```
x 的值为:
[ 0.    5.5    11.    16.5    22.    27.5]
y 的值为:
[ 0.    - 0.70554033    - 0.99999021    - 0.71178534    - 0.00885131    0.69924003]
x 的数据类型 <class 'numpy.ndarray'>
y 的数据类型 <class 'numpy.ndarray'>
```

上方代码利用 arange( ) 函数生成的数据 x，其类型为数组。当将 x 代入公式 np. sin(x) 进行计算时，运算结果 y 也是数组，x 和 y 两组数据在数据类型和数据量上是一致的。后续使用 Matplotlib 库绘图，可以将这两组数据作为绘图所需的参数，传递给绘图函数进行图形绘制。

思考： math 库中 sin(x) 函数的结果数据类型是什么？

（2）linspace( ) 函数

linspace( ) 函数，全称是 linearly spaced vector，指线性间隔向量。它生成一个包含指定数量元素的等差数列，该数列从指定的起始值开始，到指定的结束值结束。其基本语法格式如下：

```
numpy.linspace(start,stop,[num = 50, ])
```

其中，start（必需参数）为序列的开始值。stop（必需参数）为序列的结束值，如果 endpoint 参数为 True（默认值），表示这个值包含在序列中。num（可选参数）为要生成的等间隔样本数量，默认值为 50。

例如，生成一个从 0 到 10 的等差数列，包含 5 个元素，代码如下：

```
>>> import numpy as np
>>> arr = np.linspace(0,10,num = 5)
>>> arr
>>> array([ 0. ,2.5,5. ,7.5,10. ])
```

7.1.2　Matplotlib 库

Matplotlib 是 Python 核心绘图库,提供丰富的工具和函数,可生成高质量图形。它支持多种图表类型,使用户能够轻松地创建从简单到复杂的多种图表,以及包含多个子图的复杂布局的多类型图表,便于用户直观展示和分析复杂数据。

1. 安装 Matplotlib 库

```
pip install matplotlib
```

2. 导入 Matplotlib 库(本书侧重于 Matplotlib 的 pyplot 子库的基础绘图功能)

```
import matplotlib.pyplot as plt
```

matplotlib. pyplot 库拥有两大核心类别的绘制图表函数。一个类别关注绘图区域的构建,用于创建和管理各种复杂的绘图区域布局。另一个类别专注于图表的生成,提供了一系列功能全面的制图函数,为用户提供了丰富的可视化选项。

7.1.3　Pandas 库

Pandas 库是一个强大的数据分析和操作工具,提供了丰富的功能来处理数据集,其核心数据结构是表格型的数据结构 DataFrame。DataFrame 是一个二维、大小可变、带有标签的表格型数据结构,类似于 Excel 表格或 SQL 中的表。它可以存储不同类型的数据(如整数、浮点数、字符串、日期时间等),支持多种文件格式(如 CSV、Excel、JSON、HDF5、SQL 等),提供了大量高级数据处理功能,如数据对齐、缺失数据处理、时间序列分析、数据合并和连接等,适合进行数据清洗、转换、分析和可视化操作。Pandas 库配合 Matplotlib 库可以对数据有更灵活和丰富地展现。在使用 Pandas 之前,使用 pip 安装库,命令如下:

```
pip install pandas
```

例 7.2　data 为存放表 7-1 中订单数据的字典,使用 Pandas 库将其转换为 DataFrame 结构,并输出订单 ID 和订单金额。

表 7-1　订单数据

订单 ID	客户姓名	订单金额
1001	张三	150.50
1002	李四	230.75
1003	王五	99.99
1004	赵六	450.00

代码如下:

```
import pandas as pd
data = {                                    # 创建订单数据
    '订单 ID':[1001,1002,1003,1004],
    '客户姓名':['张三','李四','王五','赵六'],
```

```
    '订单金额':[150.50,230.75,99.99,450.00]
}
df = pd.DataFrame(data)   # 使用 DataFrame 结构存储订单数据
result = df[['订单 ID','订单金额']]
print(result)
```

运行结果如下：

```
    订单 ID   订单金额
0   1001      150.50
1   1002      230.75
2   1003       99.99
3   1004      450.00
```

例 7.3 使用 DataFrame 结构存储名为“订单数据.xlsx”的 Excel 文件(图 7-1)中的订单数据，输出订单 ID 和订单金额。

	A	B	C
1	订单ID	客户姓名	订单金额
2	1001	张三	150.5
3	1002	李四	230.75
4	1003	王五	99.99
5	1004	赵六	450

图 7-1　订单数据.xlsx 文件内容

代码如下：

```
import pandas as pd

# 读取 Excel 文件
df = pd.read_excel('订单数据.xlsx')

# 输出订单 ID 和订单金额两列
result = df[['订单 ID','订单金额']]
print(result)
```

运行结果如下：

```
    订单 ID   订单金额
0   1001      150.50
1   1002      230.75
2   1003       99.99
3   1004      450.00
```

§7.2 数据可视化实现

7.2.1 图表的基础元素

图表的各个构成部分对图表的可视化起着至关重要的作用，它们共同构成了图表的框架，将数据以直观、易懂的方式呈现，帮助用户快速理解数据中的趋势和关系。图表的每个部分都有其特定功能，设计者需要确保图表的信息传达清晰、准确。

图 7-2 为一张显示 y=sin(x) 和 y=cos(x) 两个函数图的图表，图表中的主要基础元素包括：

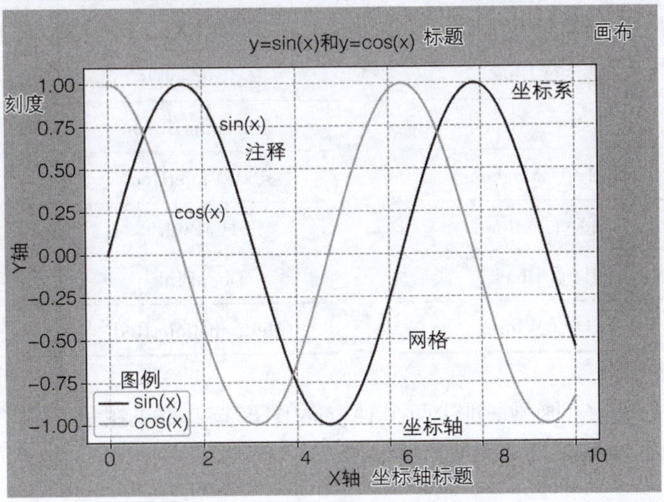

图 7-2　图表的基础元素

（1）figure（画布）：整个图表的容器，管理所有子图和元素，便于整体布局和调整。

（2）axes（坐标系）：定义数据的坐标系统，确保数据点能正确映射在图表上。

（3）axis（坐标轴）：显示数据的刻度、范围和标题，帮助用户准确读取和理解数据。

（4）title（标题）：概括图表的主题或内容。

（5）labels（标签）：说明坐标轴的含义，明确数据的维度、单位等，避免误解。

（6）legend（图例）：解释图表中不同颜色或形状的含义，区分不同的数据系列或类别。

（7）grid（网格）：提供背景参考线，帮助用户更精确地读取数据点的位置和值。

（8）annotations（注释）：对特定数据点进行额外说明，突出显示关键数据点或异常值。

1. figure( ) 画布函数

figure( ) 函数可以创建一个画布。如果在绘图过程中没有使用 figure( ) 函数，会默认创建一个图形窗口，或者在当前激活的图形窗口中继续绘制。其基本语法格式如下：

```
figure([num=x,figsize=(w,h),dpi=y,facecolor=c])
```

其中：

（1）num=x（可选参数）：整数或字符串，用于指定图形的编号或名称。如果指定的图形已经存在，figure( ) 函数将激活这个图形。

（2）figsize=(w,h)（可选参数）：图形大小设置，w 为图形的宽度，h 为图形的高度。

（3）dpi=y（可选参数）：整数，表示图形的分辨率。dpi 越高，图形越清晰。

（4）facecolor=c（可选参数）：颜色代码，用于指定图形的背景颜色。可以是 Matplotlib 库支持的任意颜色格式，例如标准颜色（表 7-2）、十六进制颜色代码（如#FF0000 表示红色）、RGB 或 RGBA 元组（如(1,0,0)表示红色），也可以使用颜色英文全称（表 7-3 为部分红粉色系颜色的表示示例）。

表 7-2 绘图标准色颜色代码

颜色代码	颜色名称
r	红色(Red)
g	绿色(Green)
b	蓝色(Blue)
c	蓝绿色(Cyan)
m	洋红色(Magenta)
y	黄色(Yellow)
k	黑色(Black)
w	白色(White)

表 7-3 不同红粉色系颜色的表示示例(部分)

颜色表示	颜色名称
LightPink	浅粉红
Pink	粉红
Crimson	深红/猩红
LavenderBlush	淡紫红
PaleVioletRed	弱紫罗兰红
HotPink	热情的粉红
DeepPink	深粉红
MediumVioletRed	中紫罗兰红

例 7.4 使用 figure( )函数,创建两个独立的图形窗口,并在每个窗口中绘制简单的折线图,如图 7-3、图 7-4 所示。

代码如下:

```
import matplotlib.pyplot as plt                    # 导入 matplotlib.pyplot 模块,别名 plt
plt.figure(num = 1,figsize = (8,6),dpi = 100,facecolor = 'lightgray')
# 创建第一个图形窗口
plt.plot([1,2,3],[1,4,9])                # 绘制第一个折线图,标签为 line1
plt.title('Figure 1')                    # 添加标题
plt.grid(True)                           # 添加网格线
plt.figure(num = 2,figsize = (6,4),dpi = 80,facecolor = 'white')
# 创建第二个图形窗口
plt.plot([1,2,3,4],[1,16,81,256],color = 'red')
plt.title('Figure 2')                    # 添加标题
plt.grid(True)                           # 添加网格线
plt.show()                               # 显示所有图形窗口
```

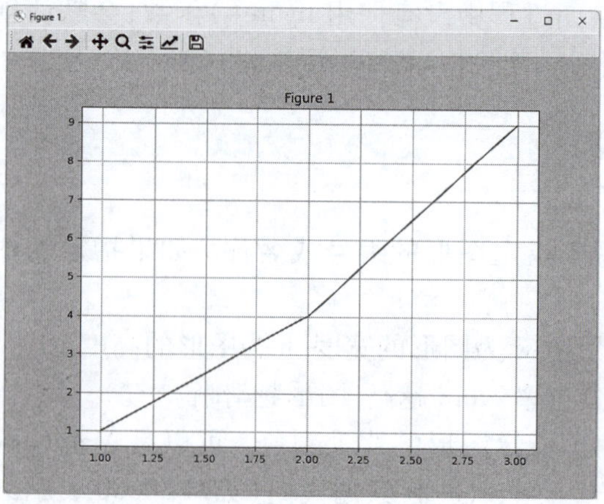

图 7-3 **Figure1 折线图**

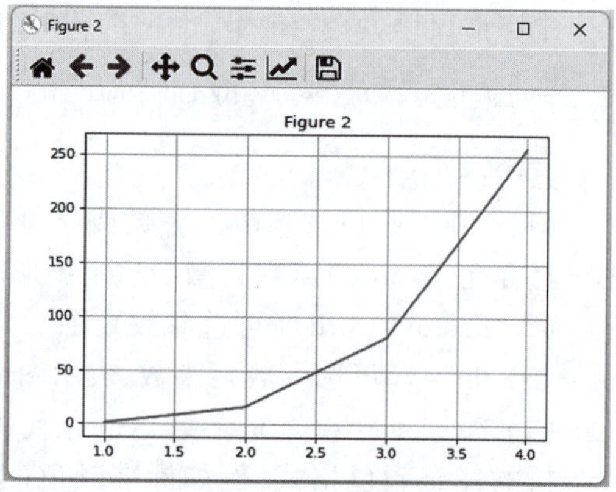

图 7-4 **Figure2 折线图**

2. axes( )轴函数

axes( )函数可以创建一个新的轴对象，并设置其位置和大小，通常用于在现有的图表上添加额外的轴。其基本语法格式如下：

```
axes([(l,b,w,h),facecolor=c])
```

其中，(l,b,w,h)(可选参数)通常代表相对于图表位置和大小的分数参数，l 代表 left(绘图区左边界)，b 代表 bottom(绘图区下边界)，w 代表 width(占绘图区的宽度)，h 代表 height(占绘图区的高度)。这些值在 0~100%(即 0~1)的范围内。

例 7.5　使用 axes( )函数，在默认绘图区的右下角创建子绘图区，并在子绘图区中绘制简单的折线图，如图 7-5 所示。

代码如下：

```
import matplotlib.pyplot as plt                    # 导入 matplotlib.pyplot 模块，别名 plt
plt.plot([1,2,3],[1,4,9])                          # 在默认绘图区上绘制数据
plt.title('plot 1')                                # 添加标题
ax=plt.axes((0.6,0.2,0.25,0.25),facecolor='y')     # 在图表的右下角创建一个新的轴左在绘图区 60% 位置，底为绘图区 20%，宽占绘图区四分之一，高占绘图区的四分之一的子绘图区
ax.plot([1,2,3],[1,4,9])                           # 在新轴(子绘图区)上绘制数据
plt.show()                                         # 显示图表
```

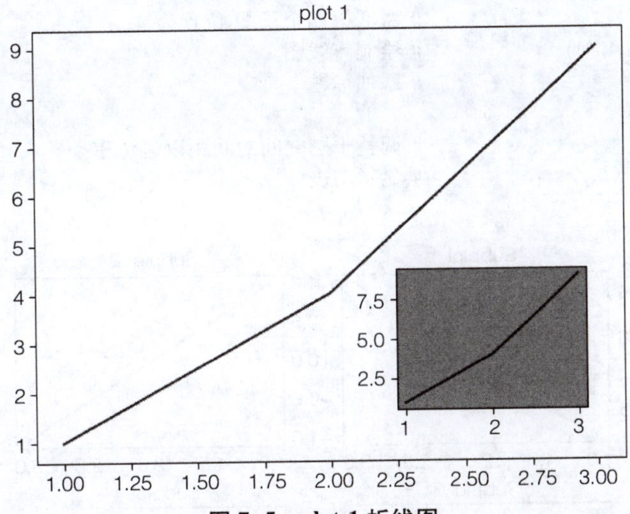

图 7-5　plot 1 折线图

3. subplot( )子图函数

subplot( )函数用于创建多子图布局，适用于需要同时展示多组相关数据或不同视角分析的场景(如对比实验效果、多变量关系可视化等)，能高效整合信息并避免生成多个独立图形。其基本语法格式如下：

```
subplot(nrows,ncols,index)
```

其中：

(1) nrows(整数，可选)：子图的行数。如果省略，则默认为 1。

（2）ncols（整数，可选）：子图的列数。如果省略，则默认为 1。

（3）index（整数，需）：当前子图的位置索引。

subplot（）函数通过指定网格的行数、列数和当前子图索引，将单一画布划分为多个子图区域，例如，plt. subplot（3,2,3）或 plt. subplot（323）都表示将画布划分为 3 行 2 列，共 6 个子图区域中，并激活其中的第 3 个子图。

例 7.6 使用 subplot（）函数，创建 2 行 2 列共 4 个子图，如图 7-6 所示。

代码如下：

```
import matplotlib.pyplot as plt              # 导入 matplotlib.pyplot 模块，别名 plt

plt.subplot(2,2,1)                           # 创建一个 2x2 的子图布局，并激活第一个子图(位置为 1)
plt.plot([1,2,3],[1,4,9])                    # 绘制直线图
plt.title('Subplot 1')                       # 添加标题

plt.subplot(2,2,2)                           # 激活第二个子图(位置为 2)
plt.plot([1,2,3],[1,0,-1])                   # 绘制直线图
plt.title('Subplot 2')                       # 添加标题

plt.subplot(223)                             # 激活第三个子图(位置为 3)
plt.plot([1,2,3],[9,4,1])                    # 绘制直线图
plt.title('Subplot 3')                       # 添加标题

plt.subplot(2,2,4)                           # 激活第四个子图(位置为 4)
plt.plot([1,2,3],[1,1,1])                    # 绘制直线图
plt.title('Subplot 4')                       # 添加标题

plt.tight_layout()                           # 调整子图之间的间距以避免重叠
plt.show()                                   # 显示图表
```

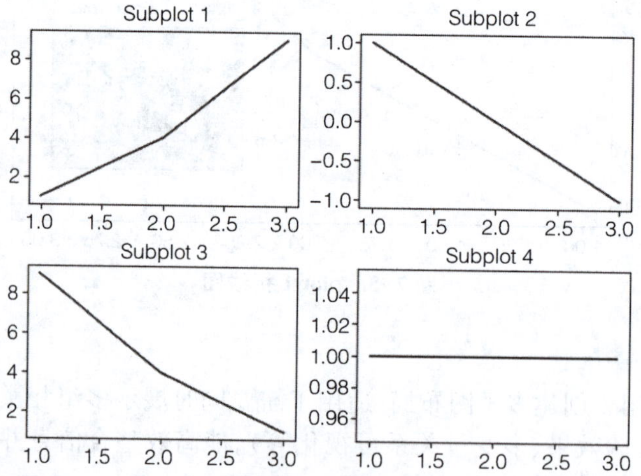

图 7-6 Subplot 子图

4. text（）添加文本函数

text（）函数允许用户在图表的指定位置添加文本注释。这个函数在数据可视化过程中

尤为重要，它可以帮助解释图表中的数据点、标注重要信息或添加标题和标签等。其基本语法格式如下：

```
plt.text(x,y,s[，修饰参数])
```

其中：

x 和 y（必需参数）：文本位置的横纵坐标，决定了文本在图表上的位置。可以是单独一组坐标、列表、NumPy 数组或类似的数据结构。

s（必需参数）：要添加的文本字符串。可以是单独一个字符串、列表、NumPy 数组或类似的数据结构。

常用可选修饰参数包括 fontsize（文本字体大小）、fontweight（字体粗细，如 light、normal、medium、semibold、bold、heavy、black 等）、color（文本颜色）、verticalalignment（垂直对齐方式，如 center、top、bottom、baseline）、horizontalalignment（水平对齐方式，如 center、right、left）、bbox（添加边框和背景色）、rotation（文本旋转角度）。

例 7.7 使用 text()函数，为折线图添加数据标签，如图 7-7 所示。

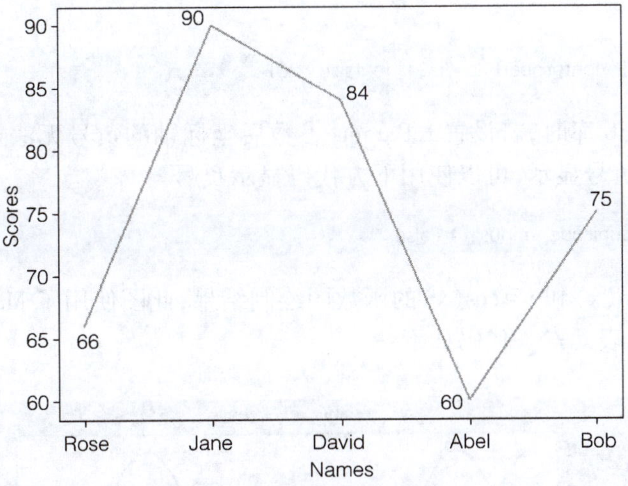

图 7-7 带数据标签的折线图

代码如下：

```
import matplotlib.pyplot as plt
score = [66,90,84,60,75]
name = ["Rose","Jane","David","Abel","Bob"]
plt.plot(name,score,color="pink")              # 绘制折线图
for i in range(5):                             # 利用 for 循环，为每根柱子添加标签文本
    plt.text(name[i],score[i],                 # 在 (name[i],score[i]) 位置添加文本
             score[i],                         # 文本内容为 score 里面的元素
             fontsize=14,                      # 字体大小为 14
             fontweight='bold',                # 字体加粗
             color='blue',                     # 文本颜色为蓝色
             verticalalignment='bottom',       #垂直对齐到底部
             horizontalalignment='left',       # 水平对齐到左侧
```

```
            rotation = 15)             # 文本旋转 15 度
plt.xlabel('Names')                    # 添加 x 轴标签
plt.ylabel('Scores')                   # 添加 y 轴标签
plt.show()                             # 显示图表
```

7.2.2 Matplotlib 库的中文显示方法

由于 Matplotlib 库默认不支持使用中文字符，若要显示中文，需要先确认系统已安装的中文字体，再通过修改 Matplotlib 库的 rcParams 参数设置字体，示例代码如下：

```
# 设置全局字体为 SimHei(黑体)
plt.rcParams['font.sans-serif'] = ['SimHei']
# 设置正常显示负号
plt.rcParams['axes.unicode_minus'] = False
```

如果需对图表中特定对象进行字体调整，可通过设置绘图函数的 fontproperties 参数来实现。例如，要设置标题特殊字体，可在设置标题的语句中增加字体参数的修改语句，代码如下：

```
plt.title(' 图表标题 ',fontproperties="LiSu",fontsize=20)
```

在使用 Matplotlib 库时，若设置 rcParams 参数后坐标轴的负号无法正常显示，可能是因为某些字体不支持负号显示，可以使用下方代码显示负号。

```
plt.rcParams['axes.unicode_minus'] = False
```

图 7-8 为 y=sin(x)和 y=cos(x)的函数图绘制结果，此图使用了 Matplotlib 中多种绘图函数，添加了多种图表元素。代码如下：

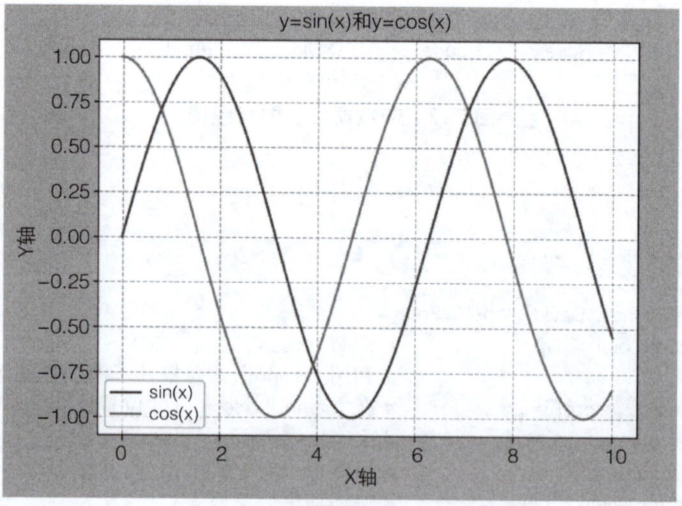

图 7-8 图表的中文显示

```
import matplotlib.pyplot as plt
```

```
import numpy as np

plt.rcParams['font.sans-serif'] = ['SimHei']

# 创建 x 和 y 数据
x = np.linspace(0,10,100)
y1 = np.sin(x)
y2 = np.cos(x)

# 绘图
plt.figure(facecolor='lightgray')
plt.axes(facecolor='white')
plt.plot(x,y1,label='sin(x)')
plt.plot(x,y2,label='cos(x)')  # 更新标签以匹配函数
plt.grid(True, linestyle='--',alpha=0.7)
plt.xlabel('X 轴')
plt.ylabel('Y 轴')
plt.title('y=sin(x)和 y=cos(x)',fontproperties="KaiTi",fontsize=18,color="red")
plt.legend()
plt.show()
```

上方代码中，rcParams 参数将画布中所有中文字体设置为黑体，title( )函数的 fontproperties 参数和 fontsize 参数为标题字体属性单独设置，调整其为 18 号的红色楷体文字。

在进行数据展示时，应选择清晰易读的字体来呈现图表信息，确保文字的可辨识度和整体视觉效果。Windows 系统下的常见字体及其应用场景见表 7-4。

表 7-4 Windows 系统常见字体

字体名称	英文名	特点描述	常见应用场景
宋体	SimSun	字形端庄、美观大方、清晰易读，具有稳重、传统的特点	正式、严肃的场景，如公文、报告
黑体	SimHei	字体较粗，具有醒目的效果	需要突出文字重点或强调的场景，如广告、海报设计等
微软雅黑	Microsoft YaHei	字形优美、易读易写，设计简洁大方，具有现代感，适合屏幕显示	各类商务文档和在线出版，如商务报告、PPT 演示等
仿宋	FangSong	字形与宋体相似，但笔画较细，风格介于宋体和楷体之间	书籍、杂志等出版物，适合文艺、轻松的场景
楷体	KaiTi	字形端庄、秀美，笔画流畅，结构严谨，展现古典美	古文、书法等需要独特氛围的场合
幼圆	YouYuan	字形圆润可爱，笔画流畅，有亲切感	儿童读物、卡通设计等场景
隶书	LiSu	字形扁平而平整，具有独特的艺术风格	需要展现传统文化韵味的场景，如书法、海报等

7.2.3 常用图表的绘制

本小节将以常见的折线图作为开篇，详细介绍其绘制方法。掌握折线图的绘制技巧后，其他类型图表的绘制方法可触类旁通，进一步拓展数据表达的可能性。

1. 折线图与 plot( ) 函数

折线图是一种用于显示数据变化趋势的图表类型，直观展示数据随某个变量的变化情况。折线图有着广泛的应用，例如展示股票价格、气温变化、销售额等时间序列数据，或实验测量数据、传感器数据等连续数据。折线图可以帮助用户快速识别数据中的趋势或周期性变化。

plot( ) 函数是 Matplotlib 库中用于绘制折线图的基本函数，它接收 x 和 y 坐标作为参数，并可以根据这些坐标绘制出相应的折线图。其基本语法格式如下：

```
plot(x,y,[ format_string],[ 修饰参数])
```

其中：

x 和 y(必需参数)：分别表示 x 轴和 y 轴的参数数据。

format_string(可选参数)：用于指定曲线的样式，如颜色、线型、标记等。

修饰参数(可选参数)：用于指定其他绘图参数，如标题、轴标签等。

例 7.8 已知(1, 2)、(2, 4)、(3, 1)是坐标轴上的三个点，使用 plot( ) 函数，基于这三个点绘制简单折线图。

此例中三个坐标点的 x 坐标为(1,2,3)，y 坐标为(2,4,1)。将其分别作为 plot( ) 函数的 x 和 y 参数，即可绘制出相应的折线图(图 7-9)。代码如下：

```
import matplotlib.pyplot as plt
plt.plot((1,2,3),(2,4,1))
plt.show()
```

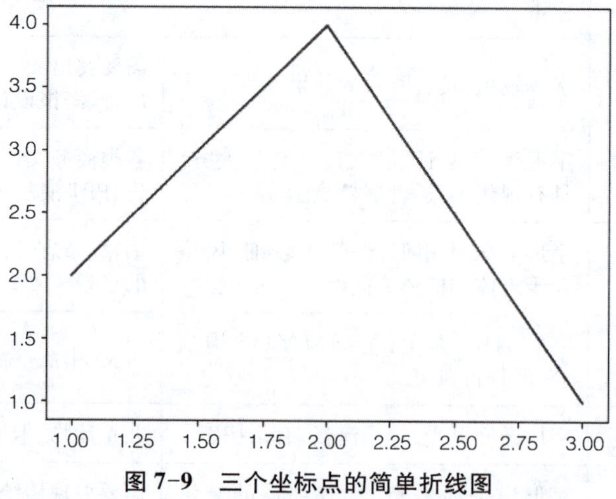

图 7-9 三个坐标点的简单折线图

如要绘制定制化的折线图，可以通过配置 plot( ) 函数的 format_string 参数和修饰参数来定制图形。

（1）format_string 参数

format_string 是一个组合字符串，可以简洁地通过定制线条颜色、数据点标记和线型来定制化设计折线图的显示。其基本语法格式如下：

```
format_string = '[color][line][marker]'
```

其中，参数 color 可以使用常见标准色指定线条颜色，line 可以指定折线图连接线的线型（表 7-5），marker 可以指定数据点的标记类型（表 7-6）。

表 7-5　常见线型代码

线型代码	线型名称
-	实线
--	虚线
-.	点划线
:	点线

表 7-6　数据点标记代码

标记代码	标记名称	标记代码	标记名称
.	点	>	右三角形
o	圆圈	s	正方形
V	倒三角形	*	星形
Λ	正三角形	×	叉号
<	左三角形	+	加号

若为例 7.8 的 plot( ) 函数配置 format_string 参数，例如设置其为 'r--o'，修改后的 plot( ) 函数代码如下方所示。此时，折线图将以红色虚线连接三个圆形坐标点，如图 7-10 所示。

```
plt.plot((1,2,3),(2,4,1),'r- - o')
```

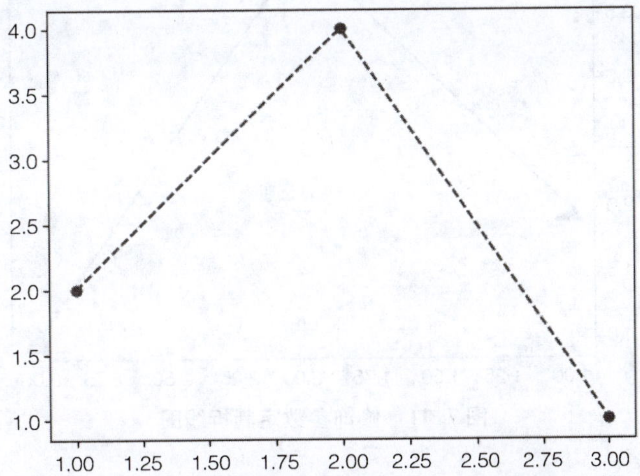

图 7-10　利用 format_string 参数定制折线图

（2）修饰参数

修饰参数可以更灵活地控制图形的其他属性，plot( ) 函数的常见修饰参数见表 7-7。

表 7-7　plot( ) 函数的常见修饰参数

修饰参数	参数作用
color 或 c	指定线条颜色，与 format_string 参数中的 color 功能相同，但优先级更高
linestyle	指定线型，与 format_string 参数中的 line 功能相同，但优先级更高

（续表）

修饰参数	参数作用
marker	指定数据点的标记类型，与 format_string 参数中的 marker 功能相同，但优先级更高
markersize 或 ms	指定标记的大小
markeredgecolor 或 mec	指定标记边缘的颜色
markerfacecolor 或 mfc	指定标记填充的颜色
linewidth 或 lw	指定线条的宽度
alpha	设置透明度（0 表示完全透明，1 表示完全不透明）
label	为数据系列指定标签，用于图例显示

若为例 7.8 的 plot( ) 函数配置修饰参数，例如，设置折线图的线条颜色为中紫罗兰红（MediumVioletRed），标记为三角形（边缘红色、填充绿色），标记大小为 16 号，修改后的 plot 函数代码如下方所示。此时的折线图如图 7-11 所示。

```
plt.plot((1,2,3),(2,4,1),c="MediumVioletRed",marker="^",ms=16,mec="r",mfc="g")
```

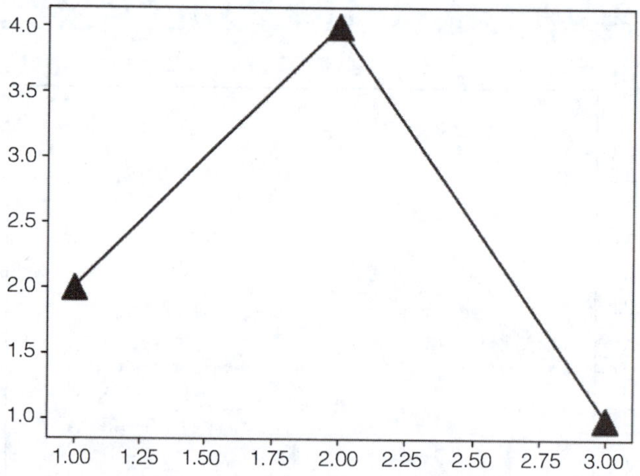

图 7-11　修饰参数定制折线图

例 7.9　下方数据为某地区四季的平均气温，使用图表展示该地区一年的气温变化情况。

表 7-8　某地区四季的平均气温

季节	春	夏	秋	冬
平均气温(℃)	21	37	18	7

此例可以使用折线图，以简洁的线条连接各季节的气温数据点，清晰展示气温随季节的变化趋势。无论展示单一地区还是多地区的气温变化，折线图都能很好地适应需求。代码如下：

```
import matplotlib.pyplot as plt
plt.rcParams['font.sans-serif'] = ['Microsoft YaHei']
season = ["春","夏","秋","冬"]
avg_temp = [21,37,18,7]
plt.plot(season,avg_temp, marker='*',linestyle='-')
plt.title('四个季节平均气温变化')
plt.xlabel('季节')
plt.ylabel('平均气温(℃)')
plt.text("夏",38,"37℃")
plt.ylim(0,45)
plt.grid(axis="y")
plt.show()
```

运行结果如图 7-12 所示。为了更方便地表达 x 轴和 y 轴坐标值,上方代码使用了 season 和 avg_temp 两个列表变量,分别存储季节和平均气温。为了凸显全年最高气温的夏季,使用了 text() 函数在夏季的数据点标记了当季的平均气温 37℃。而为了配合这句注释,避免画面高度过低,则使用 ylim() 函数控制 y 轴的坐标轴范围为 0~45℃,同时使用 grid() 函数为图表增加了横向网格线,便于识别各季度的平均气温。

上述案例都是通过在代码中输入数值来定义坐标点的位置。这在面对少量数据时可轻松完成。当面对大量数据时,可以选择通过数据文件读取来获取并分析数据,以增强自动化处理数据的能力。

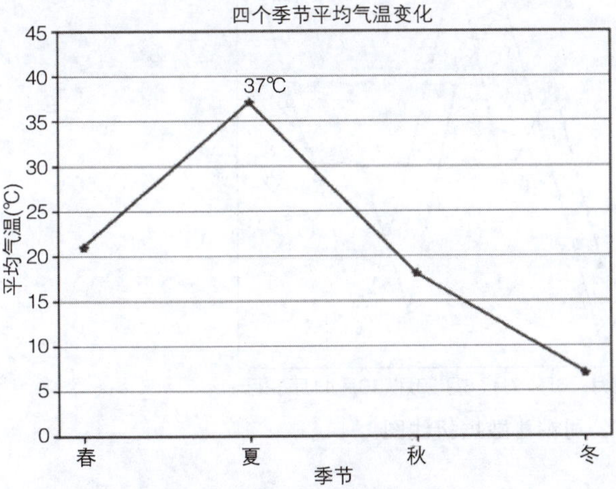

图 7-12　四个季节平均气温变化

	A	B	C
1	月份	2022年	2023年
2	1月	63464	34735
3	2月	59374	45445
4	3月	67362	43536
5	4月	43443	53466
6	5月	32343	42454
7	6月	53454	64532
8	7月	74532	52345
9	8月	64345	79643
10	9月	36768	54524
11	10月	55346	34564
12	11月	54554	56432
13	12月	74354	64575

图 7-13　Excel 文件存储的销售记录

例 7.10　如图 7-13 所示,全年销售记录. xlsx 文件中存储了某公司 2022 年和 2023 年的销售记录,对其数据进行分析。

为了分析某公司两年间的销售数据变化,可以将年份作为横坐标,将销售额作为纵坐标,通过折线的走势直观展示销售额情况,并结合分析为公司的未来决策提供数据支持。使用 Pandas 库可以快速读取其中的数据。代码如下:

```
import pandas as pd
import matplotlib.pyplot as plt
```

```
# 利用 pandas 库读取 Excel 文件数据
data = pd.read_excel(' 全年销售记录.xlsx')
month = data['月份']
y_2022 = data['2022 年']
y_2023 = data['2023 年']

# 利用 matplotlib 库作图
plt.rcParams['font.sans- serif'] = 'SimHei'
plt.rcParams['font.size'] = 12
plt.title(' 销售分析 ')
plt.plot(month, y_2022, 'r- *', label = "2022 年")
plt.plot(month, y_2023, 'g- - *', label = "2023 年")
plt.legend(loc = "upper right")
plt.show()
```

运行结果如图 7-14 所示。

由于绘制的图表上有两个年份的折线，所以需要使用 plt. legend( )语句为图表添加图例。注意，legend( )函数需要在 plot( )函数中配合设置 label 参数，点明两条折线的各自身份。上方代码还为图例设置了 loc 参数，将其定位在图表右上角。

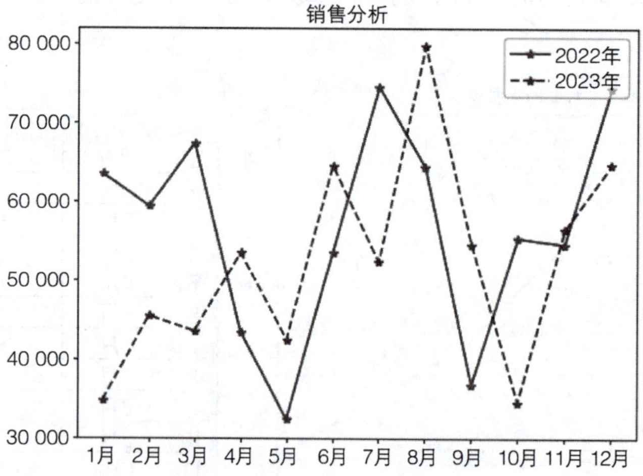

图 7-14　某公司销售数据折线图

2. 散点图与 scatter( )函数

散点图又称为散布图，是通过点在二维坐标系中的分布展示两个变量间关系的图表。散点图适合大规模数据的初步分析，可以快速识别数据的聚集区域、离群点等。

scatter( )函数用于创建散点图，其常用参数见表 7-9。

表 7-9　scatter( )函数的常用参数

参数名称	参数作用
x	x 轴坐标值
y	y 轴坐标值

（续表）

参数名称	参数作用
color 或 c	控制点的颜色
alpha	控制点的透明度(0 为完全透明,1 为不透明)
marker	定义点的形状
s	控制点的大小
edgecolor	控制点边缘的颜色

例 7.11 已知某公司关于广告投入费用和转化率的数据存放于广告投入与转化率.xlsx文件内(图 7-15),对该数据进行分析。

	A	B
1	广告投入预算（千元）	转化率（%）
2	10	6.06
3	14.74	7.16
4	19.47	7.03
5	24.21	7.29

图 7-15　某公司广告投入费用和转化率数据

此例可以使用 Pandas 库读取 Excel 文件中的数据,并使用散点图进行分析。代码如下:

```
import pandas as pd
import matplotlib.pyplot as plt

plt.rcParams['font.sans-serif'] = 'SimHei'
plt.rcParams['font.size'] = 12

#读取 Excel 文件
df = pd.read_excel('广告投入与转化率.xlsx')

#绘制散点图
plt.figure(figsize=(10,6))
plt.scatter(df['广告投入预算(千元)'],df['转化率(%)'],color='g',alpha=0.7)
plt.title('广告投入与转化率关系散点图')
plt.xlabel('广告投入预算(千元)')
plt.ylabel('转化率(%)')
plt.grid(True, linestyle='--',alpha=0.5)
plt.savefig('广告投入与转化率散点图.png')  # 保存图像
plt.show()
```

上方代码中,savefig( )函数使用了文件的相对路径,以生成图片文件。运行结果如图 7-16 所示,广告投入与转化率之间呈现明显的正相关关系,但转化率并非随广告投入线性增长。在投入较低和较高区域,转化率的增长趋势可能放缓或出现波动。这可能是因为样本量较少,也可能是因为在这些投入水平下,其他因素对转化率的影响更为显著(如广告创意、投放渠道、目标受众等)。若能结合其他因素的相关数据进行分析,可以提供更精准的业务建议和运营策略分析。

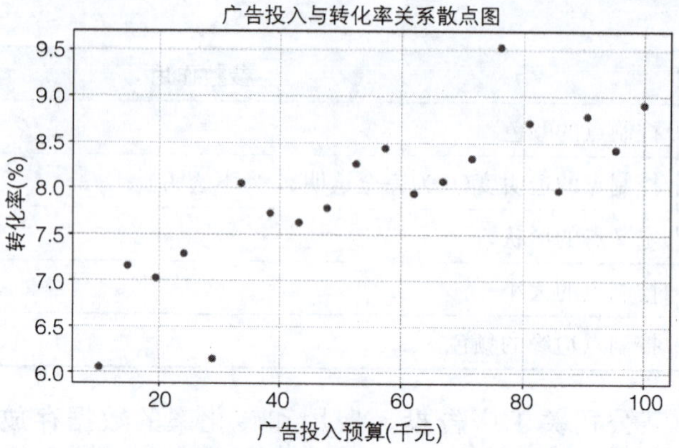

图 7-16　广告投入与转化率关系散点图

3. 柱形图 bar( ) 函数与条形图 barh( ) 函数

柱形图与条形图可以用矩形条的高度或长度来表示数据大小,常用于数据对比、趋势分析、分类数据展示等,也可以用于强调数值差异。条形图为水平状的柱形图。bar( ) 和 barh( ) 函数可分别创建柱形图和条形图,其常用参数见表 7-10。

表 7-10　bar( ) 和 barh( ) 函数的常用参数

参数名称	参数作用
x	矩形条的 x 坐标
y	矩形条的 y 坐标
color	颜色
width	矩形条的宽度,默认值为 0.8
bottom	矩形条底部的 y 坐标
align	矩形条与 x 坐标的对齐方式。 center:将矩形条的中心对齐到 x 坐标位置。 edge:将矩形条的左边界对齐到 x 坐标位置。 如果希望将矩形条对齐到右边界,可以传递一个负值的 width,并设置 align = 'edge'

例 7.12　使用 bar( ) 函数,绘制简单的柱形图,如图 7-17 所示。

代码如下:

```
import matplotlib.pyplot as plt                          # 导入 matplotlib.pyplot 模块。别名 plt
plt.rcParams['font.sans- serif'] = ['SimHei']            # 使用 SimHei 字体显示中文
categories = ['A 组','B 组','C 组','D 组']               # 数据,数据 x 轴坐标
values = [23,45,56,78]                                   # 数据,柱形图的高度
plt.bar(categories,values, color='blue',edgecolor='black',
        linewidth=1.5,label='Category values')           # 创建柱形图
plt.title('简单条形图')                                   # 添加标题
plt.xlabel('类别')                                        # 添加 x 轴标签
plt.ylabel('值')                                          # 添加 y 轴标签
plt.legend()                                              # 添加图例
plt.show()                                                # 显示图表
```

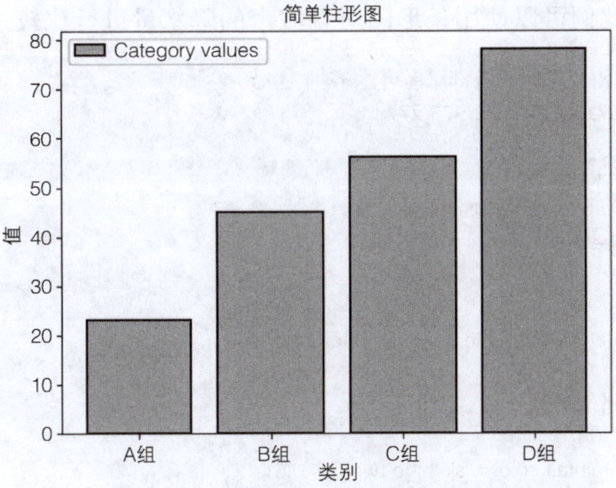

图 7-17　**bar( ) 函数柱形图**

若要将上图转换为条形图，可以使用 plt. barh( ) 函数，并将 x 轴和 y 轴进行反转。修改后的程序运行结果如图 7-18 所示。

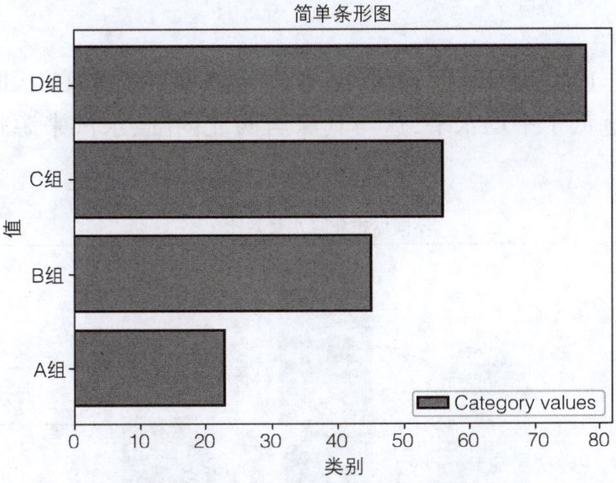

图 7-18　**barh( ) 函数条形图**

例 7. 13　已知 5 个城市的年降水量(毫米)(表 7-11)，根据数据分析各城市的降水量情况。

表 7-11　5 个城市年降水量情况

城市	年降水量(毫米)
北京	571
上海	1 214
广州	1 672
成都	978
乌鲁木齐	277

针对上述数据，此例可以使用条形图对各城市的降水量进行比较。代码如下：

```
cities = ['北京','上海','广州','成都','乌鲁木齐']
annual_rainfall = [571,1214,1672,978,277]

import matplotlib.pyplot as plt
plt.rcParams['font.sans- serif'] = 'SimHei'
plt.rcParams['font.size'] = 12

#计算平均降水量
average = sum(annual_rainfall) / len(annual_rainfall)

#使用 bar()函数绘制条形图
plt.figure(figsize=(12,6))
plt.bar(cities,annual_rainfall,color='skyblue',width=0.6)
plt.title('不同城市年降水量对比')
plt.xlabel('城市')
plt.ylabel('年降水量(mm)')
plt.axhline(average,color='red',linestyle='--',linewidth=1)  # 添加平均降水量参考线
plt.text(plt.xlim()[1]*0.95,average,f'全国平均:{average:.1f} mm',color='red', va='center')
plt.savefig('不同城市年降水量对比_带参考线.png')  # 保存图像
plt.show()
```

运行结果如图 7-19 所示，可以看到，南方城市降水量普遍高于北方城市且高于平均值，乌鲁木齐降水量远低于平均水平，这与其深居西北内陆、水汽来源较少的地理位置密切相关。

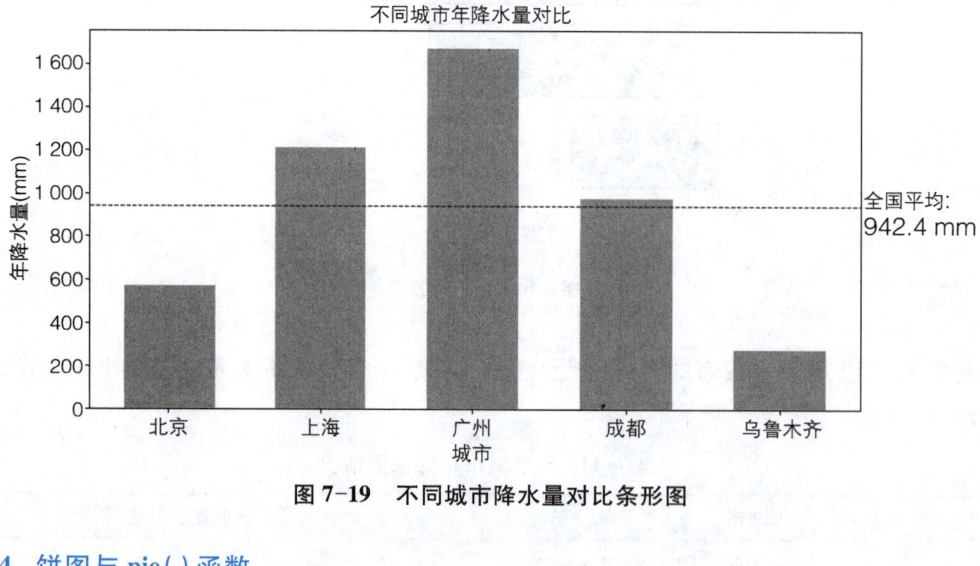

图 7-19　不同城市降水量对比条形图

4. 饼图与 pie( ) 函数

饼图是一种圆形图表，用于展示各类数据在整体中的占比情况。它将一个圆分割成多个扇形区域，每个扇形区域的大小代表其分类所占的比例。饼图适用于显示份额、占比等信息，如不同客户群体的市场份额、人口比例等，也适用于强调整体与部分的关系，识别主要因素和次要因素。pie( ) 函数可以用于绘制饼图，其常用参数见表 7-12。

表 7-12　pie( ) 函数的常用参数

参数名称	描述
x	一维数组,扇形的大小
explode	一个长度为 len(x) 的数组,指定每个扇形的偏移比例。默认值为 None
labels	一个字符串序列,为每个扇形提供标签
colors	一个颜色序列,饼图将按此顺序循环使用颜色。默认值为 None
autopct	一个字符串或函数,用于标记扇形的标签数值。如果 autopct 是格式字符串,则标签为 fmt % pct;如果是函数,则会调用该函数。默认值为 None
radius	浮点数,饼图的半径

例 7.14　某网站统计其访问量的来源分布(表 7-13)。使用饼图展示各类访问来源的占比情况,并调整饼图的颜色,使图表更加美观。

表 7-13　网站访问量来源分布

来源	访问量
直接访问	5 019
搜索引擎	3 692
社交媒体	1 582
广告	685
其他	527

此例可以使用字典来存储网站的访问量情况,代码如下:

```
import matplotlib.pyplot as plt

data = {
    '直接访问':5019,
    '搜索引擎':3692,
    '社交媒体':1582,
    '广告':685,
    '其他':527
}
categories = data.keys()
values = data.values()

# 绘制饼图
plt.figure(figsize=(8,8))
plt.pie (values,explode = [0,0,0,0.1,0],labels = categories,autopct = '%1.1f%%',startangle = 90,colors =
['skyblue','orange','lightgreen','yellow','pink'])
plt.title(' 网站访问来源分布 ')
plt.legend(categories)

# 保存并显示图表
plt.savefig('网站访问来源分布.png')
plt.show()
```

上方代码利用字典键值对的属性，通过 keys()、values()方法分别获得访问来源和对应的访问量。运行结果如图 7-20 所示，可以看到，直接访问和搜索引擎是网站访问量的主要贡献者，广告贡献相对较小，可以考虑更换广告方式或者增加广告投入，以提高访问量。

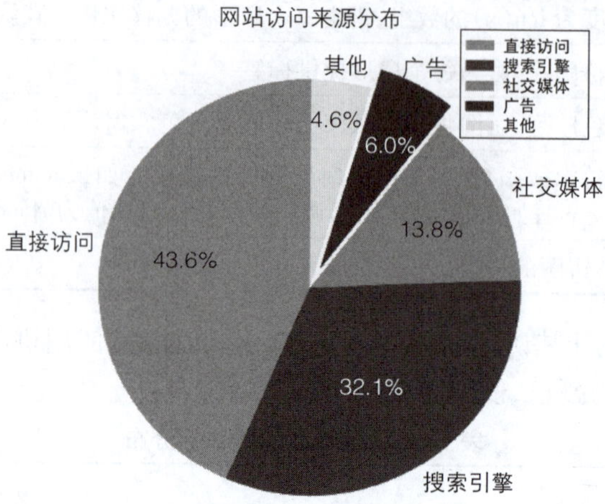

图 7-20　网站访问来源分布饼图

5. 气泡图

气泡图是一种多变量数据可视化图表，它扩展了散点图的功能。气泡图在散点图的基础上，可以通过点的大小来表示第三个变量，还可以通过点的颜色表示第四个变量。

例 7.15　某商场公司 100 位不同等级的用户购买行为数据存放于商场用户行为数据.xlsx 文件中(图 7-21)，对数据进行分析。

	A	B	C	D	E
1	用户ID	购买次数	平均购买金额（元）	总消费金额（元）	用户等级
2	U001	15	1188	17820	VIP用户
3	U002	14	438	6132	VIP用户
4	U003	4	225	900	普通用户

图 7-21　商场用户购买行为数据(部分)

此例中的数据包含 1 个分类字段(用户等级)和 3 个数值型字段(购买次数、平均购买金额和总消费金额)，适合使用气泡图进行展示。可以将平均购买金额和总消费金额分别放于 x 轴和 y 轴展示，购买次数以数据点大小展示，不同用户等级使用不同颜色展示。代码如下：

```
import pandas as pd
import matplotlib.pyplot as plt

plt.rcParams['font.sans-serif'] = 'SimHei'
plt.rcParams['font.size'] = 12

# 将字典转换为 Pandas DataFrame
df = pd.read_excel("商场用户行为数据.xlsx")

# 将用户等级转换为数值,以便进行颜色映射
```

```
    level_to_num = {'普通用户':0,'VIP 用户':1,'超级 VIP 用户':2}
    df['用户等级_数值'] = df['用户等级'].map(level_to_num)

    # 绘制气泡图
    plt.figure(figsize=(10,6))
    scatter = plt.scatter(df['总消费金额(元)'],df['平均购买金额(元)'],s=df['购买次数']*10,c=df['用户等
级_数值'],alpha=0.6,cmap='viridis')
    plt.title('电商平台用户行为分析')
    plt.xlabel('总消费金额(元)')
    plt.ylabel('平均购买金额(元)')

    # 添加颜色条
    cbar = plt.colorbar(scatter)
    cbar.set_ticks([0,1,2])
    cbar.set_ticklabels(['普通用户','VIP 用户','超级 VIP 用户'])
    cbar.set_label('用户等级')

    # 保存并显示图表
    plt.savefig('商场用户行为分析.png')
    plt.show()
```

运行结果如图 7-22 所示，颜色条用以展示不同用户等级的颜色。经分析得出，消费金额较高的用户，其每次消费的金额也相对较高，消费行为具有稳定性与持续性。相反，低消费金额的用户的数据点较小，消费次数相对较少。气泡图中还存在一些异常点。在总消费金额较低的区域，存在平均消费金额相对较高的数据点。这些用户虽然消费次数不多，但每次消费金额较高，用户可能有高消费习惯或是有偶尔的大宗采购，但是因为缺乏对商场的忠诚度，无法形成持续的消费习惯，商场可以提供更多的高价值产品和服务增加此类用户黏性。

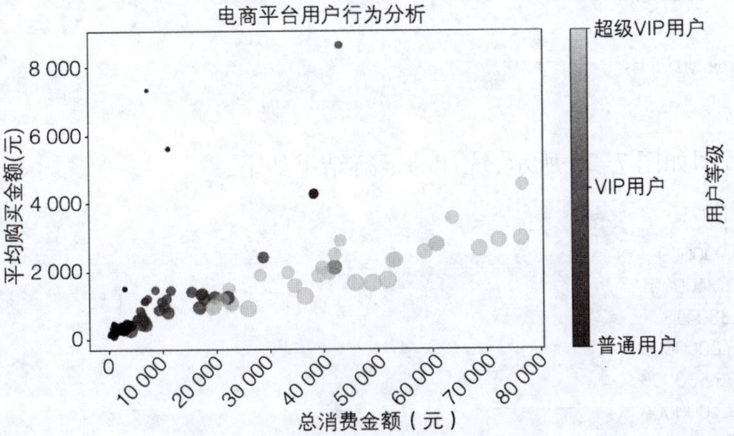

图 7-22　商场用户行为分析气泡图

6. 箱线图

箱线图又称盒须图，用于显示数据分布情况的统计图表。它通过五个数值点（最小值、第一四分位数、中位数、第三四分位数、最大值）来展示数据的中心趋势和离散程度。箱线图能够快速识别数据中的异常值，还可以帮助比较不同组别的数据分布。boxplot( )函数可

以绘制箱线图。

例 7.16 scores.xlsx 文件中存储了 A 班和 B 班的计算机成绩,使用箱线图对两个班的成绩进行分析和比较。

此例可以首先通过读取 Excel 文件获取 A 班和 B 班的成绩数据,然后生成箱线图直观对比两班成绩分布特征,并进一步计算均值、标准差、四分位数等统计指标进行量化分析。代码如下:

```
import pandas as pd
import matplotlib.pyplot as plt

# 读取数据
file_path = 'scores.xlsx'
df = pd.read_excel(file_path)
class_a = df[df['班级'] == 'A 班']['成绩']
class_b = df[df['班级'] == 'B 班']['成绩']

# 绘制箱线图
plt.figure(figsize=(10,6))
plt.boxplot([class_a,class_b],labels=['A 班','B 班'],patch_artist=True)
plt.title('A 班和 B 班成绩箱线图')
plt.ylabel('成绩')
plt.savefig('class_comparison_boxplot.png')

# 统计分析
stat_a = class_a.describe()
stat_b = class_b.describe()

# 打印统计结果
print("A 班成绩统计:")
print(stat_a)
print("\nB 班成绩统计:")
print(stat_b)
```

生成的箱线图如图 7-23 所示,统计的运行结果如下:

```
A 班成绩统计:
count    50.000000
mean     72.740000
std       9.380418
min      55.000000
25%      66.500000
50%      73.000000
75%      78.000000
max      94.000000
Name:成绩,dtype:float64

B 班成绩统计:
count    50.000000
mean     80.180000
std      10.471906
```

```
min         49.000000
25%          74.000000
50%          80.500000
75%          86.750000
max         99.000000
Name:成绩,dtype:float64
```

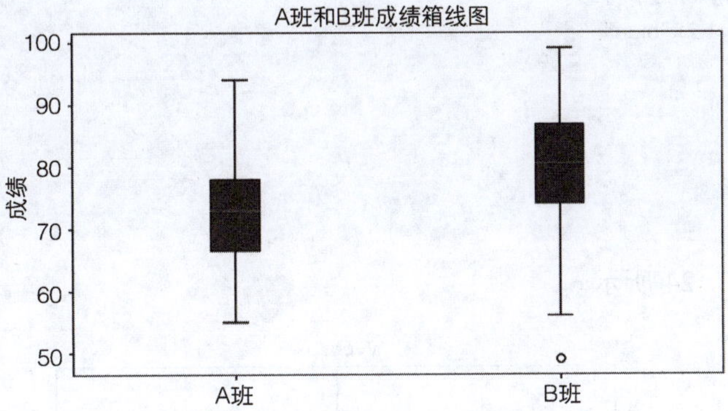

图 7-23　A 班和 B 班成绩箱线图

由图 7-23 可知,从整体水平看,B 班平均成绩和中位数均高于 A 班。从离散程度看,B 班标准差和四分位距均大于 A 班,B 班成绩分布更分散。在低分段中,A 班 25%分位数显著低于 B 班,需关注 A 班成绩靠后学生。总体来说,B 班整体表现更优,但其内部差异更大,且存在一个异常值。

7.2.4　函数图与艺术图

绘制函数图可以将抽象的数学关系转化为直观的视觉表达,在科学计算、数据分析、教学演示和工程应用中具有不可替代的价值。Matplotlib 库配合 NumPy 库,可以绘制函数图。

1. 函数图的绘制步骤

(1) 导入库:输入下方命令。

```
import matplotlib.pyplot as plt
import numpy as np
```

(2) 准备数据:使用 NumPy 库的 arange( ) 函数或 linspace( ) 函数生成数据点对应的 x 坐标和 y 坐标。

(3) 绘图:使用 plot(x,y) 函数绘制函数图及参考线。

(4) 添加图表元素:根据需要添加包括标题、轴标签、图例、网格等图表元素。

(5) 显示图表:使用 plt. show( ) 函数显示生成的图表。

例 7.17　绘制 x 坐标在 $-2\pi \sim 2\pi$ 范围内的余弦函数图。

此例可以通过 NumPy 库的 arange( ) 函数产生一组数值作为 x 轴坐标值,并计算对应的正弦函数值作为 y 轴坐标值。使用 matplotlib. pyplot 子库绘制图形。代码如下:

```
import matplotlib.pyplot as plt
import numpy as np
```

```
# 生成数据
x = np.arange(- 2*np.pi ,2*np.pi,0.01)
y = np.cos(x)

# 绘制图像
plt.plot(x,y,color='red')
plt.plot((- 7,7),(0,0),"blue")
plt.plot((0,0),(- 1.2,1.2),"blue")
plt.title("y=cos(x)")
plt.xlabel("x")
plt.ylabel("y")
plt.grid(True)
plt.show()
```

运行结果如图 7-24 所示。

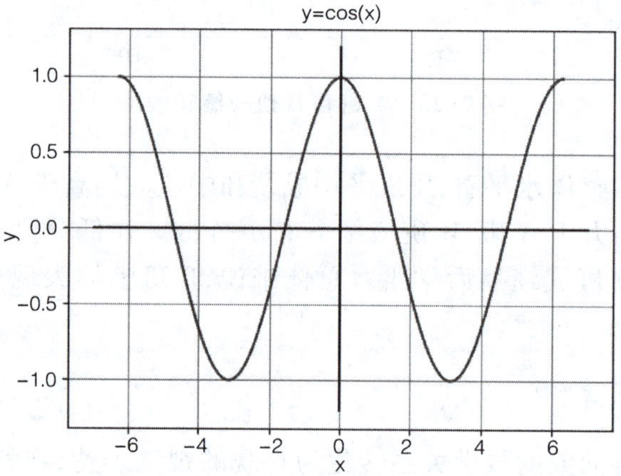

图 7-24　余弦函数图

绘图时，步长的设置与绘图的采样密度密切相关，合适的步长可以使余弦曲线呈现平滑且细节丰富的效果，同时还需平衡计算效率与视觉质量。图 7-25 分别为步长为 0.5 和 1

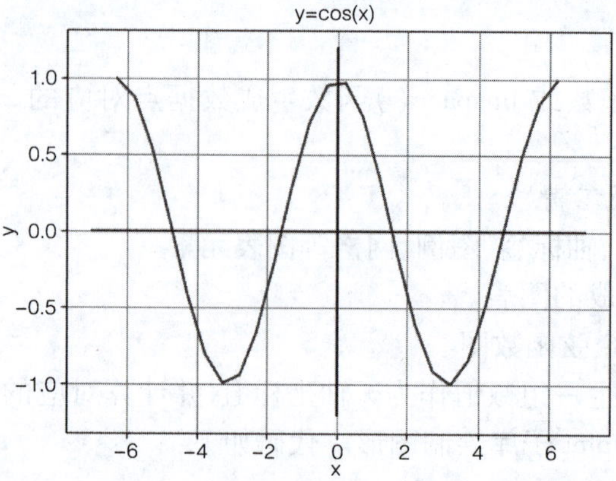

（a）步长＝0.5

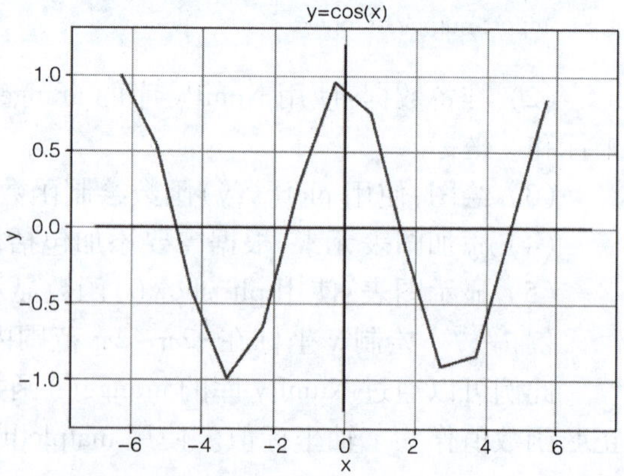

（b）步长＝1

图 7-25　不同步长的余弦函数图

时的运行结果,可以看到,过大的步长会导致曲线不平滑,从而无法准确捕捉函数的连续变化,丢失函数细节。

例 7.18　一维高斯函数的公式为 $f(x)=ae^{-(x-b)^2/2c^2}$,绘制当 a、b 和 c 为不同值时的高斯函数图。其中,a、b 和 c 的值见表 7-14。

表 7-14　高斯函数中 a、b 和 c 的取值

a	b	c
1	0	1
2	1	2
0.5	−2	0.5

此例为了绘制不同参数组合下的一维高斯函数图,并为每条曲线的峰值位置添加对应参数的标签说明,可通过导入 matplotlib. pyplot 子库和 Numpy 库进行绘制。代码如下:

```
import matplotlib.pyplot as plt
import numpy as np

plt.rcParams['font.sans-serif'] = 'SimSun'
plt.rcParams['axes.unicode_minus'] = False

# 定义 x 范围和不同参数组合
x = np.linspace(-10,10,400)
parameters = [
    (1,0,1),
    (2,1,2),
    (0.5,-2,0.5)
]

# 绘制不同参数的高斯函数图及添加图表元素
for a,b,c in parameters:
    y = a*np.exp(-(x-b)**2/(2*c**2))
    plt.plot(x,y,label=f'a={a},b={b},c={c}')
plt.title('不同参数的高斯曲线')
plt.xlabel('x')
plt.ylabel('y')
plt.legend()
plt.grid(True)
plt.show()
```

运行结果如图 7-26 所示。上方代码的 parameters 列表中存储了不同 a、b、c 值组合成的元组,每个元组代表一组参数。np. linspace( )函数生成-10~10 的 400 个均匀分布的点,作为自变量 x 的取值。由于三组参数需要绘制三次高斯函数,所以可以通过循环遍历 parameters 列表,针对每组参数计算对应的高斯函数值 y,并使用 plt. plot(x,y)函数分三次绘制曲线。

例 7.19　已知圆的极坐标方程如下,绘制一个圆。

$$\begin{cases} x = r\cos\theta \\ y = r\cos\theta \end{cases}$$

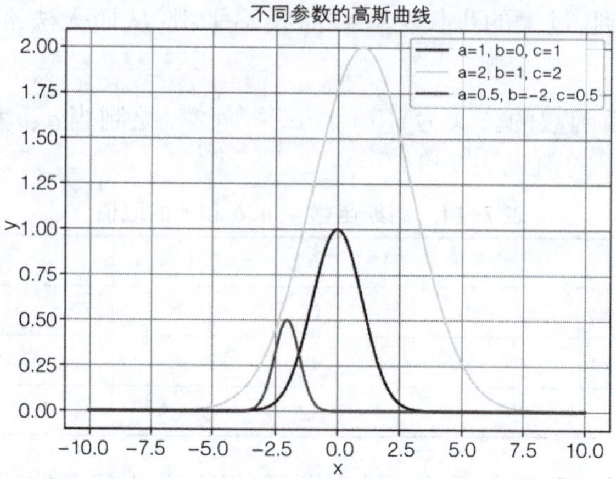

图 7-26　不同参数的高斯曲线

其中，r 为圆的半径，θ 为角度（$0\sim2\pi$）。

此例圆的参数中，角度 theta 为 $0\sim2\pi$ 间连续变化的值，所以可以使用 NumPy 库生成 0 到 2π 之间的角度数据。再结合圆的参数方程分别计算 x 坐标和 y 坐标，绘制圆的轮廓。代码如下：

```
import numpy as np
import matplotlib.pyplot as plt

# 定义圆的半径并生成数据
r = 4
theta = np.arange(0,2*np.pi,0.01)
x = r*np.cos(theta)
y = r*np.sin(theta)

# 绘图
plt.plot(x,y)
plt.axis('equal')                    # 设置坐标轴比例相等,确保圆不被拉伸
plt.show()
```

运行结果如图 7-27 所示。由于默认产生的画布为长方形，可以通过设置坐标轴比例相等确保圆不变形。通过控制画布比例也可达到同样效果，代码如下：

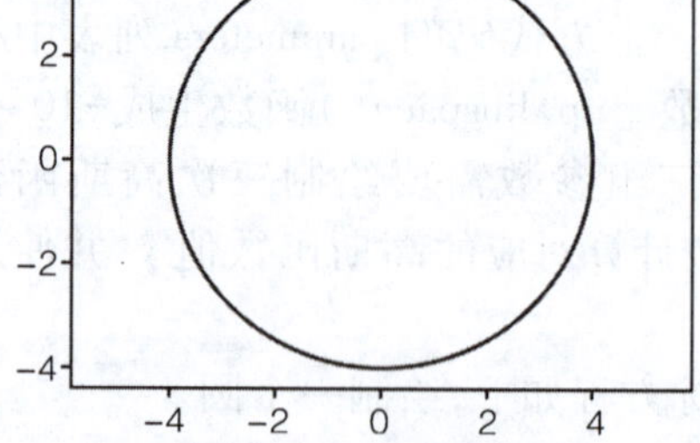

图 7-27　圆的绘制

```
plt.figure(figsize = (5,5))                # figsize 的值为等比例的合适画布大小及比例即可
```

2. 艺术图

借助数学函数的变化和组合可以创造出常规绘画方式难以实现的复杂而独特的图案，为艺术创作提供全新的视觉元素和表现手法。例如，分形艺术中使用迭代函数系统生成的自相似图形，可以呈现出无限精细且富有规律的美感，为艺术创作开辟了新的方向。

例 7.20　已知数字花朵的极坐标函数方程如下，使用 Python 绘制图形。

$$\begin{cases} x = [1 + 0.5\cos(a\theta)]\cos\theta \\ y = [1 + 0.5\cos(a\theta)]\sin\theta \end{cases}$$

其中，a 为花瓣数量，θ 为角度（$0 \sim 2\pi$）。

此例可以通过极坐标函数方程生成花朵图案。用户可以自定义输入花瓣数量 a，根据角度 θ 在 $0\sim2\pi$ 范围内连续变化，调整 x 坐标和 y 坐标，生成花朵图形。代码如下：

```
import matplotlib.pyplot as plt
import numpy as np

plt.rcParams['font.sans- serif'] = 'FangSong'
plt.rcParams['axes.unicode_minus'] = False

a = int(input("请输入花瓣数量:"))  # 控制花瓣数量

theta = np.linspace(0,2*np.pi,1000)
x = (1 + 0.5*np.cos(a*theta))*np.cos(theta)
y = (1 + 0.5*np.cos(a*theta))*np.sin(theta)
plt.plot(x,y,color = 'purple',linewidth = 1.5)
plt.fill(x,y,"yellow",alpha = 0.3)   # 半透明填充
plt.title("数字花朵")
plt.axis('equal')  # 保证比例正确
plt.show()
```

当花瓣数 a 为 30 时，运行结果如图 7-28 所示。可以看到，紫色线条勾勒花瓣轮廓，半透明黄色填充花瓣区域，形成一朵具有数学规律的数字花朵。

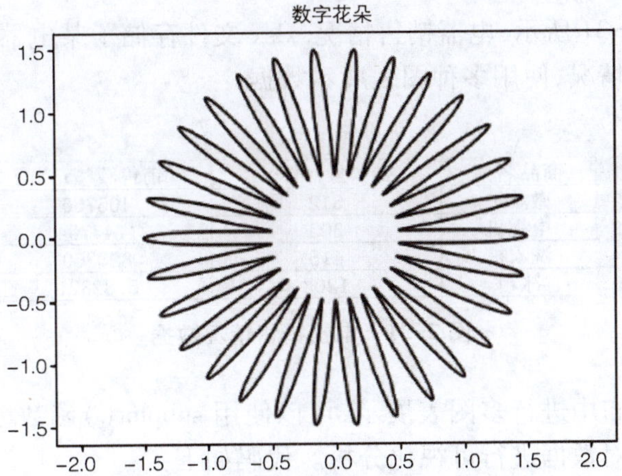

图 7-28　花瓣数为 30 的数字花朵

若想增加更丰富的效果，可以通过配合 random 库等多种方式，制作带花蕊或多层花瓣效果的艺术效果，如图 7-29 和图 7-30 所示。花朵中心随机生成点，以模拟花蕊的效果。np. random. rand( )是 NumPy 库提供的随机数生成函数，它的作用是在[0, 1)范围内均匀分布地生成随机浮点数。可在上方数字花朵代码的基础上，增加如下绘制花蕊的代码：

```
# 在中心区域随机生成一些点
n_points = 700  # 点的数量
r = 0.5*np.random.rand(n_points)  # 随机半径，如限制在 0.15 内
theta_r = 2*np.pi*np.random.rand(n_points)  # 随机角度
x_r = r*np.cos(theta_r)  # 点的 x 坐标
y_r = r*np.sin(theta_r)  # 点的 y 坐标

# 绘制花蕊点，使用橙色
plt.scatter(x_r,y_r,color='orange',s=30,alpha=0.7)  # s 控制点的大小
```

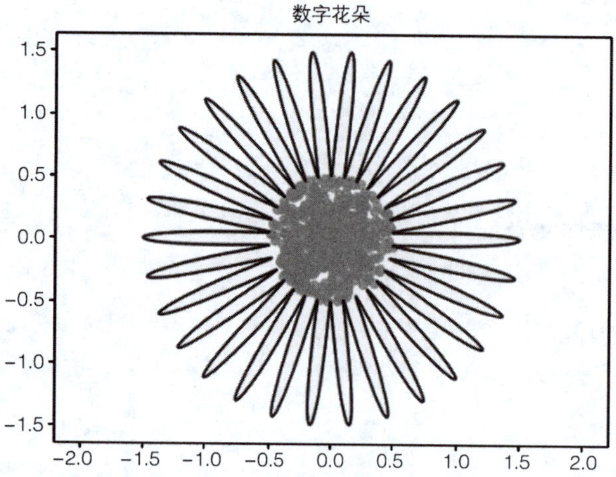

图 7-29　有花蕊的数字花朵

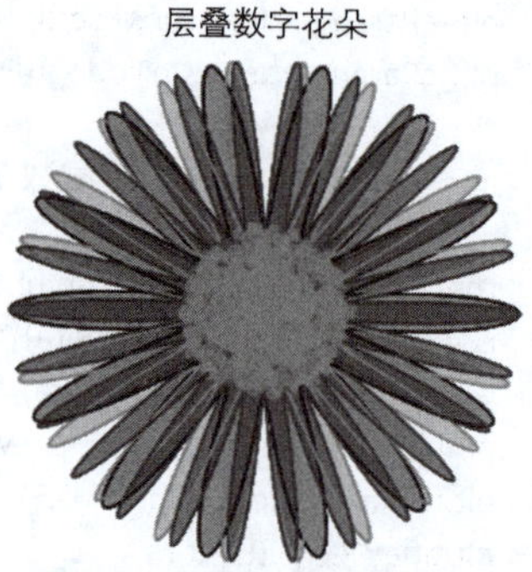

图 7-30　层叠数字花朵图

§7.3　应用案例

例 7.21　如图 7-31 所示，电器销售情况. xlsx 文件存储了某电器商店微波炉、电视机、洗衣机和冰箱的销售情况，使用多种图表展示数据。

	A	B	C
1	商品名称	销售量（件）	销售额（元）
2	微波炉	612	405756
3	电视机	303	1747704
4	洗衣机	415	823360
5	冰箱	1203	5782821

图 7-31　电器销售情况数据

此例要在一个画布中进行多图表展示，可以使用 subplot( )函数创建多个子图，在各子图中分别绘制图表以对数据进行可视化分析。代码如下：

```
import matplotlib.pyplot as plt
import pandas as pd

df = pd.read_excel("电器销售情况.xlsx")
plt.rcParams['font.sans-serif'] = ['KaiTi']
plt.figure(dpi = 80)

# 绘制折线图
plt.subplot(221)
plt.plot(df['商品名称'],df['销售量(件)'],"r--^")
plt.xlabel('商品名称')
plt.ylabel('销售量')

# 绘制饼图
plt.subplot(222)
plt.title("销售额情况")
explode = (0,0.1,0,0)
plt.pie(df['销售额(元)'],labels = df['商品名称'],autopct = '% 1.2f%%')

# 绘制条形图
plt.subplot(223)
plt.bar(df['商品名称'],df['销售额(元)'])
plt.xlabel('商品名称')
plt.ylabel('销售额')

# 绘制散点图
plt.subplot(224)
plt.scatter(df['销售量(件)'],df['销售额(元)'],c = 'b',marker = "o")
plt.xlabel('销售量')
plt.ylabel('销售额')

# 显示图形
plt.show()
```

运行结果如图 7-32 所示。可以看到，冰箱在销售量和销售额上均占据绝对主导地位，微波炉销售表现较弱。数据表明冰箱是核心盈利产品，需保持其市场优势；电视机和洗衣机需巩固现有地位；微波炉则需通过产品创新或促销策略提升竞争力。

数据分析中使用的基础图形各有特点，选择合适的图形可以直观地展示数据的特征、关系和趋势，帮助分析人员快速理解数据，发现有价值的信息。在实际应用中，应根据数据的特点和分析目标选择合适的图表类型。

例 7.22　利用 Pandas 库访问配套素材中学生成绩. xlsx 文件内容，并输出学生成绩的柱形图。

学生成绩. xlsx 文件包含了学院名称、学生编号、考试科目和分数 4 个字段。代码如下：

```
import pandas as pd                      # 导入 pandas 模块，别名 pd
df = pd.read_excel('学生成绩.xlsx')       # 读取 Excel 文件
print(df.head())                         #显示前几行数据
```

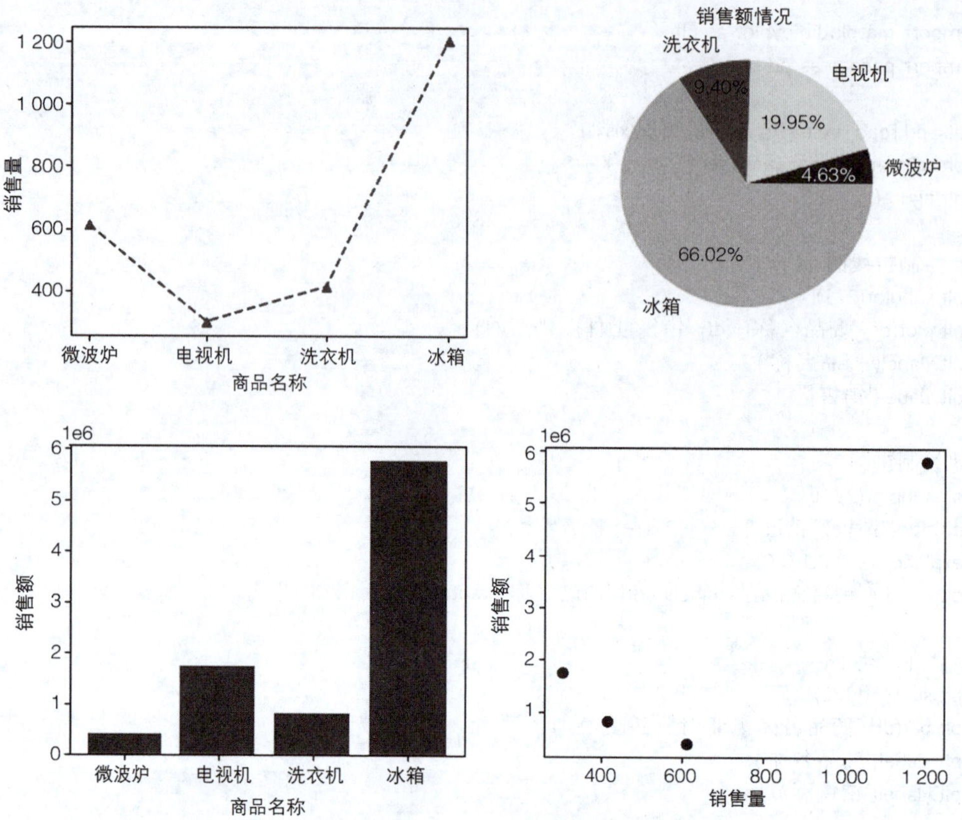

图 7-32　使用 **subplot( )** 函数绘制多子图

运行结果如下：

```
     学院名称      学生编号   考试科目   分数
0   大连海事大学   F2526872    数学     99.6
1   大连海事大学   F2526918    数学     70.5
2   大连海事大学   F2991398    科学     78.7
3   河北师范大学   F2992996    科学     82.6
4   河北师范大学   F2993040    科学     78.4
```

输出结果中，学院名称这列的前面多出了一列编号，这是因为没有指定索引列。为了避免这个情况，可以在输出前添加以下代码，指定所有列为学院编号后再输出。

```
df = df.set_index('学院名称')#假设索引列为学院名称，否则将会自动生成数字列作为索引列
```

更新代码后，运行结果如下：

```
  学院名称      学生编号   考试科目   分数
大连海事大学   F2526872    数学     99.6
大连海事大学   F2526918    数学     70.5
大连海事大学   F2991398    科学     78.7
河北师范大学   F2992996    科学     82.6
河北师范大学   F2993040    科学     78.4
```

完整的代码如下：

```
import pandas as pd                       # 导入 pandas 模块，别名 pd
import matplotlib.pyplot as plt           # 导入 matplotlib.pyplot 模块，别名 plt
plt.rcParams['font.sans- serif'] = 'Microsoft YaHei' #绘图时显示中文，否则显示乱码

df = pd.read_excel('学生成绩.xlsx')        # 读取 Excel 文件
df = df.set_index('学院名称')              # 假设索引列为学院名称，不设置将会自动生成数字列作为索
                                          引列
print(df.head())                          # 显示前几行数据
print(df.info())                          # 显示数据的基本信息
print(df.describe())                      # 显示数据的统计摘要
plt.figure(figsize = (10,6))              # 创建绘图区
plt.tick_params(axis = 'x',labelrotation = 45)  # 调整 x 轴刻度的字体角度
ID = df["学生编号"]                        # 读取学生编号列的数据，存放在 ID 中
score = df["分数"]                         # 读取分数列的数据，存放在 score 中
plt.bar(ID,score)                         # 绘制成绩分布的柱形图
plt.title('学生成绩分布')                  # 添加图表标题
plt.xlabel('学生编号')                     # 添加 x 轴标签
plt.ylabel('学生分数')                     # 添加 y 轴标签
plt.show()                                # 显示图表
```

使用柱形图输出每位学生成绩，如图 7-33 所示。运行结果如下：

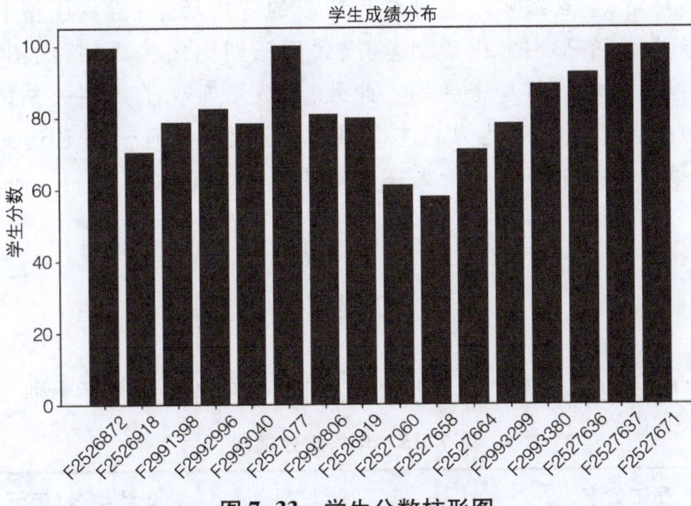

图 7-33　学生分数柱形图

```
学院名称      学生编号    考试科目   分数
大连海事大学  F2526872    数学      99.6
大连海事大学  F2526918    数学      70.5
大连海事大学  F2991398    科学      78.7
河北师范大学  F2992996    科学      82.6
河北师范大学  F2993040    科学      78.4
<class 'pandas.core.frame.DataFrame'>
Index:16 entries, 大连海事大学 to 太原理工大学
Data columns (total 3 columns):
```

```
#    Column    Non-Null Count    Dtype
---  ------    --------------    -----
0    学生编号   16 non-null       object
1    考试科目   16 non-null       object
2    分数      16 non-null       float64
dtypes:float64(1),object(2)
memory usage:512.0+bytes
None       分数
count   16.000000
mean    82.506250
 std    13.528807
 min    58.000000
25%     76.350000
50%     80.350000
75%     94.125000
max    100.000000
```

本章小结

本章系统介绍了数据可视化的核心工具与实现方法，为数据分析与展示奠定了坚实基础。在可视化实践环节，重点演示了多种统计图表的适用场景：折线图擅长展示趋势变化，散点图揭示变量相关性，条形图对比类别差异，饼图强调比例构成，箱线图呈现数据分布特征，气泡图通过三维映射增强信息密度等。此外，函数图实现了数学关系的精确表达，艺术图则通过多种技巧提升可视化表达力。本章强化了“数据处理—图表选择—精准表达”的完整工作流，为后续数据分析与成果传播搭建重要的能力基础。

习题 7

1. 表 7-15 中存放的是 5 位员工年终绩效情况，使用条形图展示数据。

表 7-15　年终绩效情况

员工姓名	年终绩效(万元)
林书豪	2.8
陈美玲	1.6
王志强	3.5
张雅婷	2.2
刘家辉	2.9

2. 使用配套素材中练习 2.csv 文件中的数据，绘制如图 7-33 所示的折线图。

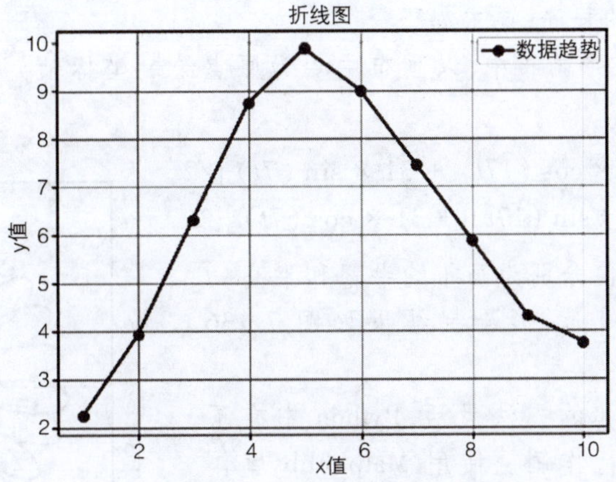

图 7-33 练习 2 折线图

3. 如图 7-34 所示,练习 3. csv 文件存放的是某公司一年的销售额(万元)和用户增长量(万人)。使用 subplot( )函数,绘制折线图展示公司一年的销售额和用户增长情况,并绘制饼图展示四个季度销售额的份额情况。

	A	B	C
1	月份	销售额(万元)	用户增长量(万人)
2	1月	120	8.2
3	2月	135	9.5
4	3月	150	11.8
5	4月	162	13.1

图 7-34 某公司销售数据

4. 使用 scatter( )函数,绘制带修饰的散点图,可参考以下数据。

销售额:[100,150,200,250,300,350,400,450,500,550]

利润额:[10,15,25,30,40,45,50,55,60,65]

提示:Numpy 的 random. randn(n) 函数可以随机生成的 n 个[0, 1)区间的小数数组。plt.scatter(s,c,alpha,marker,edgecolors,linewidth)的修饰参数:s 为点的大小,c 为点的颜色,alpha 为点的不透明度,marker 为点的样式形状,edgecolors 为点的边缘颜,linewidth 为点的边线宽度。

5. 绘制粉色正弦函数曲线($0 \leqslant x \leqslant 2\pi$),以及橙色 x 轴和 y 轴。

6. 绘制蝶形花式图案,如图 7-35 所示。绘图的参数方程如下:

$$\begin{cases} x = 5Q\cos t \\ y = 5Q\sin t \end{cases}$$

其中, $Q = -7\cos 5t + \sin 3t - 1$, t 的取值范围为$[-\pi, \pi]$。

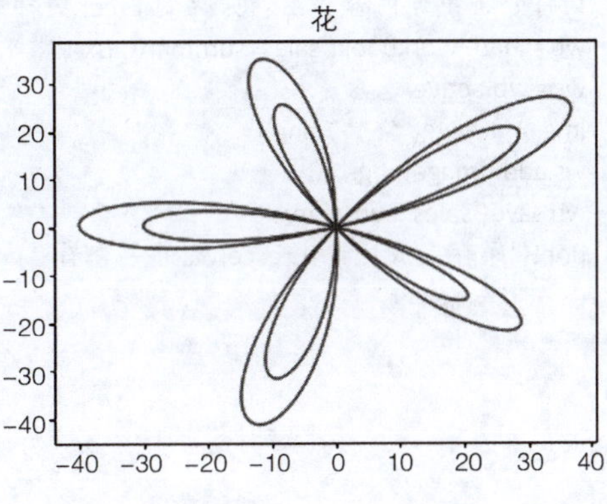

图 7-35 蝶形花的绘制

7. 编写一个完整的程序，要求如下：

在 400×400 的正方形画布中，以画布中心为原点绘制坐标轴，并按以下公式绘制函数曲线：

$$\begin{cases} x = wh \times [\cos t + 21 \times \cos(17t) + 31 \times \sin(7t)]/2 \\ y = hh \times [\sin t + 21 \times \sin(17t) + 31 \times \cos(7t)]/2 \end{cases}$$

其中，wh、hh 的取值分别为画布的半宽和半高，t 的取值范围为 $[0, 2\pi]$，图形绘制结果如图 7-36 所示。

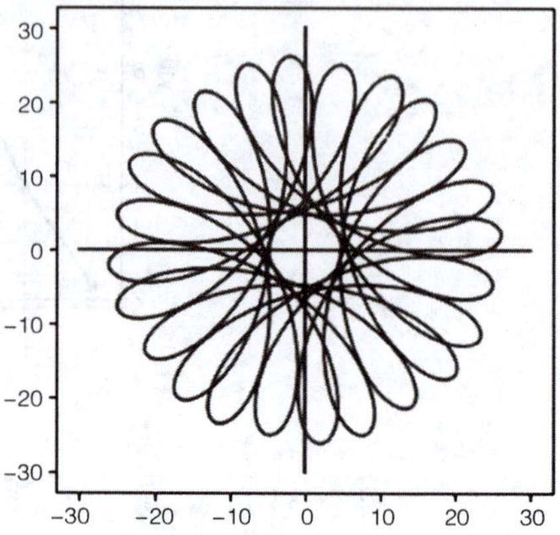

图 7-36　练习 7 函数图

提示：数据库可视化的方法灵活，Python 中有不同的库和方式可以进行作画。使用 Matplotlib 库作画，作以下设置：

400×400 的画布以像素为单位，可以设置画布函数 figure( ) 的参数 figsize=(6,6)。

wh 为窗口宽度：可以设为 1。

hh 为窗口高度：可以设为 1。

8. 某公司销售数据. xlsx 文件包含了某公司销售数据的信息，包括日期、产品名称、销售数量和销售额等字段。利用 Pandas 库分析这些数据，以了解不同时间的销售趋势和不同产品的销售表现。使用 openpyxl 库将结果保存到 Excel 文件中。

openpyxl 库专注于处理 Excel 文件，可以操作 Excel 文件中的图表和公式，对 Excel 文件进行排序、筛选、分组等基本操作，这是 Pandas 库所不支持的。在实际应用中，Pandas 库和 openpyxl 库可以根据需要选择使用。

代码提示：

```
from openpyxl import load_workbook                  # load_workbook 函数可以写入 Excel 文件
from openpyxl.drawing.image import Image            # drawing.image 可以生成图片并放入 Excel 文件
# 用 pandas 读取并分析数据
# 用 matplotlib 制作图表

# 将分组统计内容和图表保存到 Excel 文件中
wb = load_workbook('sales_summary.xlsx')            # 加载 Excel 工作簿
ws = wb.active                                      # 或通过 wb['Sheet1']选择特定的工作表
img = Image('*****.png')                            # 获取想要插入的图片
ws.add_image(img,'A6')                              # 在 A6 单元格的位置插入图片
wb.save('sales_summary.xlsx')                       # 保存修改后的 Excel 文件
print("保存完成！请去 excel 文件中查看。")
```

第 8 章 数据库基础及应用

Python 支持多种类型的关系数据库，本章选用 SQLite 数据库，常用的文件扩展名是 db。连接数据库时，需要先导入 Python 内置库 sqlite3。因此，本章主要介绍数据库基础知识，以及使用 sqlite3 操作 SQLite 数据库的基本方法。

§8.1 数据库基础

数据库（Data Base，DB）就是存储数据的仓库，即存储在计算机系统中结构化的、可共享的相关数据的集合。数据库中的数据按照一定的数据模型进行组织、描述和存储。

数据模型是用来抽象地表示和处理现实世界中的数据和信息的工具。常见的三种数据模型包括层次模型、网状模型和关系模型。我们常说的关系数据库，是指数据库的存储方式是关系模型。关系模型通常以二维表格的形式存在。

8.1.1 关系数据库基础

关系数据库的表采用二维表格来存储数据，是一种按行与列排列的具有相关信息的逻辑组，它类似于 Excel 工作表。一个数据库可以包含任意多个数据表。以学生-课程数据库为例，学生-课程数据库中包括以下三个表，分别是：

① 学生表（<u>学号</u>，姓名，性别，年龄，所在系）；

② 课程表（<u>课程号</u>，课程名，学分，课时）；

③ 学生选课表（<u>学号，课程号</u>，成绩）。

其中，加下划线表示的是主关键字。各个表中的数据示例见表 8-1、表 8-2 和表 8-3。

表 8-1 学生表

学号	姓名	性别	年龄	所在系
1102101	张三	男	20	计算机
1102102	李四	女	19	计算机
1102103	王五	女	19	外语
1102104	赵六	男	18	人工智能

表 8-2　课程表

课程号	课程名	学分	课时
1001	程序设计基础	3	48
1002	高等数学	4	64
1003	数据库应用	4	64
1004	大学英语	2	32

表 8-3　学生选课表

学号	课程号	成绩
1102101	1001	95
1102101	1002	87
1102101	1003	90
1102101	1004	80
1102102	1001	86
1102102	1002	84

接下来，通过上述二维表来理解关系数据库的常用术语。

(1) 关系(表文件)：指由行和列组成的二维表，通俗地说，一个关系对应一张表。

(2) 元组(记录)：指表中的每一行即为一个元组，也称为一条记录。例如，学生表(表 8-1)中的

1102101	张三	男	20	计算机

就是一条记录，用于描述学生张三对应的信息。

(3) 属性(字段)：表中的每一列即为一个属性，也称为一个字段。例如学生表(表 8-1)中的“所在系”列就是一个字段，其中，“所在系”是字段名，描述学生所在系的信息。

所在系
计算机
计算机
外语
人工智能

(4) 属性值：行和列的交叉位置表示某个属性值，例如，学生表(表 8-1)中的“人工智能”就是所在系的其中一个属性值。

(5) 主键(也称主关键字，Primary key)：是表中用于唯一确定一个元组的数据，可以由一个字段或多个字段组成。由于每条记录的关键字都是不同的，所以可以唯一地标识一个记录。例如，学生表(表 8-1)中的主键是学号，因为学号是唯一的，通过学号可以区别每一名学生。课程表(表 8-2)中的主键是课程号，因为课程号也是唯一的，通过课程号可以区别不同的课程。而学生选课表(表 8-3)中的主键由学号和课程号共同组成，表示某学生选修的某课程的成绩。

8.1.2　创建和管理数据库

关系数据库分为两类：一类是桌面数据库，例如 SQLite、Access 等，用于小型的、单机的应用程序，它不需要网络和服务器，实现起来比较方便，但只提供数据的存取功能；另一类

是客户/服务器数据库，例如 MySQL、Oracle 等，用于大型的、多用户的数据库管理系统。

Python 2.5.x 以上版本在内部集成了 SQLite 数据库。SQLite 数据库是一个关系数据库管理系统，它支持结构化查询语言 SQL，还能支持事务处理、触发器、多进程并发访问等。SQLite 数据库的全部数据存储在一个单一的文件中，常用的文件扩展名是.db。这种数据库文件可以在不同的计算机上自由共享，但无法直接显示里面的数据。即 SQLite 数据库没有可视化的界面，因此需要第三方可视化工具协助管理。

Navicat 是一套优秀的可创建多个连接的可视化数据库管理工具，用以方便管理 SQLite 、MySQL、Oracle 等不同类型的数据库。Navicat 用户界面设计良好，对于初学者来说，通过该工具创建、管理和维护数据库简单又易于操作。本书使用的是 Navicate Premium 12 软件（图 8-1）。

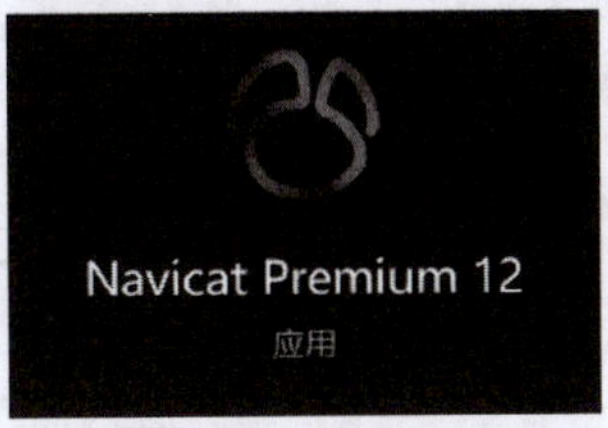

图 8-1　Navicate Premium 12 图标

下面以学生-课程数据库为例，使用可视化数据库管理工具 Navicat 来创建和管理 SQLite 数据库。

例 8.1　用 Navicat 连接 SQLite 数据库，新建 StuCo.db 数据库文件并连接。

操作步骤如下：

（1）打开 Navicate Premium 12 软件，其界面如图 8-2 所示：

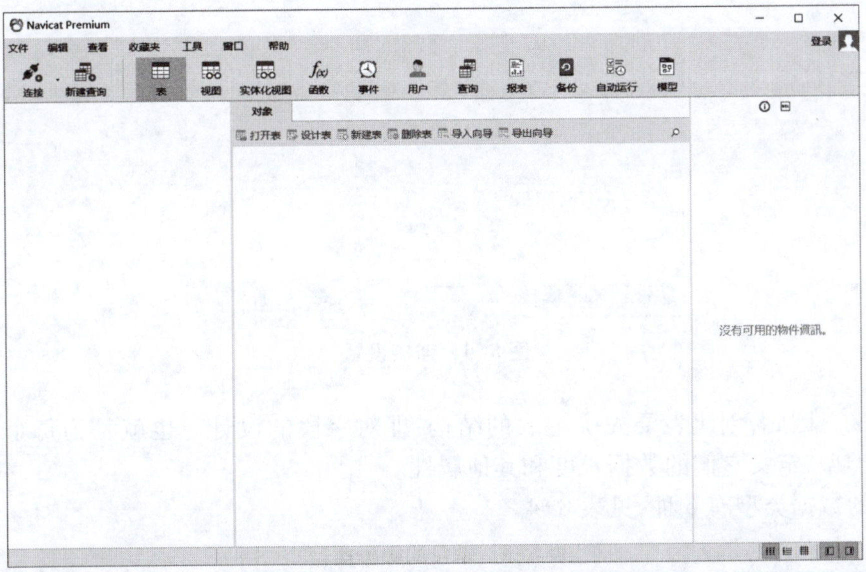

图 8-2　Navicate Premium 12 界面

如图 8-3 所示，单击“连接”→“SQLite...”，弹出“SQLite -新建连接”对话框。在对话框中输入连接名 myLink；类型选择“新建 SQLite3”。数据库文件通过“浏览”按钮设置文件路径和文件名，如 D:\StuCo.db，如图 8-4 所示。最后单击“确定”按钮，完成数据库文件 StuCo.db 的创建。

8.1.3　创建和使用表

表是数据库中最基本的对象，由其包含的各种字段定义，每个字段描述了它所含有的

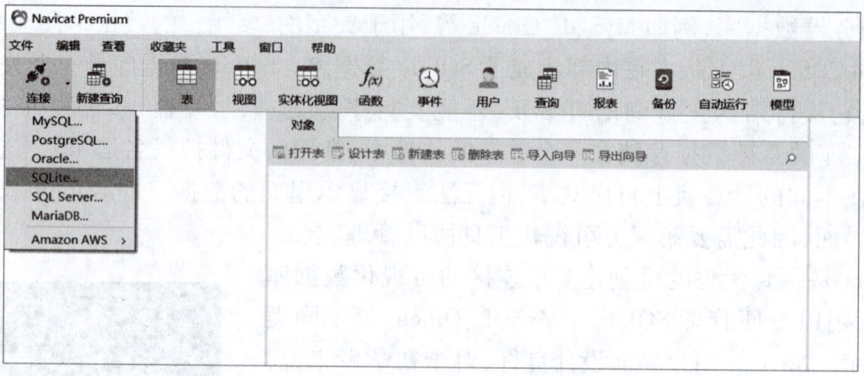

图 8-3　Navicate Premium 12 新建连接

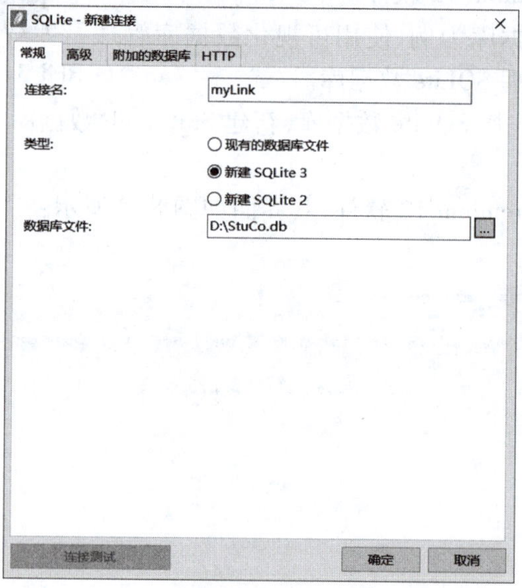

图 8-4　连接设置

数据的意义。因此,创建表要先确定表的结构,即对字段的设计。也就是为每个字段分配一个数据类型,定义它们的数据长度和其他属性。

常用的数据类型有 6 种,见表 8-4。

表 8-4　常用的数据类型

数据类型	描述
text	文本型,用于存放文本
integer	整型,用于存放一个整数
real	浮点型,用于存放一个实数
date	日期/时间型,用于存放一个日期和时间
boolean	逻辑型,0 表示 false,1 表示 true
blob	二进制对象数据,通过用于保存图片、视频等数据

以学生-课程数据库为例，根据其中的三个表（表 8-1、表 8-2、表 8-3），设计表的结构分别见表 8-5、表 8-6 和表 8-7。

表 8-5　学生表的结构

字段名称	数据类型	长度	是否为空	是否主键
学号	text	7	不为空	是
姓名	text		不为空	
性别	text			
年龄	integer			
所在系	text			

表 8-6　课程表的结构

字段名称	数据类型	长度	是否为空	是否主键
课程号	text	4	不为空	是
课程名	text		不为空	
学分	real			
课时	real			

表 8-7　学生选课表的结构

字段名称	数据类型	长度	是否为空	是否主键
学号	text	7	不为空	是
课程号	text	4	不为空	是
成绩	real			

例 8.2　在例 8.1 创建的数据库基础上，建立三张表：学生表、课程表和学生选课表。要求使用 Navicate 实现。

操作步骤如下：

（1）右键单击“myLink”，选择“打开连接”，弹出如图 8-5 所示界面。

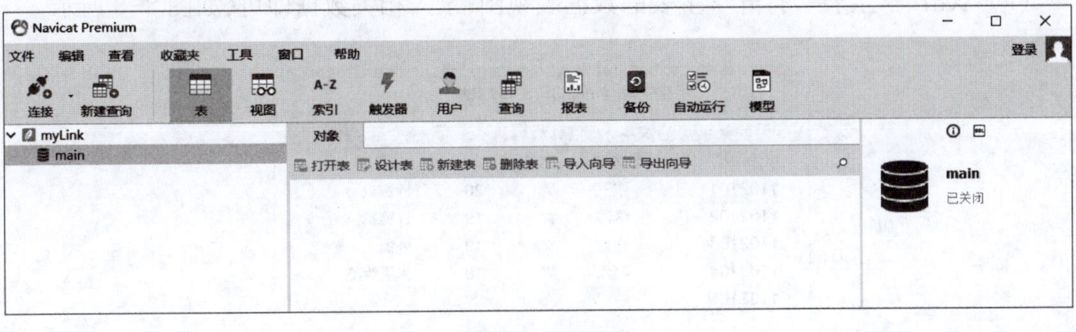

图 8-5　打开连接

（2）右键单击“main”，选择“打开数据库”，弹出如图 8-6 所示界面。

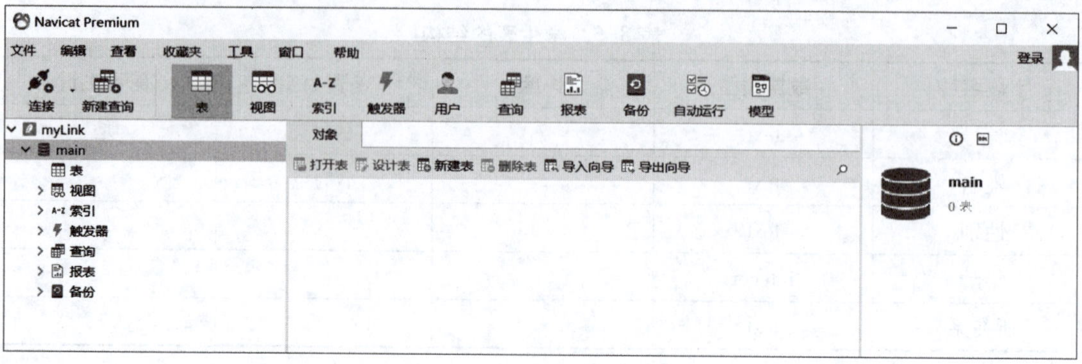

图 8-6　打开数据库

（3）右键单击“表”，选择“新建表”，打开表结构设计视图，输入字段名，设置数据类型和属性。如图 8-6 所示，其中，大小即长度，针对 text 文本类型，可以设置，也可以不设置。例如，学号若确定为 7 个长度，可以将其设置为 7。无须设置比例。一个字段设置完成后，单击“添加字段”按钮进行下一个字段的设置。还可以通过单击“插入字段”按钮，在字段中间插入新的字段，“删除字段”按钮删除不需要的字段。全部字段设置完成后，单击“保存”按钮，输入表的名称“学生表”，然后关闭。即可完成学生表的表结构创建。

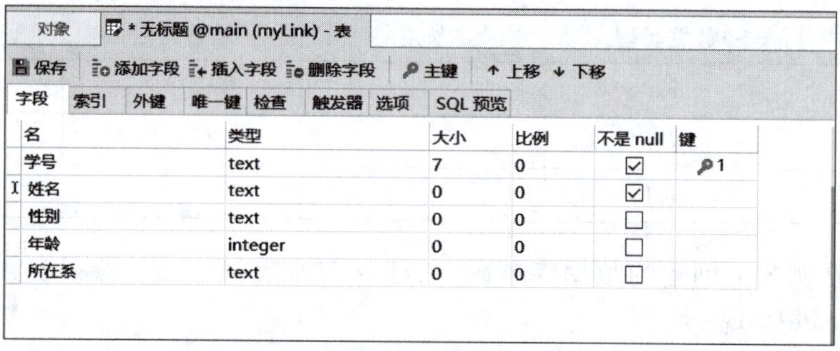

名	类型	大小	比例	不是 null	键
学号	text	7	0	☑	1
姓名	text	0	0	☑	
性别	text	0	0	☐	
年龄	integer	0	0	☐	
所在系	text	0	0	☐	

图 8-7　学生表的表结构设计

（4）双击“学生表”，打开学生表的数据表视图，录入相关数据即可，如图 8-8 所示。

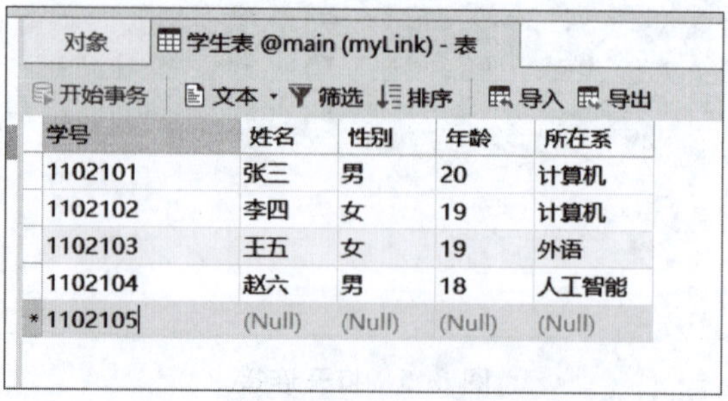

学号	姓名	性别	年龄	所在系
1102101	张三	男	20	计算机
1102102	李四	女	19	计算机
1102103	王五	女	19	外语
1102104	赵六	男	18	人工智能
1102105	(Null)	(Null)	(Null)	(Null)

图 8-8　学生表的数据表结构

在录入数据或者查看和修改数据时，会用到以下按钮：

＋ 添加：一次添加一条记录，添加完毕后要单击 ✔ 按钮确认，单击 ✖ 按钮表示取消添加。

− 删除：一次删除一条记录。

⟳ 刷新：表的数据被 SQL 命令修改后，需要刷新才能显示最终结果。

如果以后学生表的结构有所更改，则右键单击“学生表”，选择“设计表”，即可再次打开表结构的设计界面进行修改。

以上是创建“学生表”的方法，请读者参照上述方法自行创建“课程表”和“学生选课表”，并录入相关数据。课程表的表结构设计和学生选课表的表结构设计可分别参照图 8-9 和图 8-10。

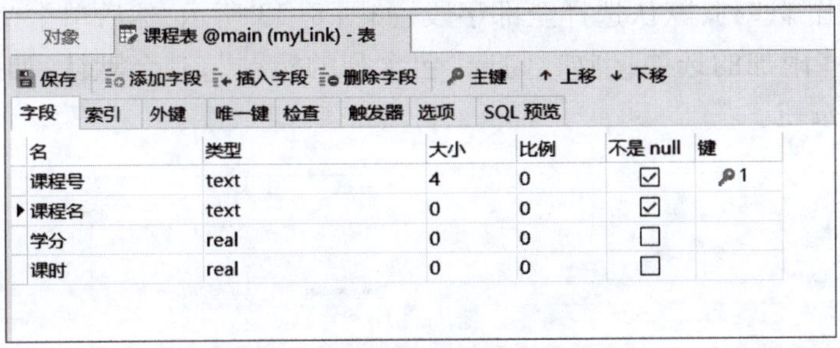

图 8-9　课程表的表结构设计

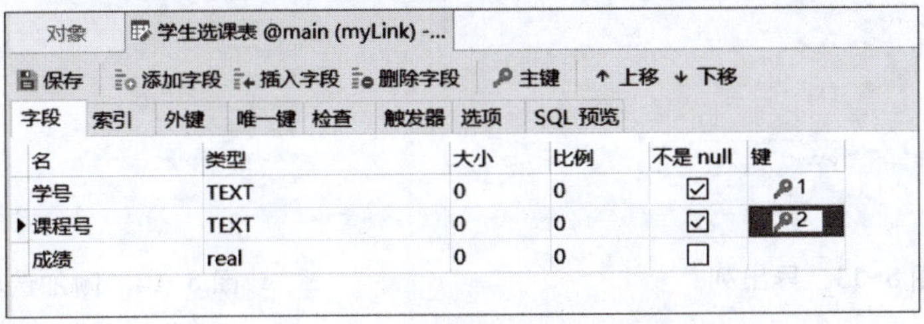

图 8-10　学生选课表的表结构设计

8.1.4　数据的导出与导入

存放在数据表中的数据也可以转化为其他形式（如文本文件、CSV 文件、Excel 文件等）进行存储，这就是数据的导出。

选定要导出的数据表，右键单击，在弹出的菜单中选择“导出向导”命令，导出操作包括以下 5 个步骤。

（1）选择要导出的格式，在此选择文本文件（＊.txt），如图 8-11 所示，然后单击“下一步”按钮。

（2）选择导出源及导出文件的保存路径和文件名。在此选择 D:\学生表.txt，如图 8-12 所示，然后单击“下一步”按钮。

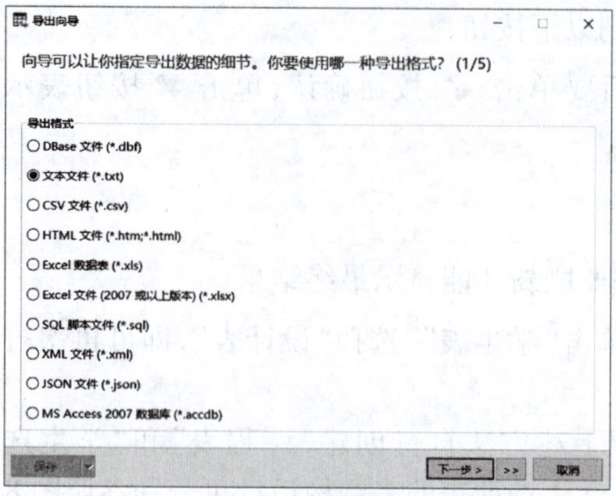

图 8-11　导出格式

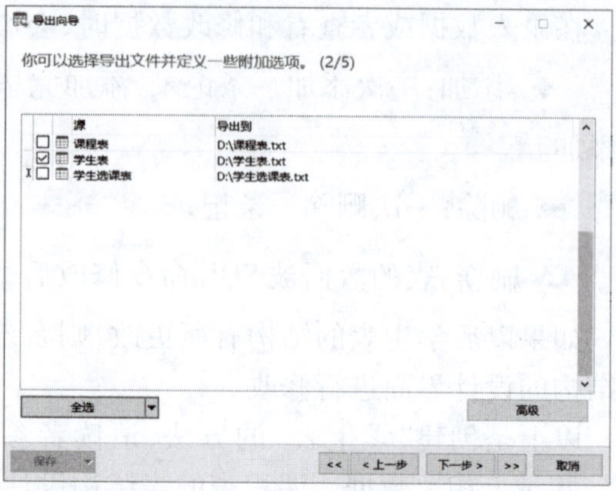

图 8-12　导出文件的保存路径和文件名

（3）选择导出哪些列，默认选择全部字段，如图 8-13 所示，然后单击“下一步”按钮。

（4）定义一些附加的选项，例如，勾选“包含列的标题”，其余默认，如图 8-14 所示，然后单击“下一步”按钮。

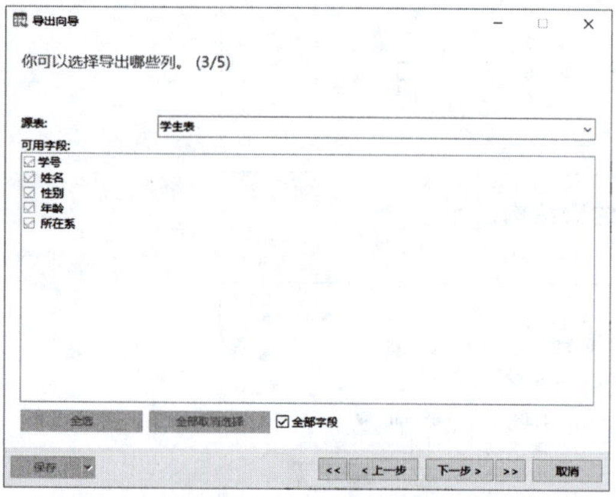

图 8-13　导出列

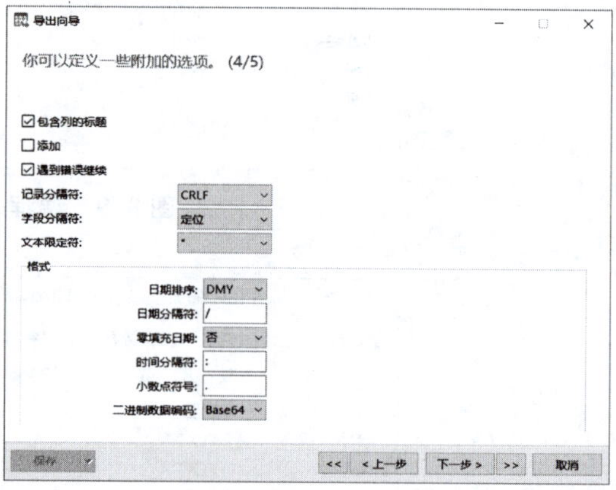

图 8-14　附加选项

（5）单击“开始”按钮开始导出，如图 8-15 所示。

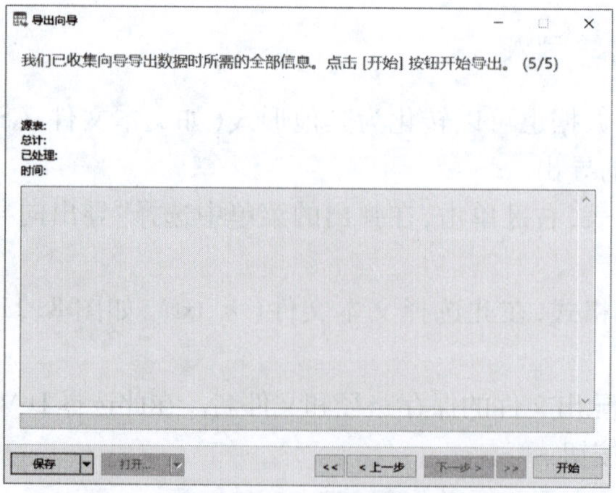

图 8-15　开始导出

(6) 成功导出数据,单击“关闭”按钮。

当然,数据也可以批量由其他文件导入。数据的导入操作是导出的逆操作,在此不作介绍。

§8.2　SQL 基础

SQL 全称为 Structured Query Language,指结构化查询语言,是关系数据库的标准语言,包括数据查询、数据库模式创建、数据库数据的插入、删除与修改、数据库安全性完整性定义与控制等一系列功能。

常用的 SQL 命令有两类,一类是数据查询命令 SELECT;另一类是数据更新命令,包括插入命令 INSERT、删除命令 DELETE、修改命令 UPDATE 等。

8.2.1　SQL 数据查询命令

数据查询是数据库的核心操作。SQL 数据库提供了 SELECT 语句进行数据查询,该语句具有灵活的使用方式和丰富的功能。其基本语法格式如下:

```
SELECT[ ALL |DISTINCT] <目标列表达式>[,<目标列表达式>] …
FROM<表名>[,<表名>]
[ WHERE<条件表达式>]
[ GROUP BY<列名 1>[ HAVING <条件表达式>]]
[ ORDER BY<列名 2>[ ASC |DSC]];
```

整个 SELECT 语句的含义是,先根据 WHERE 子句的条件表达式从 FROM 子句指定的基本表、视图中找出满足条件的元组,再按 SELECT 子句中的目标列表达式选出元组中的属性值形成结果表。

如果有 GROUP BY 子句,则将结果按〈列名 1〉的值进行分组,该属性列值相等的元组为一个组。通常会在每组中作用聚集函数。如果 GROUP BY 子句带 HAVING 短语,则只有满足指定条件的组才显示。

如果有 ORDER BY 子句,则结果表还要按〈列名 2〉的值进行升序或降序排列。

下面仍以学生-课程数据库为例来讲解 SELECT 语句的使用。

1. 查询表中的列

在很多情况下,用户只对表中的一部分属性列感兴趣,此时可以通过 SELECT 子句的〈目标列表达式〉指定要查询的属性列。

例 8.3　查询学生表中的姓名、所在系。

SQL 语句如下:

```
SELECT 姓名,所在系 FROM 学生表
```

在 Navicate 可视化界面中输入 SQL 命令、执行命令、查看结果的步骤如下:

单击工具栏中的“新建查询”,打开查询设计视图,在此视图中输入上述 SQL 语句,然后单击“运行”按钮,就可以看到查询的结果,如图 8-16 所示。

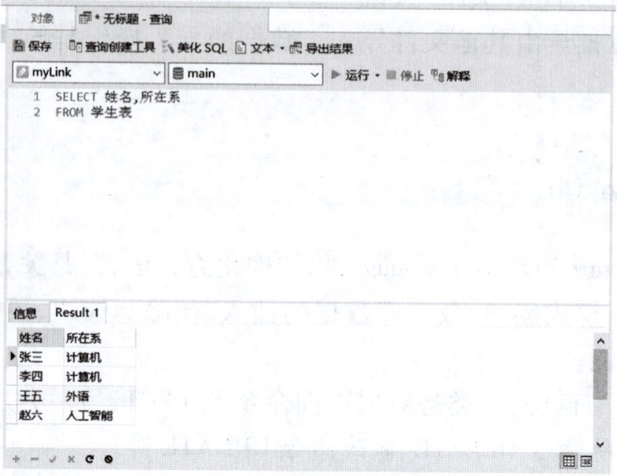

图 8-16　查询姓名、所在系

例 8.4　查询课程表中的所有信息。

查询所有信息就是要查询所有列。

方法一:在 SELECT 关键字后列出所有的列名。SQL 语句如下:

```
SELECT 课程号，课程名，学分，课时 FROM 课程表
```

方法二:用 * 代表所有列。SQL 语句如下:

```
SELECT*FROM 课程表
```

在 Navicate 可视化界面中输入 SQL 命令、执行命令、查看结果的步骤同上,在此不再赘述。查询结果如图 8-17 所示。

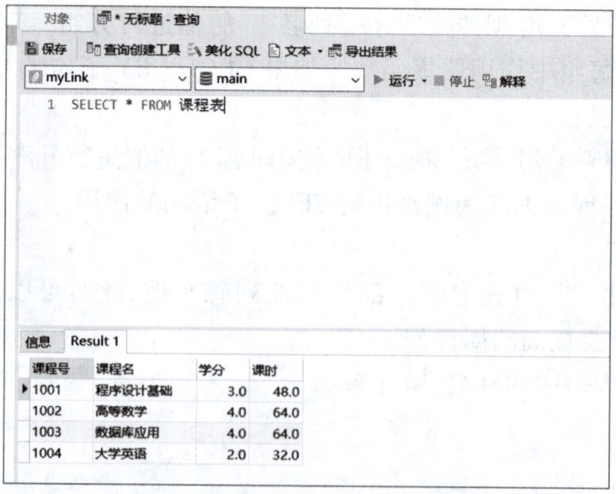

图 8-17　查询课程表中所有信息

2. 查询满足条件的记录

查询满足条件的记录要通过 WHERE 子句设置条件来实现。WHERE 子句常用的查询

条件见表 8-8。

表 8-8　WHERE 子句常用的查询条件

查询条件	谓词
比较	=,>,<,>=,<=,! =,<>
确定范围	BETWEEN AND, NOT BETWEEN AND
确定集合	IN, NOT IN
字符匹配	LIKE, NOT LIKE
空值	IS NULL, IS NOT NULL
多重条件(逻辑运算)	NOT, AND, OR

例 8.5　查询计算机系所有学生的信息。

SQL 语句如下:

```
SELECT*FROM 学生表 WHERE 所在系="计算机"
```

在 Navicate 可视化界面中输入 SQL 命令、执行命令、查看结果的步骤同上,在此不再赘述。查询结果如图 8-18 所示。

例 8.6　查询年龄大于 19 岁的男生信息。

SQL 语句如下:

```
SELECT*FROM 学生表 WHERE 性别="男"AND 年龄>19
```

在 Navicate 可视化界面中输入 SQL 命令、执行命令、查看结果的步骤同上,在此不再赘述。查询结果如图 8-19 所示。

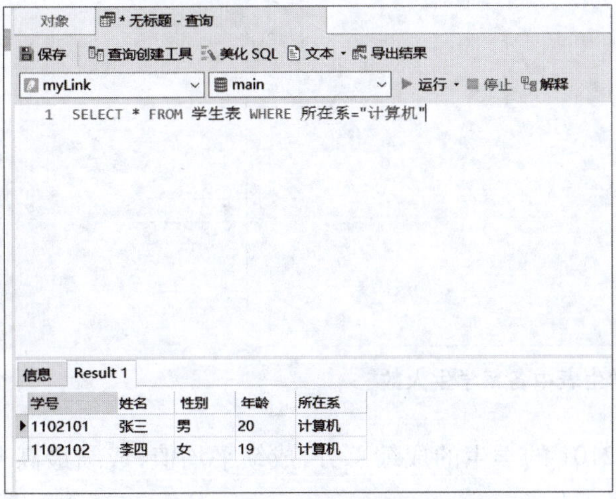

图 8-18　查询计算机系的学生信息

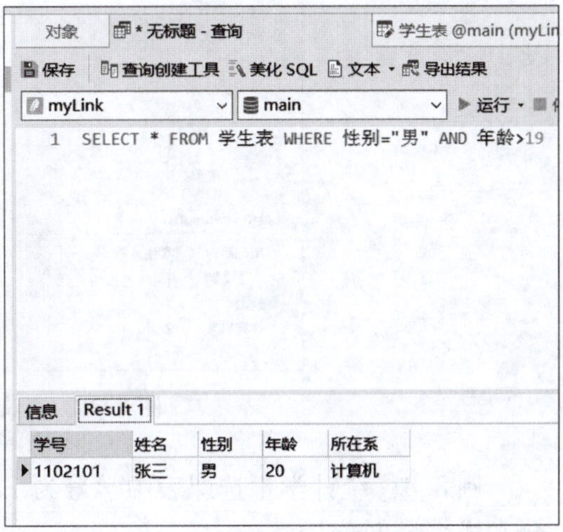

图 8-19　查询年龄大于 19 岁的男生信息

3. 分类汇总查询

分类汇总查询按照 GROUP BY 子句后面的列名进行分组,值相等的为一组,使用聚集函数进行信息汇总。SQL 数据库提供了许多聚集函数,见表 8-9。

表 8-9　SQL 数据库的聚集函数

函数名	功能
COUNT(*)	统计元组个数
COUNT(列名)	统计一列中值的个数
SUM(列名)	计算一列值的总和
AVG(列名)	计算一列值的平均值
MAX(列名)	求一列值中的最大值
MIN(列名)	求一列值中的最小值

如果在列名前指定 DISTINCT 短语,则表示在计算时要取消指定列中的重复值。如果不指定,则表示不取消重复值。

例 8.7　查询学生表中各系的学生人数。

SQL 语句如下:

```
SELECT 所在系,COUNT(学号) AS 学生人数 FROM 学生表 GROUP BY 所在系
```

在这条 SQL 语句中用了一个 AS 关键字,表示对 COUNT(学号)这一新列指定别名。

在 Navicate 可视化界面中输入 SQL 命令、执行命令、查看结果的步骤同上,在此不再赘述。查询结果如图 8-20 所示。

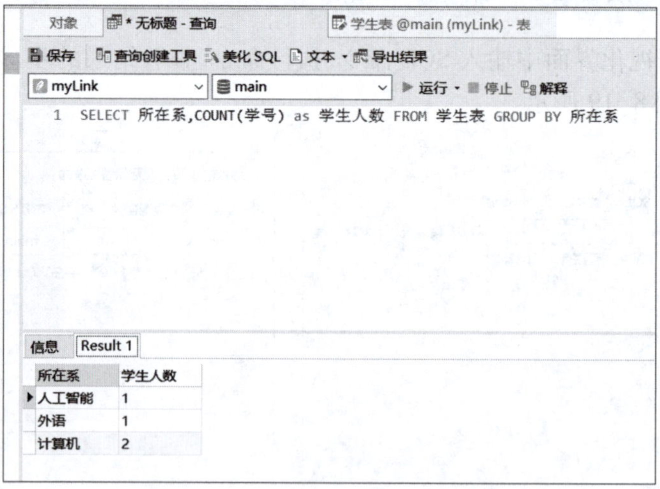

图 8-20　查询学生表中各系学生人数

例 8.8　统计学生选课表中学号为 1102101 的学生的成绩总分,成绩平均值,成绩最高分和成绩最低分。

SQL 语句如下:

```
SELECT
    学号,
```

```
        SUM(成绩 ) AS 总成绩，
        AVG(成绩 ) AS 平均分，
        MAX(成绩 ) AS 最高分，
        MIN(成绩 ) AS 最低分
FROM 学生选课表
WHERE 学号 ="1102101"
```

在 Navicate 可视化界面中输入 SQL 命令、执行命令、查看结果的步骤同上，在此不再赘述。查询结果如图 8-21 所示。

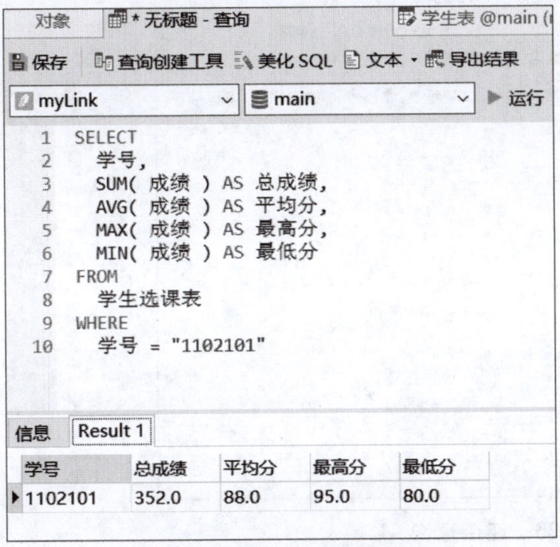

图 8-21　查询成绩总分等

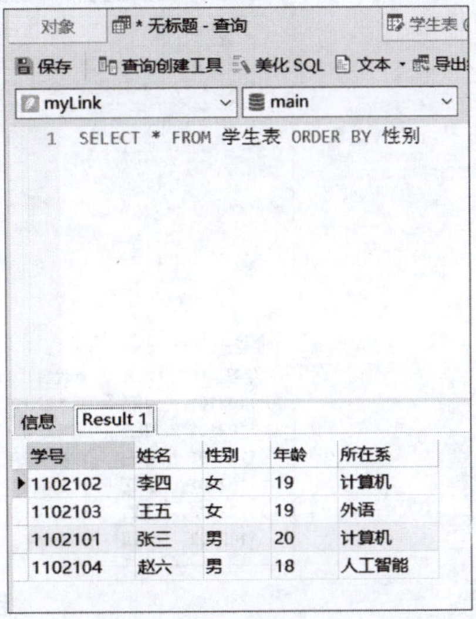

图 8-22　查询结果排序

4. 查询结果排序

使用 ORDER BY 子句可以对查询结果按照一列或多列进行升序（ASC）或降序（DESC）排列，默认值为升序。

例 8.9　查询学生表中所有信息，按性别排序。

SQL 语句如下：

```
SELECT*FROM 学生表 ORDER BY 性别
```

在 Navicate 可视化界面中输入 SQL 命令、执行命令、查看结果的步骤同上，在此不再赘述。查询结果如图 8-22 所示。

5. 连接查询

前面的查询都是针对一个表进行。如果一个查询同时涉及两个或多个表，则称为连接查询。

例 8.10　查询学生的学号、姓名、课程名及对应的成绩。

SQL 语句如下：

```
SELECT 学生表.学号，学生表.姓名，课程表.课程名，学生选课表.成绩
FROM 学生表，课程表，学生选课表
WHERE 学生表.学号 = 学生选课表.学号 AND 课程表.课程号 = 学生选课表.课程号
```

此例中要查询的信息中，学号、姓名来自学生表，课程名来自课程表，成绩来自学生选课表。它们分别来自三个表，是连接查询，需要根据公共属性将三个表进行连接。因此，通过学生表的学号与学生选课表的学号相连，通过课程表的课程号与学生选课表的课程号相连，就可以输出三个表的不同字段。

在 Navicate 可视化界面中输入 SQL 命令，执行命令查看结果的步骤同上，在此不再赘述。查询结果如图 8-23 所示。

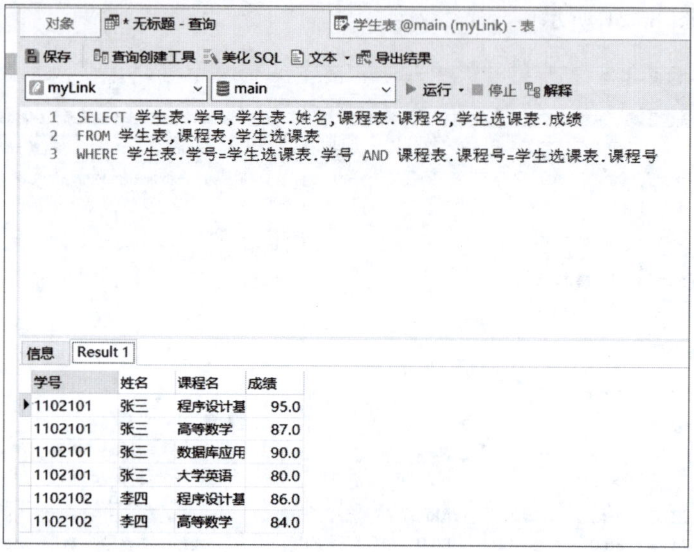

图 8-23　连接查询

8.2.2　SQL 数据更新命令

数据更新操作有三种：向表中添加数据，删除表中的数据和修改表中的数据。在 SQL 中有相应的三类语句。

1. 插入数据

使用 INSERT 命令插入数据，其基本语法格式如下：

```
INSERT　INTO　<表名>[<属性列 1>[,<属性列 2>]…]
VALUES(<常量 1>[,<常量 2>]…);
```

其功能是将 VALUES 中的常量值插入表中对应的属性列中。非 NULL 和主键字段必须要有数据，其他字段可以没有数据。

例 8.11　向学生表中添加一条记录：学号，1102105；姓名，孙七；性别，男；年龄，19；所在系，计算机。

SQL 语句如下：

```
INSERT INTO 学生表(学号，姓名，性别，年龄，所在系)
VALUES('1102105','孙七','男',19,'计算机')
```

在 Navicate 可视化界面中输入 SQL 命令，执行命令查看结果的步骤同上，在此不再赘述。查询结果如图 8-24 所示。

图 8-24 的信息中显示了 Affected rows:1，表示添加成功。还需要查看学生表中是否已有这条新记录，如果没有，刷新即可，如图 8-25 所示。

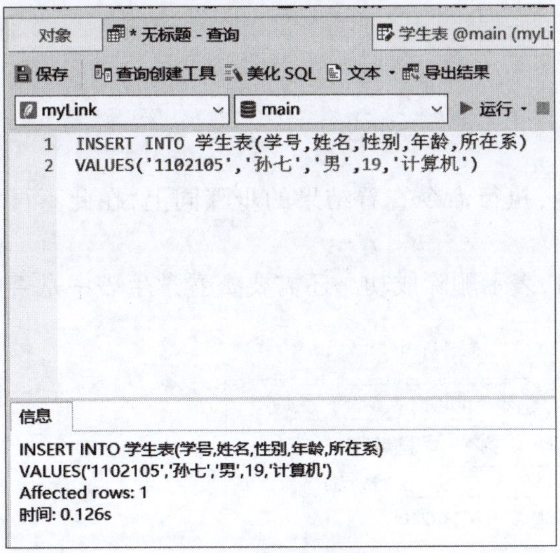

图 8-24　插入数据

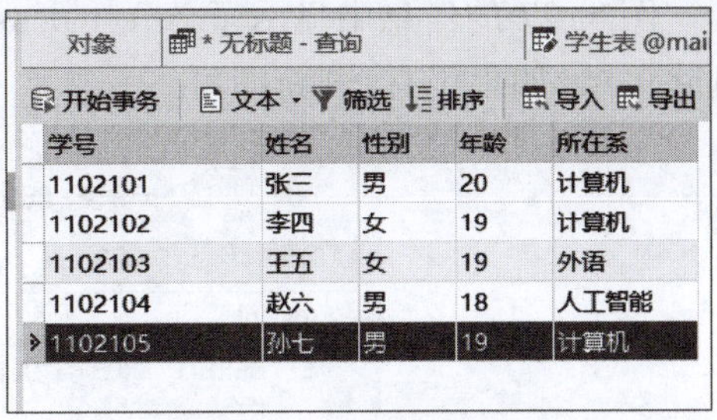

图 8-25　插入数据成功

注意，INSERT 命令只能执行一次，执行第二次时会因为学号相同而报错，如图 8-26 所示。

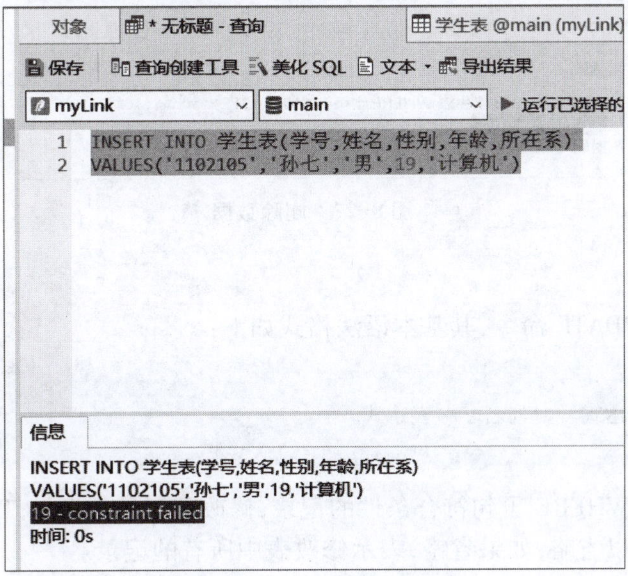

图 8-26　插入数据失败

2. 删除数据

使用 DELETE 命令删除数据，其基本语法格式如下：

```
DELETE  FROM  <表名> [ WHERE <条件> ];
```

其功能是删除 WHERE 子句符合条件的记录。注意，WHERE 子句是可以省略的，如果省略，表示删除表中所有的记录。

例 8.12　删除学生表中学号为 1102105 的记录。

SQL 语句如下：

```
DELETE FROM 学生表 WHERE 学号 ="1102105"
```

在 Navicate 可视化界面中输入 SQL 命令，执行命令查看结果的步骤同上，在此不再赘述。查询结果如图 8-27 所示。

图 8-27 的信息中显示了 Affected rows: 1，表示删除成功。还需要查看学生表中是否已删除记录，如果仍有，刷新即可。

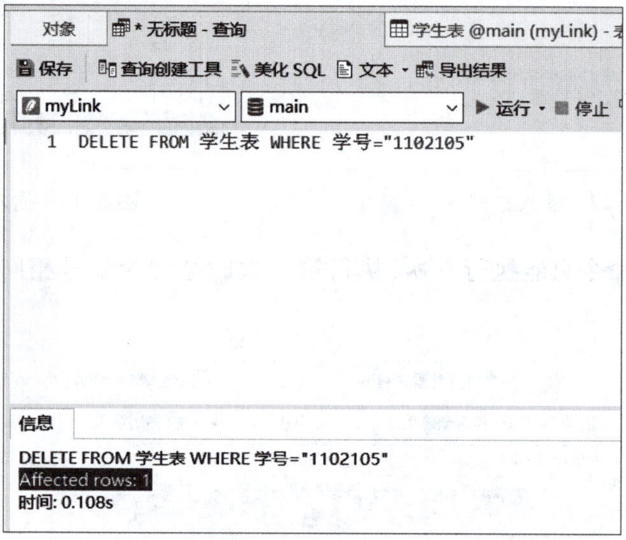

图 8-27　删除数据

3. 修改数据

修改数据是 UPDATE 命令，其基本语法格式如下：

```
UPDATE <表名>
SET <列名> = <表达式> [ ,<列名> = <表达式> ] …
[ WHERE <条件> ];
```

其功能是修改 WHERE 子句符合条件的记录，修改的时候按照 SET 给出的值进行。注意，WHERE 子句可以省略，如果省略，表示修改表中所有的记录。

例 8.13　将学生表中学号为 1102104 的学生的姓名改为“赵老六”。

SQL 语句如下：

```
UPDATE 学生表
SET 姓名 ="赵老六"
WHERE 学号 ="1102104"
```

在 Navicate 可视化界面中输入 SQL 命令，执行命令查看结果的步骤同上，在此不再赘述。查询结果如图 8-28 所示。

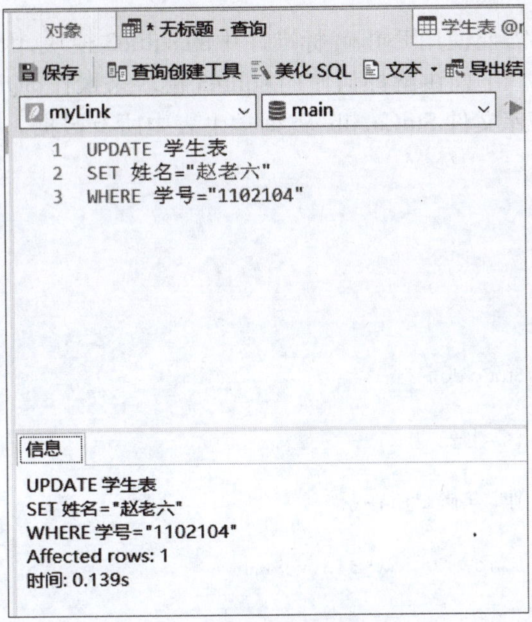

图 8-28　修改数据

图 8-28 的信息中显示了 Affected rows: 1，表示修改成功。还需要查看学生表中记录是否已修改。如果没有，刷新即可。

例 8.14　将学生表中所有学生的年龄增加 1 岁。

SQL 语句如下：

```
UPDATE 学生表
SET 年龄 = 年龄+1
```

在 Navicate 可视化界面中输入 SQL 命令，执行命令查看结果的步骤同上，在此不再赘述。查询结果如图 8-29 所示。

学号	姓名	性别	年龄	所在系
1102101	张三	男	21	计算机
1102102	李四	女	20	计算机
1102103	王五	女	20	外语
1102104	赵六	男	19	人工智能

图 8-29　更改后的年龄

注意，此例中 UPDATE 命令只能执行一次，执行第二次时会使年龄再次增加 1，再次执行还会继续加 1，导致数据不准确。

§8.3 SQLite 数据库编程

连接 SQLite 数据库需要使用 Python 标准库中的 sqlite3 模块，因此进行数据库编程的第一步是导入 sqlite3 模块。下面讲解如何使用 sqlite3 模块来操作 SQLite 数据库。

例 8.15 连接数据库文件 StuCo. db，查询学生表中所有数据。

SQL 语句如下：

```
select*from 学生表
```

因此，代码如下：

```
import sqlite3
conn = sqlite3.connect('StuCo.db')
cur = conn.cursor()
cur.execute('''select*from 学生表 ''')
rows = cur.fetchall()
print("学号","姓名","性别","年龄","所在系")
for row in rows:
    print(row[0],row[1],row[2],row[3],row[4])
conn.close()
```

运行结果如下：

```
学号     姓名  性别  年龄  所在系
1102101  张三  男    20    计算机
1102102  李四  女    19    计算机
1102103  王五  女    19    外语
1102104  赵六  男    18    人工智能
```

数据库编程的一般步骤：

(1) 导入 sqlite3 模块。

(2) 创建或连接到 SQLite 数据库。

(3) 创建游标对象。

(4) 执行 SQL 命令，如查询数据、插入数据、更新数据、删除数据等。

(5) 关闭数据库连接。

8.3.1 创建连接对象和游标对象

在导入了 sqlite3 模块之后，要创建连接对象实现与数据库的连接，此时需调用 sqlite3 的 connect( )方法。代码如下：

```
import sqlite3
conn = sqlite3.connect(database)
```

说明：

(1) database 是要连接的数据库的文件名。如果连接的数据库文件路径及文件名都正确，则打开该数据库返回一个连接对象；如果连接的数据库文件路径及文件名有误，系统不会报错,而是会创建一个新的空的数据库文件返回一个连接对象。

(2) database 数据库的路径可以指定,如果没有指定,务必保证数据库文件与 Python 编程的. py 文件存在于同一目录。例如:

```
conn = sqlite3.connect('StuCo.db')
conn = sqlite3.connect('D:\StuCo.db')
```

上方代码中第一条语句的数据库没有指明路径,因此要将数据库文件与. py 文件放在同一目录中。第二条语句指明数据库文件保存在 D 盘中。

接下来,创建游标对象执行操作数据库的 SQL 语句,此时需调用连接对象的 cursor( )方法。代码如下:

```
import sqlite3
conn = sqlite3.connect(database)
cur = conn.cursor()
```

游标对象提供了执行 SQL 语句的 execute( )方法、executemany( )方法和获取数据的 fetchall( )方法,见表 8-10。

表 8-10　游标对象提供的三种方法

方法	功能
execute(self, sql, parameters=( ), /)	执行 SQL 语句
executemany(self, sql, seq_of_parameters, /)	重复执行 SQL 语句
fetchall(self, /)	从结果集中获取所有行,形成一个列表。

这里执行的 SQL 语句就包括前面介绍的数据查询语句 SELECT、插入语句 INSERT、删除语句 DELETE 和更新语句 UPDATE。具体操作将在后两节介绍。

注意,对于数据更新的增、删、改操作,执行完 SQL 语句后,还需要通过连接对象的 commit( )方法进行事务提交,代码如下:

```
conn.commit()
```

最后,待所有操作完成,关闭数据库,此时需调用连接对象的 close( )方法。代码如下:

```
conn.close()
```

8.3.2　数据查询编程

数据查询编程分为简单查询和参数化查询。简单查询是指直接使用常量数据进行查询,不具有通用功能;而参数化查询是指嵌入用户交互方式,根据用户输入查询的数据进行查询,切实满足用户需求。

例 8.16　简单查询:连接数据库文件 StuCo. db,查询学生表中所有男生的数据。

SQL 语句如下:

```
select*from 学生表 where 性别="男"
```

因此,代码如下:

```
import sqlite3
conn = sqlite3.connect('StuCo.db')
cur = conn.cursor()
cur.execute('''select*from 学生表 where 性别="男"''')
rows = cur.fetchall()
print("学号","姓名","性别","年龄","所在系")
for row in rows:
    print(row[0],row[1],row[2],row[3],row[4])
conn.close()
```

运行结果如下:

```
 学号     姓名  性别  年龄   所在系
1102101  张三   男    20    计算机
1102104  赵六   男    18   人工智能
```

上方代码的 cur. execute('''select * from 学生表 where 性别="男"''')中使用了三个单引号,这是因为 SQL 语句中使用了双引号。通过 cur. fetchall()方法获取所有符合 SQL 语句的数据,并生成一个列表 rows,最后遍历列表 rows 输出信息。

例 8. 17 参数化查询:连接数据库文件 StuCo. db,根据输入的学生性别查询学生表中相应学生的数据。

参数化查询中要查询的信息是通过用户交互输入的,即此例中要查询的性别由用户输入。如果输入性别为男,则查询得到的是男生数据,如果输入性别为女,则查询得到的是女生数据。所以在 SQL 中要使用"?"占位符方式,即:

```
select*from 学生表 where 性别=?
```

然后,在执行该 SQL 语句时,再用输入的变量名替换占位符实现数据的查询。代码如下:

```
import sqlite3
conn = sqlite3.connect('StuCo.db')
cur = conn.cursor()
s = input("请输入要查询的性别:")
cur.execute('''select*from 学生表 where 性别=?''',(s,))
rows = cur.fetchall()
print("学号","姓名","性别","年龄","所在系")
for row in rows:
    print(row[0],row[1],row[2],row[3],row[4])
conn.close()
```

运行结果如下:

```
请输入要查询的性别:男
 学号     姓名  性别  年龄   所在系
1102101  张三   男    20    计算机
1102104  赵六   男    18   人工智能
```

上方代码中,s = input("请输入要查询的性别:"),cur.execute('''select*from 学生表 where 性别 = ?''',(s,))是参数化查询的关键所在。注意在执行 SQL 时,用于替换“?”占位符的变量 s 要写成元组类型,即(s,)。当元组中只有一个元素时,其后面要加英文逗号。

例 8.18　参数化查询:连接数据库文件 StuCo. db,根据输入的学生所在系和性别查询学生表中相应学生的数据。

参数化查询通过用户交互依次输入学生所在系和性别,然后获取对应的数据。代码如下:

```
import sqlite3
conn = sqlite3.connect('StuCo.db')
cur = conn.cursor()
d = input("请输入要查询的所在系:")
s = input("请输入要查询的性别:")
cur.execute('''select*from 学生表 where 性别 = ? and 所在系 = ?''',(s,d))
rows = cur.fetchall()
print("学号","姓名","性别","年龄","所在系")
for row in rows:
    print(row[0],row[1],row[2],row[3],row[4])
conn.close()
```

运行结果如下:

```
请输入要查询的所在系:计算机
请输入要查询的性别:男
  学号     姓名   性别   年龄   所在系
1102101   张三    男     20    计算机
```

8.3.3　数据更新编程

数据更新编程包括插入数据、删除数据和更新数据三种类型。这三种类型也分为简单更新和参数化更新。简单更新是指在 SQL 中写入具体的常量值进行操作,不具有通用性。参数化更新是指在 SQL 中使用“?”占位符,由用户输入要更新的变量,执行时再用变量替换“?”占位符。

1. 插入数据

例 8.19　连接数据库文件 StuCo. db,插入一条数据:('1102105','孙七','男',19,'计算机')。

SQL 语句如下:

```
insert into 学生表 values("1102105","孙七","男",19,"计算机")
```

因此,代码如下:

```
import sqlite3
conn = sqlite3.connect('StuCo.db')
cur = conn.cursor()
cur.execute('''insert into 学生表 values("1102105","孙七","男",19,"计算机")''')
conn.commit()
```

```
print("插入成功")
#显示学生表中的所有数据
cur.execute("select*from 学生表")
rows = cur.fetchall()
print(rows)
conn.close()
```

运行结果如下：

```
插入成功
[('1102101','张三','男',20,'计算机'),('1102102','李四','女',19,'计算机'),('1102103','王五','女',19,'外语'),('1102104','赵六','男',18,'人工智能'),('1102105','孙七','男',19,'计算机')]
```

执行了 SQL 的插入语句之后，一定要通过连接对象的 commit( )方法进行事务提交，最后通过查询学生表中的所有信息确认是否已经插入。本程序只能执行一次，一旦成功插入之后，不可以再执行第二次，否则会因为数据表中主键学号重复而报错。报错信息为"IntegrityError:UNIQUE constraint failed:学生表.学号"。为了避免这种情况，可以使用 try...except 结构，以及通过连接对象的 rollback( )方法进行事务回滚。代码更新如下：

```
import sqlite3
conn = sqlite3.connect('StuCo.db')
cur = conn.cursor()

try:
    cur.execute('''insert into 学生表 values("1102105","孙七","男",19,"计算机")''')
    conn.commit()
    print("插入成功")
    # 显示数据表中的所有数据
    cur.execute("select*from 学生表")
    rows = cur.fetchall()
    print(rows)

except Exception as e:
    conn.rollback()
    print("插入失败，事务回滚")
conn.close()
```

例 8.20　连接数据库文件 StuCo. db，插入三条数据：('1102106','周八', '女',20,'计算机'),('1102107','吴九','女',19,'外语'),('1102108','郑十', '男',19,'人工智能')。

此例可以将需插入的数据存放在列表中，然后利用例 8.19 的代码循环实现，也可以使用游标对象的 executemany( )方法实现。这里使用 executemany( )方法。代码如下：

```
import sqlite3
conn = sqlite3.connect('StuCo.db')
cur = conn.cursor()

stu = [('1102106','周八','女',20,'计算机'),
       ('1102107','吴九','女',19,'外语'),
       ('1102108','郑十','男',19,'人工智能')]
```

```
try:
    cur = conn.cursor()
    cur.executemany('''insert into 学生表 values(?,?,?,?,?)''',stu)
    conn.commit()
    print("插入多条数据成功")
    # 显示数据表中的所有数据
    cur.execute("select*from 学生表")
    rows = cur.fetchall()
    print(rows)

except Exception as e:
    conn.rollback()
    print("插入失败，事务回滚")

conn.close()
```

例 8.21　连接数据库文件 StuCo.db，通过键盘输入并插入一条数据：('1102109','刘一','男',18,'人工智能')。

此例要求通过键盘输入相关数据，所以可以依次输入学号、姓名、性别、年龄和所在系五个变量，然后通过在 SQL 语句中使用英文问号"?"占位符，并被实际键盘输入的值更新实现数据的插入。代码如下：

```
import sqlite3
conn = sqlite3.connect('StuCo.db')
cur = conn.cursor()
sno = input("请输入学号：")
sname = input("请输入姓名：")
ssex = input("请输入性别：")
sage = input("请输入年龄：")
sdep = input("请输入所在系：")
cur.execute('''insert into 学生表 values(?,?,?,?,?)''',(sno,sname,ssex,sage,sdep))
conn.commit()
print("插入成功")
# 显示学生表中的所有数据
cur.execute("select*from 学生表")
rows = cur.fetchall()
print(rows)
conn.close()
```

运行结果如下：

```
请输入学号:1102109
请输入姓名:刘一
请输入性别:男
请输入年龄:18
请输入所在系:人工智能
插入成功
('1102101','张三','男',20,'计算机')
('1102102','李四','女',19,'计算机')
```

```
('1102103','王五','女',19,'外语')
('1102104','赵六','男',18,'人工智能')
('1102105','孙七','男',19,'计算机')
('1102106','周八','女',20,'计算机')
('1102107','吴九','女',19,'外语')
('1102108','郑十','男',19,'人工智能')
('1102109','刘一','男',18,'人工智能')
```

2. 删除数据

例 8.22　连接数据库文件 StuCo. db,删除学生表中学号为 1102109 的学生信息。

代码如下:

```
import sqlite3
conn = sqlite3.connect('StuCo.db')
cur = conn.cursor()
cur.execute('''delete from 学生表 where 学号="1102109"''')
conn.commit()
print("删除成功!")

# 显示学生表中的所有数据
cur.execute("select*from 学生表")
rows = cur.fetchall()
print(rows)
conn.close()
```

运行结果如下:

```
删除成功!
('1102101','张三','男',20,'计算机')
('1102102','李四','女',19,'计算机')
('1102103','王五','女',19,'外语')
('1102104','赵六','男',18,'人工智能')
('1102105','孙七','男',19,'计算机')
('1102106','周八','女',20,'计算机')
('1102107','吴九','女',19,'外语')
('1102108','郑十','男',19,'人工智能')
```

例 8.23　连接数据库文件 StuCo. db,删除学生表中某学号的学生信息,该学号由用户通过键盘输入。

代码如下:

```
import sqlite3
conn = sqlite3.connect('StuCo.db')
cur = conn.cursor()
sno = input("请输入要删除的学号:")
cur.execute('''delete from 学生表 where 学号=?''',(sno,))
conn.commit()
print("删除成功!")
conn.close()
```

程序运行时输入要删除的学号即可，请读者自行运行尝试。

3. 更新数据

例 8.24　连接数据库文件 StuCo. db，将学生表中学号为 1102104 学生的姓名改成“赵老六”。

代码如下：

```
import sqlite3
conn = sqlite3.connect('StuCo.db')
cur = conn.cursor()
cur.execute('''update 学生表 set 姓名 ="赵老六"where 学号 ="1102104"''')
conn.commit()
print("更新成功")
#显示数据表中的所有数据
cur.execute("select*from 学生表")
rows = cur.fetchall()
print(rows)
conn.close()
```

运行结果如下：

```
更新成功
('1102101','张三','男',20,'计算机')
('1102102','李四','女',19,'计算机')
('1102103','王五','女',19,'外语')
('1102104','赵老六','男',18,'人工智能')
('1102105','孙七','男',19,'计算机')
('1102106','周八','女',20,'计算机')
('1102107','吴九','女',19,'外语')
('1102108','郑十','男',19,'人工智能')
```

例 8.25　连接数据库文件 StuCo. db，将学生表中学号为 1102104 学生的姓名改成由用户通过键盘输入的值。

代码如下：

```
import sqlite3
conn = sqlite3.connect('StuCo.db')
cur = conn.cursor()
sname = input("请要更改的姓名为：")
cur.execute('''update 学生表 set 姓名 = ? where 学号 ="1102104"''',(sname,))
conn.commit()
print("更新成功")
# 显示数据表中的所有数据
cur.execute("select*from 学生表")
rows = cur.fetchall()
print(rows)
conn.close()
```

运行结果如下：

```
请要更改的姓名为：赵六
更新成功
('1102101','张三','男',20,'计算机')
```

```
('1102102','李四','女',19,'计算机')
('1102103','王五','女',19,'外语')
('1102104','赵六','男',18,'人工智能')
('1102105','孙七','男',19,'计算机')
('1102106','周八','女',20,'计算机')
('1102107','吴九','女',19,'外语')
('1102108','郑十','男',19,'人工智能')
```

综上所述,数据库查询首先要写好 SQL 语句,然后套到固定的步骤中即可。

§8.4 应用案例

设计一个用户登录信息管理的程序,要求能实现如图 8-30 所示的功能。

使用 Python 的 tkinter 库实现设计界面,并使用数据库实现数据存放。可以配合 AI 编程功能完成此案例。

1. 界面实现

使用 tkinter 库创建如图 8-31 所示的界面。首先导入 tkinter 库,创建主窗口,再创建并放置相应的控件,包括用户名和密码的标签控件和输入框控件,以及实现六大功能的按扭控件。代码如下:

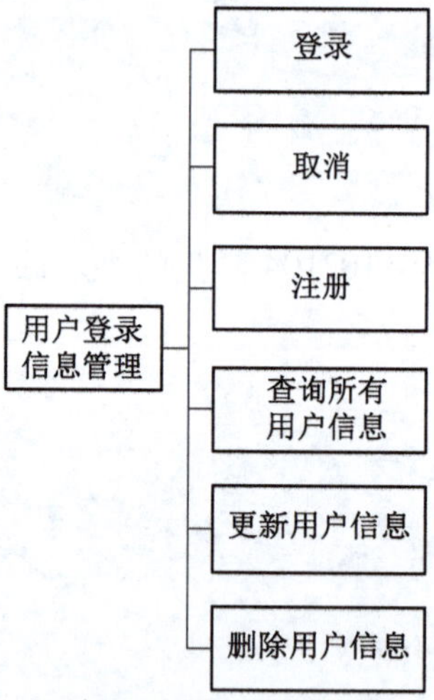

图 8-30 用户登录信息管理程序功能

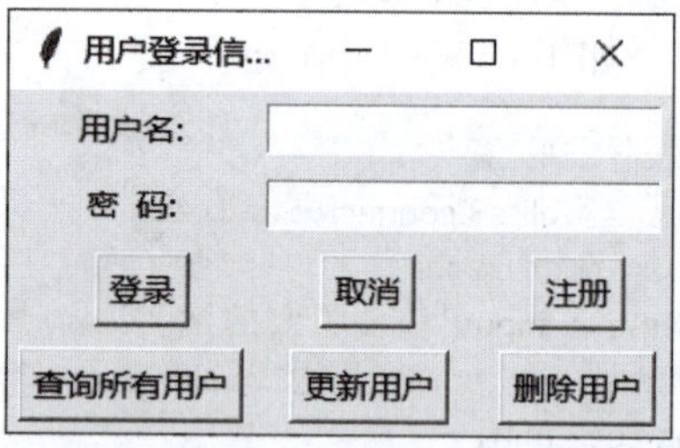

图 8-31 界面

```
import tkinter as tk
from tkinter import messagebox
# 创建主窗口
root = tk.Tk()
root.title("用户登录信息管理")
# 创建并放置用户名和密码的标签及输入框
username_label = tk.Label(root,text="用户名:")
username_label.grid(row=0,column=0,padx=5,pady=5)
username_entry = tk.Entry(root)
```

```
username_entry.grid(row = 0,column = 1,columnspan = 2,padx = 5,pady = 5)
password_label = tk.Label(root,text ="密   码:")
password_label.grid(row = 1,column = 0,padx = 5,pady = 5)
password_entry = tk.Entry(root,show ="*")
password_entry.grid(row = 1,column = 1,columnspan = 2,padx = 5,pady = 5)
# 创建并放置登录、取消和注册按钮
login_button = tk.Button(root,text ="登录",command = login)
login_button.grid(row = 2,column = 0,padx = 30,pady = 5,sticky = tk.E)
cancel_button = tk.Button(root,text = '取消',command = cancel)
cancel_button.grid(row = 2,column = 1,padx = 30,pady = 5,sticky = tk.W)
register_button = tk.Button(root,text ="注册",command = register)
register_button.grid(row = 2,column = 2,padx = 5,pady = 5)
# 构建查询、更新和删除按钮
query_button = tk.Button(root,text = '查询所有用户',command = query_and_display_data)
query_button.grid(row = 4,column = 0,padx = 5,pady = 5)
update_button = tk.Button(root,text = '更新用户',command = open_update_window)
update_button.grid(row = 4,column = 1,padx = 5,pady = 5)
delete_button = tk.Button(root,text = '删除用户',command = open_delete_window)
delete_button.grid(row = 4,column = 2,padx = 5,pady = 5)
```

2. 创建并连接数据库功能实现

创建一个数据库,命名为 user. db,再创建一个数据表 users 存放用户名和密码信息。首先导入 sqlite3 库,再进行数据库的连接和数据表的创建。代码如下:

```
import sqlite3
# 连接到 SQLite 数据库(如果数据库不存在,将会自动创建)
conn = sqlite3.connect('user.db')
c = conn.cursor()
# 创建用户表(如果不存在)
c.execute('''CREATE TABLE IF NOT EXISTS users
             (id INTEGER PRIMARY KEY AUTOINCREMENT,
             username TEXT NOT NULL,
             password TEXT NOT NULL)''')
conn.commit()
```

3. 注册功能实现

通过以上步骤,数据库刚创建了一个空的数据表,因此要添加数据到数据表中。实现注册功能的关键就是要将用户输入的用户名和密码写入数据表中并保存。通过用户名和密码的输入框控件获取输入信息并分别保存到变量 username 和 password 中,然后检查用户名是否已经在数据库中存在。如果存在,提示用户直接登录;如果不存在,则将输入信息添加到数据库的数据表 users 中。

检查用户名是否存在,通过执行 SQL 的 SELECT 命令获取数据表中的信息。如果成功获得信息则表示用户名存在,否则表示用户名不存在。SQL 语句如下:

```
c.execute("SELECT*FROM users WHERE username = ?",(username,))
```

添加用户名和密码信息到数据表中,通过执行 SQL 的 INSERT 命令将变量 username 和 password 的值添加到数据表中。SQL 语句如下:

```
c.execute("INSERT INTO users (username,password) VALUES (?,?)",(username,password))
```

上述 SQL 语句都用到了参数化查询，请读者注意参数据化查询的写法。注册功能实现代码如下：

```
# 注册按钮的回调函数
def register():
    username = username_entry.get()
    password = password_entry.get()

    # 检查用户名是否已存在
    c.execute("SELECT*FROM users WHERE username=?",(username,))
    if c.fetchone():
        messagebox.showwarning('警告','用户名已存在，请直接登录！')
    else:
        if username and password:
            c.execute("INSERT INTO users (username,password) VALUES (?,?)",(username,password))
            conn.commit()
            messagebox.showinfo('注册成功','数据已提交到数据库！')
            username_entry.delete(0,tk.END)
            password_entry.delete(0,tk.END)
        else:
            messagebox.showwarning('警告','请输入用户名和密码！')
```

4. 登录功能实现

登录功能实现的关键是比较用户输入的用户名和密码与数据库中存在的用户名和密码，如果完全相同，则表示登录成功，否则登录不成功。通过用户名和密码的输入框控件获取输入信息，并分别保存到变量 username 和 password 中，然后检查用户名和密码是否为空，如果不为空，则检查用户名是否在数据库中。如果在数据库中，则判断用户名和密码是否正确，如果正确，则弹出登录成功的消息，否则弹出登录失败的消息。登录功能实现代码如下：

```
# 登录按钮的回调函数
def login():
    username = username_entry.get()
    password = password_entry.get()

    if username == ''or password =='':
        messagebox.showinfo("提示","用户名或密码不可以为空！")
    else:
        # 检查用户名是否在“数据库”中
        c.execute("SELECT*FROM users WHERE username=?",(username,))
        row = c.fetchone()
        if row:
            if username == row[1] and password == row[2]:
                messagebox.showinfo("登录成功","欢迎，{}！".format(username))
            else:
                messagebox.showerror("登录失败","用户名或密码错误！")
```

```
    else:
        messagebox.showwarning("警告","用户名不存在,请先注册!")
```

5. 取消功能实现

实现取消功能就是指关闭主界面,代码如下:

```
# 取消按钮的回调函数
def cancel():
    root.destroy()
```

6. 查询所有用户信息功能实现

查询所有用户信息是指显示数据库中所有用户的用户名和密码都。这里通过 tkinter 库中的 Listbox 控件来显示获得的信息。单击“查询所有用户”按钮后,通过 SELECT 命令将数据表 users 中的所有信息查询出来,将弹出一个新的窗口,专门来显示查询信息,如图 8-32 所示。

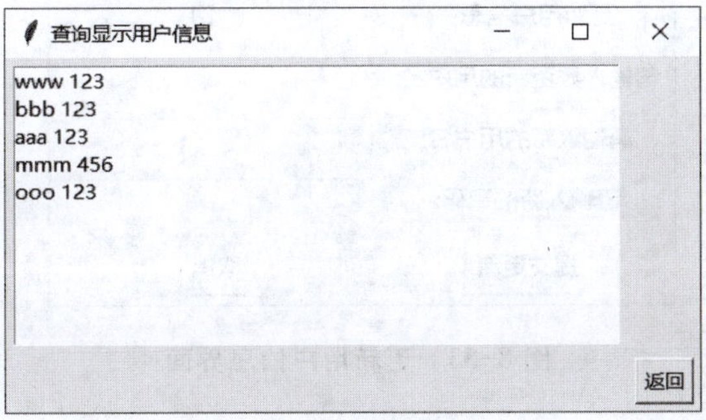

图 8-32　显示用户信息界面

查询所有用户信息功能实现代码如下:

```
# 查询按钮的回调函数
def query_and_display_data():

    display_window = tk.Toplevel(root)
    display_window.title("查询显示用户信息")

    # 初始化 listbox 以展示查询数据
    result_listbox = tk.Listbox(display_window,width=50,height=10)
    result_listbox.grid(row=1,column=0,columnspan=2,padx=5,pady=5)

    # 清空 listbox 中的旧数据
    result_listbox.delete(0,tk.END)

    # 执行数据库查询
    c.execute("SELECT*FROM users")
    rows = c.fetchall()

    # 遍历查询结果,并将其添加到 listbox 中
```

```
    for row in rows:
        result_listbox.insert(tk.END,row[1:])  # row 对应用户名字段一整行

    # 定义返回按钮的函数
    def cancel_display():
        display_window.destroy()

    # 添加返回按钮
    cancel_button = tk.Button(display_window,text='返回',command=cancel_display)
    cancel_button.grid(row=3,column=2,padx=5,pady=5)
```

7. 更新用户信息功能实现

更新用户信息的功能是指修改更新数据库中的某用户的用户名和密码。单击“更新用户”按钮后,根据输入新用户信息,通过 UPDATE 命令把新的用户名和密码信息更新到数据库中。此时将弹出一个新的窗口,专门来输入更新的信息,如图 8-33 所示。

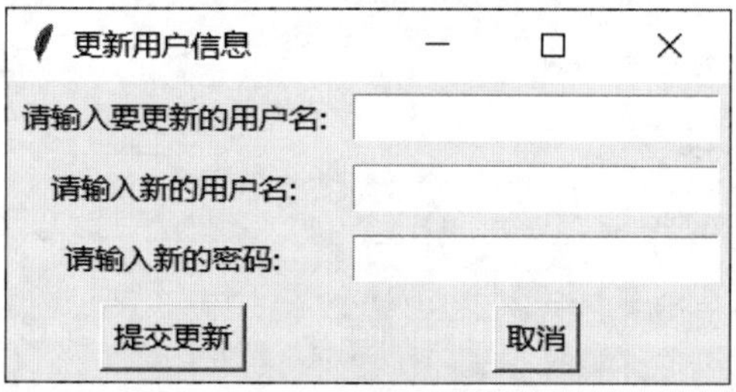

图 8-33 更新用户信息界面

更新用户信息功能实现代码如下:

```
# “更新用户”按钮的回调函数,定义打开更新界面的函数
def open_update_window():
    update_window = tk.Toplevel(root)
    update_window.title("更新用户信息")

    # 在更新界面上添加控件
    user_name_label = tk.Label(update_window,text='请输入要更新的用户名:')
    user_name_label.grid(row=0,column=0,padx=5,pady=5)
    user_name_entry = tk.Entry(update_window)
    user_name_entry.grid(row=0,column=1,padx=5,pady=5)

    new_username_label = tk.Label(update_window,text='请输入新的用户名:')
    new_username_label.grid(row=1,column=0,padx=5,pady=5)
    new_username_entry = tk.Entry(update_window)
    new_username_entry.grid(row=1,column=1,padx=5,pady=5)

    new_password_label = tk.Label(update_window,text='请输入新的密码:')
    new_password_label.grid(row=2,column=0,padx=5,pady=5)
    new_password_entry = tk.Entry(update_window,show='*')
    new_password_entry.grid(row=2,column=1,padx=5,pady=5)
```

```
    # 定义提交更新的函数
    def submit_update():
        old_username = user_name_entry.get()
        new_username = new_username_entry.get()
        new_password = new_password_entry.get()

        if old_username and new_username and new_password:
            try:
                c.execute("UPDATE users SET username = ?,password = ? WHERE username = ?",(new_username,new_password,old_username))
                conn.commit()
                messagebox.showinfo('成功','用户信息已更新!')
                update_window.destroy()  # 关闭更新窗口
            except sqlite3.Error as e:
                messagebox.showerror('错误',f'更新用户信息时出错:{e}')
        else:
            messagebox.showwarning('警告','请确保所有字段都已填写!')

    # 定义取消删除的函数
    def cancel_update():
        update_window.destroy()  # 关闭删除窗口

    # 添加提交按钮
    submit_button = tk.Button(update_window,text='提交更新',command=submit_update)
    submit_button.grid(row=3,column=0,padx=5,pady=5)
    # 添加取消按钮
    cancel_button = tk.Button(update_window,text='取消',command=cancel_update)
    cancel_button.grid(row=3,column=1,padx=5,pady=5)
```

8. 删除用户信息功能实现

删除用户信息的功能是指删除数据库中的某用户的用户名和密码。单击“删除用户”按钮后,通过 DELETE 命令将由键是输入的要删除的用户名信息从数据库中删除。此时将弹出一个新的窗口,专门来输入要删除的用户名信息,如图 8-34 所示。

图 8-34　删除用户信息界面

删除用户信息功能实现代码如下:

```
# "删除用户"按钮的回调函数 ,定义打开删除界面的函数
def open_delete_window():
    delete_window = tk.Toplevel(root)
    delete_window.title("删除用户信息")
```

```
# 在删除界面上添加控件
user_name_label = tk.Label(delete_window,text='请输入要删除的用户名:')
user_name_label.grid(row=0,column=0,padx=5,pady=5)
user_name_entry = tk.Entry(delete_window)
user_name_entry.grid(row=0,column=1,padx=5,pady=5)

# 定义提交删除的函数
def submit_delete():
    delete_username = user_name_entry.get()

    if delete_username:
        try:
            c.execute("DELETE FROM users WHERE username=?",(delete_username,))
            conn.commit()
            messagebox.showinfo('成功','用户信息已删除!')
            delete_window.destroy()  # 关闭删除窗口
        except sqlite3.Error as e:
            messagebox.showerror('错误',f'删除用户信息时出错:{e}')
    else:
        messagebox.showwarning('警告','请输入要删除的用户名!')

# 定义取消删除的函数
def cancel_delete():
    delete_window.destroy()  # 关闭删除窗口

# 添加提交按钮
submit_button = tk.Button(delete_window,text='提交删除',command=submit_delete)
submit_button.grid(row=1,column=0,padx=5,pady=5)

# 添加取消按钮
cancel_button = tk.Button(delete_window,text='取消',command=cancel_delete)
cancel_button.grid(row=1,column=1,padx=5,pady=5)
```

以上就是用户登录信息管理的程序实现。该案例注重功能的实现,着重把所学的 SQL 的查询、添加、更新和删除命令进行整合。

本章小结

本章重点介绍了 Python 数据库编程的技术,使用内置库 sqlite3 操作数据库。借助 Navicat 可视化工具与数据库文件进行连接,可以直观呈现和管理数据库内容,并通过建立查询学习 SQL 数据库查询命令和更新命令的语法规则和书写要求。借助 SQL 语句,Python 可以实现数据库的查询和增、删、改操作。导入内置库 sqlite3,可以使用 sqlite3 中的 connect( )方法建立与本地数据库的连接,使用 cursor( )方法创建游标对象,通过 execute( )方法执行 SQL 语句,对于查询的内容进行输出,最后关闭数据库连接。对于增、删、改操作,还需要调用连接对象的 commit( )方法进行数据提交才能实现。在实际编程中,要深刻认识到可视化工具在数据库管理中的重要辅助作用,熟练掌握 SQL 语句完成数据的增、删、改、查操作和数据库编程的交互技巧,为后续复杂数据库应用开发筑牢基础。

习题 8

1. 利用可视化数据库管理工具，查看配套素材中 book.db 数据库文件的相关信息，以及在图书表（图 8-35）中添加、修改和删除数据。

名	类型	大小	比例	不是 null	键
▶图书ID	TEXT	255	0	☐	
书名	TEXT	255	0	☐	
类别	TEXT	255	0	☐	
单价	real	255	0	☐	
作者名	TEXT	255	0	☐	
出版社编号	TEXT	255	0	☐	
出版社名称	TEXT	255	0	☐	

图 8-35　图书表的表结构

图书表包括的字段分别为：图书 ID、书名、类别、单价、作者名、出版社编号、出版社名称。要求：

（1）在 Navicat 窗口中，建立数据库文件 book.db 的连接。

（2）查看图书表的信息。

（3）对图书表添加一条如图 8-36 所示的记录。

10	Python程序设计及应用	JSJ	44.8	龚沛曾	105	高等教育出版社

图 8-36　添加一条记录

2. 编写 Python 查询程序，对 book.db 数据库文件中的图书表（图 8-35）进行以下查询操作：

（1）对图书表进行遍历，显示所有图书信息。

（2）显示图书表中类别是“JSJ”的图书书名、类别和作者。

3. 编写 Python 查询程序，对 book.db 数据库文件中的图书表（图 8-35）进行以下查询操作：

由键盘输入要查询的出版社名称，再根据输入的出版社名称，显示相应出版社图书的信息。提示：通过参数化查询实现。

4. 编写 Python 查询程序，对 book.db 数据库文件中的图书表（图 8-35）进行以下增、删、改操作：

（1）使用 INSERT 命令对图书表添加一条如图 8-37 所示的记录。

11	数据库系统概论	JSJ	42.0	王珊	105	高等教育出版社

图 8-37　添加一条记录 2

（2）使用 Update 命令将图书表中作者名为“张海涛”编写的书名“计算机原理”的图书单价修改为 29.98 元。

(3) 使用 DELETE 命令删除书名为“会计基础”的图书信息。

5. 编写 Python 查询程序,对 book. db 数据库文件中的图书表(图 8-35)进行以下增、删、改操作,要求使用参数化功能实现,即需要操作的数据要由键盘交互输入:

(1) 由键盘输入一条如图 8-38 所示的记录,并添加到图书表。

12	大学计算机基础	JSJ	38.0	刘卫国	105	高等教育出版社

图 8-38 添加一条记录 3

(2) 由键盘输入要修改的作者名和书名,将图书表中作者名为“刘洋”编写的书名为“会计原理”的图书单价修改为 25. 23 元。

(3) 由键盘输入要删除的书名,删除“Access2000 导引”这本书的信息。

6. course. db 数据库文件中包含课程表,表结构如图 8-39 所示。

名	类型	大小	比例	不是 null	键
▸ 课程号	TEXT	255	0	☐	
课程名称	TEXT	255	0	☐	
开课学期	TEXT	255	0	☐	
学时	TEXT	255	0	☐	
学分	TEXT	255	0	☐	
课程类别	TEXT	255	0	☐	

图 8-39 课程表表结构

请编写程序,实现以下功能:

(1) 录入课程名称和课程类别,其他字段均可空。若录入成功,则显示相同课程类别的所有课程的查询结果。

(2) 若不录入课程名称直接按【Enter】键,则仅显示已录信息中课程类别的查询结果。

运行结果示例如图 8-40 所示。

```
请输入课程名称:(回车仅查询课程类别)Python程序设计
请输入课程类别:(输入0退出程序)限选
课程名称        课程类别
多媒体技术基础及应用 限选
VB程序设计 限选
信号处理原理 限选
数据库系统概论 限选
软件工程 限选
网页制作与发布 限选
Python程序设计 限选
请输入课程名称:(回车仅查询课程类别)
请输入课程类别:(输入0退出程序)必修
课程名称        课程类别
大学英语 必修
高等数学 必修
电路基础 必修
计算机组成原理 必修
C程序设计 必修
离散数学 必修
数据结构 必修
操作系统 必修
计算机网络 必修
微机接口技术 必修
请输入课程名称:(回车仅查询课程类别)
请输入课程类别:(输入0退出程序)0
```

图 8-40 第 6 题运行结果示例

第 9 章 网络爬虫基础及应用

在互联网信息如潮水般涌来的时代,数据已然成为推动创新与发展的核心动力。全球每天产生的数据量高达数万亿字节,社交媒体上用户的每一次动态分享、电商平台的每一笔交易记录、物联网设备源源不断传输的传感数据等,共同汇聚成了浩瀚无垠的数据海洋。这些数据蕴含着巨大的价值,成为企业制定战略、科研机构探索未知、政府优化社会治理等的关键依据。在大数据技术的推动下,海量数据的存储、处理和分析成为可能,而网络爬虫技术,就像是在这片数据海洋中辛勤劳作的“渔夫”,扮演着获取互联网数据的关键角色。它能依据既定规则,自动穿梭于互联网的各个角落,精准地抓取所需信息,为大数据分析提供丰富的数据资源。

掌握网络爬虫技术,挖掘其背后的数据宝藏,是我们在大数据时代获取知识、寻求创新的关键途径。本章将深入探索网络爬虫的世界,从基础概念、工作原理,到法律伦理规范,再到网页爬取、内容解析的实用技巧,以及简单的 API 调用,领略网络爬虫在实际场景中的强大效能,为后续深入学习网络爬虫技术筑牢根基。

§9.1 网络爬虫概述

网络爬虫技术,作为一种高效的数据采集工具,能够在互联网的广阔空间中自动搜索、定位,并提取有价值的信息,为大数据分析、市场研究、学术调查等提供关键支持。本节将介绍网络爬虫的基本概念、主要类型、实际应用场景、相关的技术基础以及法律伦理,帮助读者初步了解网络爬虫的工作原理、应用法律及伦理规范。

9.1.1 网络爬虫简介

1. 基本概念

网络爬虫(Web crawler)又称为网络蜘蛛(Web spider)、网络机器人(Web robot),是一种通过模拟用户浏览网页的行为,按照一定的规则自动从互联网上抓取或提交数据信息的程序或脚本。

网络爬虫抓取的数据信息可以是文本、图片、视频等多种形式,抓取成功后将其存储到数据库或文件系统中,以便后续处理和分析。此外,网络爬虫还可以通过模拟用户操作实现自动提交数据信息的功能,使其不仅限于单向的数据采集,还能完成交互式任务。需要注意的是,开发者应在技术实现前充分评估法律与伦理风险,谨慎使用网络爬虫技术。

2. 主要类型

网络爬虫类型多样，可以根据不同的标准进行分类，常见类型见表 9-1～表 9-4。

表 9-1　按功能目标划分网络爬虫类型

类型	特点	示例
通用爬虫	大规模抓取全网数据，范围广泛但深度有限	搜索引擎索引构建
聚焦爬虫	针对特定领域或主题定向抓取，通过主题相关性算法预设规则过滤无关内容	垂直领域（如电商、医疗）数据采集及分析
增量式爬虫	周期性检测网页变化，优先抓取新增或更新内容	新闻聚合、价格监控等高频更新场景

表 9-2　按抓取策略划分网络爬虫类型

类型	特点	示例
广度优先搜索爬虫	从起始 URL 开始，先将该页面中的所有链接加入待抓取队列，再依次抓取这些链接对应的页面，一层一层地进行遍历，保证先访问到距离起始页面较近的页面	抓取一个电商网站的商品信息，从首页开始，依次抓取首页上各品类页面链接，再从各品类页面抓取商品详情页链接，优先获取网站结构中较浅层的页面
深度优先搜索爬虫	从起始 URL 开始，沿着一条路径尽可能深地访问链接，直到无法继续或达到设定深度后，再回溯到上一个节点，继续探索其他路径	在抓取一个具有层级结构的论坛时，从论坛首页进入某个版块，再深入到该版块下的某个帖子，一直查看该帖子下的所有回复，直到没有新的回复或达到设定深度，再返回版块查看其他帖子
最佳优先搜索爬虫	根据一定的评价函数，对每个待抓取的链接进行评估，优先选择得分最高的链接进行抓取，评价函数基于网页的相关性、重要性等因素设计	在抓取学术文献网站时，将文献的引用次数、发表期刊的影响力等因素作为评价函数，优先抓取高引用、高影响力期刊上的文献页面

表 9-3　按技术实现划分网络爬虫类型

类型	特点	示例
基于 HTTP 请求库的爬虫	利用如 Python 的 requests 库等 HTTP 请求库发送请求获取网页内容，再借助解析库解析提取数据，简单高效，适用于结构简单、反爬虫机制弱的网站	使用 requests 库抓取普通博客网站文章标题、正文等信息
基于浏览器驱动的爬虫	借助 Selenium 等工具驱动真实浏览器，模拟用户操作加载和获取网页内容，能处理 JavaScript 渲染的动态页面，但效率低、资源消耗大	用 Selenium 抓取需登录且数据动态加载的社交平台个人主页的好友列表、动态等信息
基于分布式架构的爬虫	把爬虫任务分布到多个节点并行执行，提升抓取效率和速度，用于大规模网页抓取任务	大型电商数据采集项目中，用 Scrapy-Redis 框架构建分布式爬虫，多个节点同时抓取不同品类商品页面

表 9-4　按访问网页类型划分网络爬虫类型

类型	特点	示例
表层网络爬虫	主要抓取可以通过静态链接直接访问到的网页	抓取新闻资讯网站的公开新闻页面
深层网络爬虫	抓取需要登录、表单提交、特定权限或特殊操作才能访问到的深层网页内容	爬虫模拟登录流程，提交用户名和密码，进入网页获取资料

3. 应用场景

网络爬虫已成为大数据时代不可或缺的数据采集工具，为各行各业的数字化转型提供了强有力的技术支撑。在遵守法律法规和网站使用条款的前提下，网络爬虫有以下常见的应用场景。

(1) 搜索引擎服务：如百度等搜索引擎在遵守 robots. txt 协议的基础上，爬取公开网页信息建立索引，为用户提供搜索服务。

(2) 合规商业分析：如企业在遵守相关法律的前提下，爬取竞争对手的公开产品信息和定价数据；收集公开的商品评论进行市场分析。

(3) 公开数据研究：如研究机构爬取公开发布的学术论文、统计数据等进行科学研究；金融机构收集公开的财经新闻和市场数据进行分析。

(4) 内容聚合服务：如新闻聚合平台在获得授权或遵循合理使用原则的基础上，收集各媒体的公开资讯；社交媒体平台监测公开的热点话题。

(5) 政务信息服务：如政府部门通过爬取公开的网络信息了解社会动态，为政策制定提供参考。

9.1.2　HTML 基础

HTML，全称为 Hyper Text Markup Language，即超文本标记语言，是构建网页的标准标记语言，理解 HTML 结构是进行网络爬虫的基础。HTML 使用标记对（标签对，如〈html〉〈/html〉）来描述网页的结构和内容，通过嵌套的元素定义文档的语义，通过属性为元素提供额外信息，支持超链接实现页面间的跳转。

HTML 经历了从 HTML 1.0 到 HTML 5 的发展历程。HTML 5（2014 年成为 W3C 推荐标准）是当前的主流版本，引入了〈video〉、〈audio〉、〈canvas〉等新元素，增强了多媒体支持和 Web 应用开发能力。目前，WHATWG 维护的 HTML Living Standard 是持续更新的动态标准，代表 HTML 的最新发展方向。

以教育部门户网站（http://www. moe. gov. cn/）为例，其首页如图 9-1 所示。

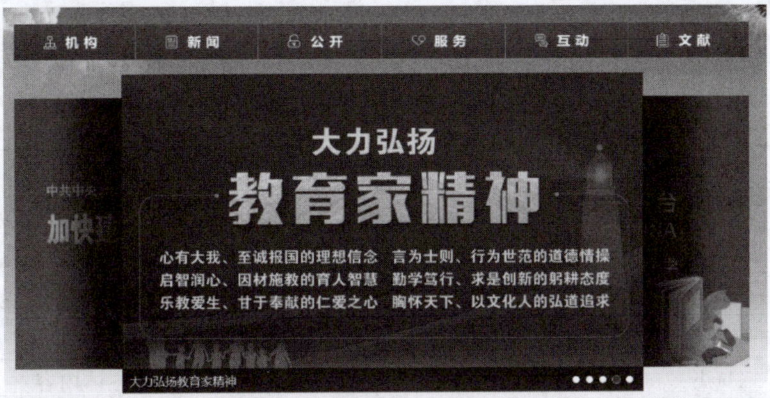

图 9-1　教育部门户网站首页

此网页的 HTML 源代码如图 9-2 所示。HTML 文档通常以〈html〉标签开始，以〈/html〉标签结束。在〈html〉标签内，包含〈head〉和〈body〉两个主要部分。〈head〉部分包含网页的元数据，如标题、编码、样式等。〈body〉部分包含网页的主体内容，如文字、图片、链接等。

```
<!doctype html>
<html>
<head>
<meta http-equiv="Content-Type" content="text/html; charset=utf-8" />
<meta name="viewport" content="width=device-width, initial-scale=1.0, maximum-scale=1.0, user-scalable=no">
<meta http-equiv="X-UA-Compatible" content="IE=edge,chrome=1" />
<meta name="renderer" content="webkit"/>
<meta name="SiteName" content="中华人民共和国教育部政府门户网站">
<meta name="SiteDomain" content="www.moe.gov.cn">
<meta name="SiteIDCode" content="bm05000001">
<meta name="filetype" content="0">
<meta name="publishedtype" content="1">
<meta name="pagetype" content="2">
<meta  name="catalogs"  content="index">
<meta name="uctk" content="enabled">
<meta name="baidu-site-verification" content="gsQnnXVkuH" />
<title>中华人民共和国教育部政府门户网站</title>
<meta name="keywords" content="中华人民共和国教育部,教育部政府门户网站,教育部,教育" />
<meta name="description" content="教育部政府门户网站由教育部办公厅主办，是教育部机关实施信息公开、新闻宣传、在
<link href="./favorite.ico" rel="shortcut icon" type="image/x-icon" />
<!--优化重构css-->
<link href="./images/moe.css" rel="stylesheet" type="text/css" />
<link href="./images/moe.nav.css" rel="stylesheet" type="text/css" />
<link href="./images/moe.module.list.css" rel="stylesheet" type="text/css" />
<link href="./images/moe.index.css" rel="stylesheet" type="text/css" />
<style type="text/css">
```

图 9-2 教育部门户网站首页页面源代码

HTML 网页的基本结构模型如下：

```
<!DOCTYPE html>
<html>
<head>
    <meta charset="UTF-8">
    <title>页面标题</title>
</head>
<body>
    <h1>一级标题</h1>
    <p>段落文本</p>
    <a href="https://example.com">超链接</a>
    <img src="image.jpg"alt="图片描述">
</body>
</html>
```

其中包含的核心标签及功能见表 9-5。

表 9-5 HTML 核心标签

标签	功能描述
〈html〉... 〈/html〉	定义 HTML 文档根元素
〈head〉... 〈/head〉	网页的头部信息
〈meta charset="UTF-8"〉	指定网页的字符编码格式为 UTF-8
〈title〉... 〈/title〉	网页的标题
〈body〉... 〈/body〉	网页主体内容
〈h1〉... 〈/h1〉	一级标题，最多六级
〈p〉... 〈/p〉	段落
〈a href="url"〉... 〈/a〉	超链接
〈img src="path"〉	图像

除上述常用核心标签外，HTML 标签中还可以包含属性，用于提供额外的信息。常见的属性包括：

（1）id：元素的唯一标识符。

（2）class：元素的类名。

（3）href：链接的目标地址。

（4）src：图片或脚本的源地址。

（5）alt：图片的替代文本。

9.1.3　爬虫法律与伦理规范

在网络爬虫技术广泛应用的当下，遵守相关法律与伦理规范至关重要。这不仅关乎个人与企业的法律责任，更影响着整个互联网生态的健康发展。

1. 爬虫行为的基本准则

Robots 协议，是指网站通过根目录下的 robots. txt 文件声明允许或禁止爬虫访问的路径规则。在运行爬虫程序之前，必须先检查目标网站的 robots. txt 文件。以百度为例，在浏览器地址栏中输入 https://www. baidu. com/robots. txt，便可查看该网站对爬虫的限制规则，如图 9-3 所示。

```
User-agent: Baiduspider
Disallow: /baidu
Disallow: /s?
Disallow: /ulink?
Disallow: /link?
Disallow: /home/news/data/
Disallow: /bh
```

图 9-3　百度 Robots 协议（部分）

robots. txt 文件中的 User-agent 字段指定了规则适用的爬虫名称，Disallow 字段明确了禁止访问的地址，而 Allow 字段则指明了允许访问的路径。若 User-agent 为 *，意味着这些规则适用于所有爬虫。严格遵循这些规则，是确保爬虫合法合规运行的基础。

2. 法律合规

为了防止恶意爬虫对网站造成负担或窃取敏感数据，许多网站采用了反爬虫技术，如限制访问频率、要求登录、使用验证码等。开发网络爬虫需要了解和应对这些技术，但必须在合法合规的前提下进行。必须尊重网站的运营规则，不得使用爬虫对网站进行恶意攻击或干扰其正常运营。例如，不能通过高频次请求使服务器过载，影响网站的正常服务。若因爬虫请求过于频繁导致网站瘫痪或运行缓慢，不仅会损害网站利益，还可能面临法律诉讼的风险。

在保证爬虫行为合规的同时，还需确保对所获取数据的使用符合相关法律和网站规定，严禁非法获取或泄露用户隐私数据，也不可爬取受版权保护的内容。

3. 伦理责任

在遵守法律和尊重他人权益的基础上，爬虫开发者可以利用爬虫技术促进数据的合法共享与利用，为社会创造价值。开发者应自觉避免抓取敏感数据，如个人身份信息、医疗记录、金融交易信息等。还需确保已授权数据的使用具备正当目的，例如进行学术研究、公开数据的分析等。不能利用爬虫进行不正当竞争，如抓取竞争对手的商业机密，或者用于制造虚假信息、传播谣言等。

§9.2 网页爬取

网络爬虫技术如同信息世界的“数字矿工”，能够自动获取网页内容，无论是科研分析、商业情报收集，还是新闻舆情监测，都离不开它的助力。本节将带领大家踏入网页爬取的核心领域，从 requests 库的基础使用到网页数据的爬取，逐步掌握网页爬取的全流程操作。

9.2.1 网页爬取基础

网页爬取是指通过自动化程序从互联网上获取网页内容的过程。在深入学习爬虫工作原理前，有必要先了解浏览器的工作原理，为掌握爬虫工作原理奠定基础，对网络数据传输和网页获取的底层机制有更清晰的认识。

1. 浏览器工作原理

用户浏览网页经历了从输入网址开始，经过域名系统（DNS）解析获取服务器 IP 地址，建立 TCP 连接，发送 HTTP（HyperText Transfer Protocol，超文本传输协议）请求，服务器响应返回网页数据，再到浏览器解析渲染网页内容等一系列复杂过程，如图 9-4 所示。其中，输入的网址在互联网领域专业术语中被称为 URL，全称为 Uniform Resource Locator，即统一资源定位符。

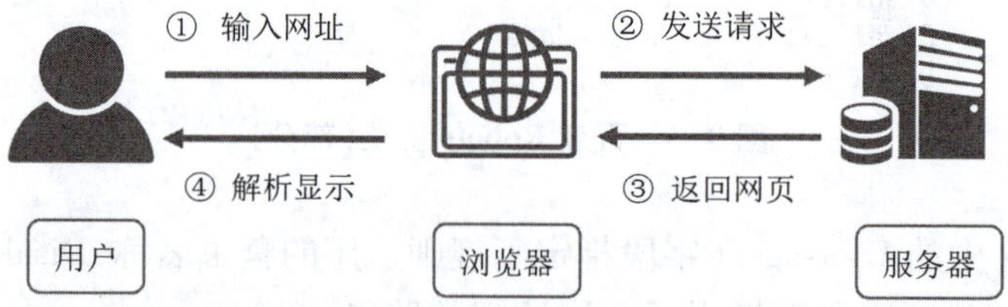

图 9-4 浏览器工作过程

URL 是互联网上标识和定位资源的标准地址格式，通俗名称即“网址”。它是一个完整的网络地址，用于唯一标识互联网上诸如网页、图片、视频、文档等各类资源的位置，其作用是告知浏览器“在哪里”以及“如何”获取特定资源。

URL 完整的通用格式如下：

```
协议://主机域名[:端口号]/路径[?查询参数][#锚点]
```

其中，“协议://主机域名”是必需部分，“[:端口号]/路径[?查询参数][#锚点]”属于可选部分。“协议”是指访问资源所采用的方式，常见的协议有 HTTP、HTTPS、FTP 等，不同的协议有着不同的数据传输规则和安全级别。“主机域名”即服务器的网络地址，域名系统

(DNS)会将其解析为具体的 IP 地址,从而帮助用户找到对应的服务器。“路径”用于指明服务器上文件或资源的具体位置,类似文件系统中的文件路径,如/path/to/page。

将 URL 表示为实际 HTTP 网址的示例格式如下:

```
https://www.example.com:80/path/to/page?param1=value1&param2=value2#section
```

其中,各部分组成的含义如下:

(1) https:协议,也可以是 HTTP 等其他协议。

(2) www. example. com:域名。

(3) 80:端口号,当使用默认端口时(如 HTTP 协议默认端口 80,HTTPS 协议默认端口 443),端口号通常可以省略。

(4) /path/to/page:路径。

(5) ? param1=value1&param2=value2:查询参数,用于向服务器传递额外的信息。

(6) #section:片段标识符,即“锚点”,用于指定页面内的特定位置。

若省略可选部分,此示例格式也可简化为:

```
https://www.example.com/path/to/page
```

在网络爬虫领域,URL 扮演着至关重要的角色,它是爬取的起点和目标。爬虫程序依靠解析 URL 来确定要访问的资源,进而构建 HTTP 请求,确保爬虫能够准确、高效地获取所需资源。

HTTP 请求方法是客户端(如网络爬虫程序)向服务器请求数据时所使用的操作指令,主要包含:①GET,获取资源;②POST,提交数据;③PUT,更新资源;④DELETE:删除资源。

HTTP 状态码是服务器对客户端请求的反馈结果标识,具有重要的指示作用。常见的状态码见表 9-6。

表 9-6　常见 HTTP 状态码

状态码	含义	常见场景
200	请求成功	正常页面访问
301	永久重定向	网站改版跳转
403	禁止访问	触发反爬机制
404	页面不存在	URL 错误或页面删除
500	服务器内部错误	未捕获的异常、数据库连接错误、资源加载失败
503	服务不可用	服务器过载或维护

2. 网络爬虫工作原理

网络爬虫的底层逻辑是通过递归遍历网页中的超链接,实现对互联网信息的自动化采集与组织。它从一个起始 URL 出发,抓取网页内容并解析其中的超链接,然后递归地访问这些链接指向的网页。在这一过程中,爬虫会采用特定策略决定访问网页的顺序和优先级,深度优先策略和广度优先策略就是常见的选择。

以爬取单一网页信息为例,其基本工作流程如图 9-5 所示。

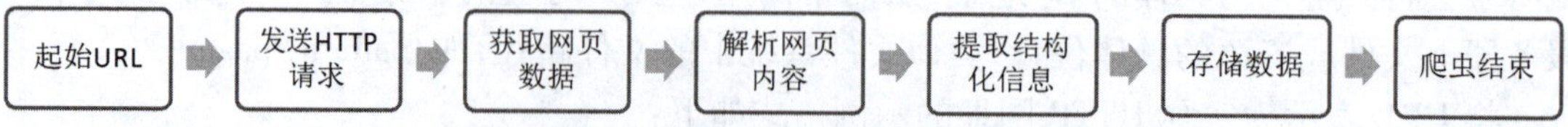

图 9-5　爬取单一网页信息流程

上述流程中包含的核心工作流程：

（1）获取网页数据：网络爬虫通过 HTTP 协议向目标网站发送请求，获取网页的 HTML、JSON 或其他格式的原始数据，通常通过编程语言中的网络请求库（如 Python 的 requests 库和 urllib 库）来实现。

（2）解析网页内容：获取网页后，网络爬虫需要解析网页的 HTML 代码，常见的解析库有 re 和 Beautiful Soup。

（3）提取结构化信息：根据预定义的规则，从解析后的网页中提取结构化信息（如文本、链接、图片等）。

（4）存储数据：将提取的数据保存至本地文件、数据库或云端，以供后续分析或应用。

9.2.2　requests 库

在 Python 的网络爬虫开发领域，requests 库和 urllib 库是两个用于处理网络请求的重要工具，它们在功能和使用体验上各有特点。

requests 库作为 Python 的第三方库，以简洁易用的特性在网络爬虫开发中被广泛应用。它能够便捷地发送 GET、POST、PUT、DELETE 等多种 HTTP 请求，例如，使用 requests. get(url)即可轻松获取网页内容。在处理网络请求的过程中，requests 库会自动处理连接管理、Cookie 处理等底层细节，大大减轻了开发者的负担。

urllib 库属于 Python 的标准库，包含多个功能模块，也提供了基础的网络请求功能。例如，urllib. request 用于打开和读取 URL，urllib. parse 用于解析 URL 等。不过，与 requests 库相比，urllib 库使用起来相对繁琐。例如，发送 GET 请求获取网页内容时，需要使用 urllib. request. urlopen(url)；处理响应数据时，还需要手动处理编码等问题。

由于 requests 库操作简单，能满足开发者快速获取网页数据的需求，本章选取 requests 库介绍网页数据爬取操作。

1. requests 库函数

requests 库中的主要函数见表 9-7。

2. response 对象

response 对象包含了丰富的属性，用于获取服务器响应的相关信息，见表 9-8。这些属性在网络爬虫开发中非常重要，能帮助开发者判断请求是否成功，还能获取网页内容及相关元数据等。

表 9-7　requests 库中的主要函数

函数	说明
get(url, params=None, ** kwargs)	向指定的 URL 发送 GET 请求，用于获取资源。params 参数可用于在 URL 中添加查询参数；** kwargs 可传入其他可选参数，如请求头 headers、代理 proxies 等

（续表）

函数	说明
post(url, data=None, json=None, ** kwargs)	向指定的 URL 发送 POST 请求，常用于提交数据。data 参数用于传递表单数据；json 参数用于直接传递 JSON 格式的数据；** kwargs 可传入其他可选参数
put(url, data=None, ** kwargs)	向指定的 URL 发送 PUT 请求，用于更新资源。data 参数指定要更新的数据；** kwargs 可传入其他可选参数
delete(url, ** kwargs)	向指定的 URL 发送 DELETE 请求，用于删除资源。** kwargs 可传入其他可选参数
head(url, ** kwargs)	向指定的 URL 发送 HEAD 请求，获取资源的头部信息，不获取资源内容本身。** kwargs 可传入其他可选参数
options(url, ** kwargs)	向指定的 URL 发送 OPTIONS 请求，用于获取服务器支持的请求方法等信息。** kwargs 可传入其他可选参数

表 9-8　response 对象属性

属性	说明
status_code	服务器返回的 HTTP 状态码，可用于判断请求的结果状态
text	以字符串形式返回响应内容，通常是网页的 HTML 源代码，用于提取网页的文本信息
headers	以类似字典的形式返回服务器返回的 HTTP 头信息，包含 Content-Type（内容类型）、Server（服务器类型）、Content-Length（内容长度）等，用于描述响应的元数据和服务器配置
content	以二进制形式返回响应内容，适用于处理图片、音频、视频等二进制数据，在保存文件时常用
cookies	返回服务器设置的 Cookie 信息，以 RequestsCookieJar 对象形式存在，可用于处理需要登录或保持会话状态的场景
url	返回请求的最终 URL，若请求过程中有重定向，该属性会显示最终访问的 URL，而非最初请求的 URL

例 9.1　发送 GET 请求，输出状态码和响应内容。

代码如下：

```
import requests
response = requests.get('http://www.moe.gov.cn/')
print(response.status_code)   # 状态码
print(response.text)          # 响应内容
print(response.headers)       # 响应头
```

代码运行后会输出三部分内容：

（1）状态码（response.status_code）：返回数字状态码，正常情况下显示“200”，表示请求成功。如果网站无法访问可能显示“404”（页面不存在）或“500”（服务器错误）等。

（2）响应内容（response.text）：输出网页的完整 HTML 源代码，包含所有文本、标签、样式和脚本代码。

（3）响应头（response.headers）：显示服务器返回的 HTTP 头信息。

上方代码是网络爬虫获取网页数据的基础操作，通过分析这些信息可以进一步处理网页内容。

9.2.3 网页数据爬取

爬取网页数据常见的流程如图 9-6 所示。

图 9-6 爬取网页流程

在网页数据爬取过程中,诸多细节会影响爬取的成功与否,其中头部信息设置和编码处理尤为关键。

1. 头部信息设置

在使用 requests 库进行网页爬取时,如果不设置头部信息,很可能导致爬取失败。

例 9.2 爬取豆瓣电影排行榜页面。

代码如下:

```
import requests
url ="https://movie.douban.com/chart"
resp = requests.get(url)
resp.encoding ="utf-8"
file = open("movies.txt","w",encoding ="utf-8")
file.write(resp.text)
file.close()
```

上方代码未设置请求头部信息,而豆瓣等网站通常会检测请求中的头部信息来识别是否为爬虫。requests 库默认的 User-Agent 为 python-requests/版本号,如此明显的爬虫标识会使网站拒绝请求。当检查请求是否成功时,可以使用如下代码:

```
import requests
url ="https://movie.douban.com/chart"
resp = requests.get(url)
if resp.status_code = = 200:
    print("网页获取成功")
    resp.encoding ="utf-8"
    file = open("movies.txt","w",encoding ="utf-8")
    file.write(resp.text)
    file.close()
else:
    print("网页获取失败")
```

运行结果如下:

```
网页获取失败
```

由此可见,缺少头部信息会触发网站的反爬虫机制,使得网页获取失败。

常见的头部信息设置方法有以下两种。

(1) 基础 User-Agent 设置

User-Agent 用于标识浏览器类型和版本等信息，模拟浏览器访问可以绕过部分反爬虫机制。设置 User-Agent 的示例代码如下：

```
import requests
url ="https://movie.douban.com/chart"
head = {'User-Agent':'Mozilla/5.0 (Windows NT 10.0;Win64;x64;rv:81.0) Gecko/20100101 Firefox/81.0'}
resp = requests.get(url,headers=head)
resp.encoding ="utf-8"
file = open("movies.txt","w",encoding ="utf-8")
file.write(resp.text)
file.close()
```

上方代码通过设置 headers 字典，将 User-Agent 设置为火狐浏览器的相关信息，则网站会认为请求来自真实的浏览器，从而提高爬取成功的概率。但是，如果过于频繁、过度使用、或者采用一些不合理的手段去伪装请求头信息，仍可能导致被封禁或禁止访问。

在大多数浏览器中，可以按【F12】键打开开发者工具（也称为控制台或开发人员工具），然后选择“网络”选项卡。在选项卡中可以看到浏览器发送的每一个 HTTP 请求和响应，查找 User-Agent 来获取信息。以火狐浏览器为例，其 User-Agent 信息如图 9-7 所示。

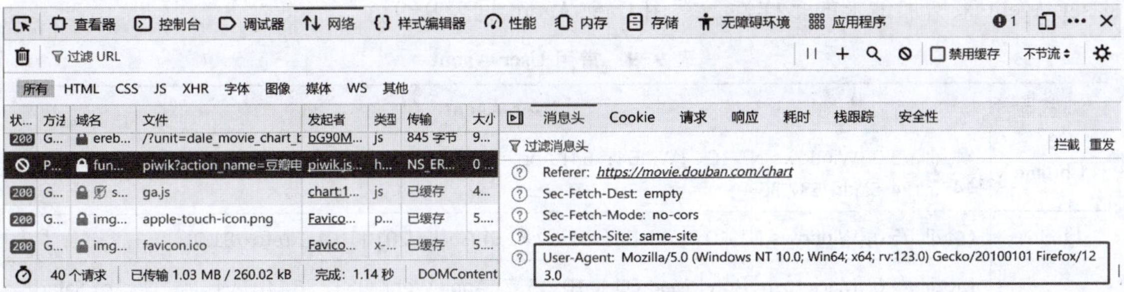

图 9-7 User-Agent 信息

(2) 完整的浏览器头部模拟

除了设置 User-Agent，还可以模拟完整的浏览器头部信息。完整的浏览器头部包含多种信息，如接收的内容类型、语言偏好、支持的压缩格式等。创建完整浏览器请求头的代码如下：

```
import requests
def create_browser_headers():
    """创建完整的浏览器请求头"""
    headers = {
        'User-Agent':'Mozilla/5.0 (Windows NT 10.0;Win64;x64) AppleWebKit/537.36 (KHTML,like Gecko) 
Chrome/91.0.4472.124 Safari/537.36',
        'Accept':
'text/html,application/xhtml+xml,application/xml;q=0.9,image/webp,*/*;q=0.8',
        'Accept-Language':'zh- CN,zh;q=0.8,zh- TW;q=0.7,zh- HK;q=0.5,en- US;q=0.3,en;q=0.2',
        'Accept- Encoding':'gzip, deflate',
```

```
            'DNT':'1',
            'Connection':'keep- alive',
            'Upgrade- Insecure- Requests':'1',
            'Sec- Fetch- Dest':'document',
            'Sec- Fetch- Mode':'navigate',
            'Sec- Fetch- Site':'none',
            'Cache- Control':'max- age=0'
        }
        return headers
# 使用完整头部信息
url ="https://movie.douban.com/chart"
headers = create_browser_headers()
resp = requests.get(url,headers=headers)
if resp.status_code = = 200:
    print("使用完整头部信息爬取成功")
else:
    print(f"爬取失败:{resp.status_code}")
```

运行结果如下：

```
使用完整头部信息爬取成功
```

不同浏览器的 User-Agent 具有不同的格式和特征，在实际爬取过程中，可以随机选择 User-Agent 来增加请求的多样性。常用 User-Agent 见表 9-9。

表 9-9　常用 User-Agent

浏览器	User-Agent
Chrome	Mozilla/5.0 (Windows NT 10.0;Win64;x64) AppleWebKit/537.36 (KHTML,like Gecko) Chrome/91.0.4472.124 Safari/537.36
Firefox	Mozilla/5.0 (Windows NT 10.0;Win64;x64;rv:81.0) Gecko/20100101 Firefox/81.0
Safari	Mozilla/5.0 (Macintosh; Intel Mac OS X 10_15_7) AppleWebKit/537.36 (KHTML,like Gecko) Safari/537.36
Edge	Mozilla/5.0 (Windows NT 10.0;Win64;x64) AppleWebKit/537.36 (KHTML,like Gecko) Chrome/91.0.4472.124 Safari/537.36 Edg/91.0.864.59

2. 编码处理

若将例 9.2 的 resp. encoding 修改为" ansi" ，代码如下所示，则在写入生成的文件中会出现如图 9-8 所示的乱码。

```
import requests
url ="https://movie.douban.com/chart"
head = {'User-Agent':'Mozilla/5.0 (Windows NT 10.0;Win64;x64;rv:81.0) Gecko/20100101 Firefox/81.0'}
resp = requests.get(url,headers=head)
resp.encoding ="ansi"
file = open("movies.txt","w",encoding ="utf-8")
file.write(resp.text)
file.close()
```

```
<meta name="keywords" content="鐢靛奖鎺掕□姒滐€佹柊鐗団帓琛屾□銆佽眴鐡ｇ數褰□250"/>
<meta name="description" content="璞嗙摚鐢靛奖鎺掕□姒□,鎻愪緵鏈€鏂扮數褰辨帓琛屾□銆佹洿鍛ㄧ數褰卞彜绱戞□鍜岃眴鐡ｇ數褰盜OP250" />
```

图 9-8　写入文件乱码

在处理网页数据时，编码格式设置错误是导致乱码产生的原因。上方代码将编码格式设置为 ANSI，而 ANSI 编码在处理包含中文的网页内容时，无法正确解析字符，从而导致乱码。ANSI 编码主要用于支持英文和一些基本的符号，对中文的支持依赖于系统设置，且兼容性较差。

不同的编码格式在中文支持和使用场景上有所不同，常见的编码格式见表 9-10。通过对比不同编码格式的特点，可以更好地选择合适的编码来处理网页内容，避免乱码问题。

表 9-10　常见编码格式

编码格式	说明
UTF-8	Unicode 编码，支持全世界所有字符，是现代网站的标准编码，支持中文，在处理多语言网页时具有优势
GBK	中国国家标准，扩展了 GB2312，支持繁体和简体中文，常用于早期版本的中文网站
GB2312	中国国家标准，仅支持简体中文，主要应用于早期的中文系统和部分中文网站
BIG5	繁体中文编码标准，主要支持繁体中文，常用于台湾、香港地区的网站
ANSI	Windows 系统默认编码（通常指 GBK），对中文的支持依赖系统设置，在处理中文时存在一定局限性
ISO-8859-1	西欧字符编码，不支持中文，主要用于欧美网站

为避免乱码，需要正确设置编码格式。可以采用以下方法：

（1）requests 库获取响应后，response. encoding 会显示服务器声明的编码格式。可以直接使用此编码格式来处理响应内容。

（2）从响应头的 Content-Type 字段中提取编码信息。如果 Content-Type 字段中包含 charset 参数，如 text/html；charset=utf-8，则可以提取 charset 后面的值作为编码格式。

（3）利用 chardet 库自动检测响应内容的编码。chardet 库能够分析文本内容的特征，判断其可能的编码格式，并给出置信度。

（4）尝试常见的编码格式，如 UTF-8、GBK、GB2312、BIG5 等。可以通过判断处理后的文本中是否包含特定的中文字符（如“豆瓣”“电影”等）来确定编码格式是否正确。

§9.3　网页内容解析

在网络爬虫的旅程中，爬取网页数据只是第一步，若想从中获取有价值的信息，解析 HTML 内容就显得尤为关键。原始的 HTML 代码就像一团错综复杂的线团，想要直接从中提取所需的信息就如同大海捞针。此时，Python 的各种解析库就像是解开这团线的得力工具，其中 re 库和 Beautiful Soup 库脱颖而出，成为开发者们的常用选择。

re 库具有强大的正则表达式功能，能灵活匹配和提取文本模式，适用于简单文本匹配场景。而 Beautiful Soup 库则像是 HTML 解析领域的专家,专为从 HTML 和 XML 文件中提取数据而生。本节将介绍这两个库以及正则表达式在网页内容解析中的具体应用。

9.3.1 正则表达式

正则表达式(Regular Expression,简称 regex 或 regexp)是一种强大的文本模式匹配工具,它通过定义特定规则的模式(Pattern),在字符串中搜索、匹配、替换和提取特定的文本模式。它使用特殊的语法来定义搜索模式,可以用简洁的表达式描述复杂的文本规则。在处理文本信息时,能极大地提高文本处理的效率和准确性,在网络爬虫、数据清洗、文本分析等领域有着广泛的应用。

1. 核心语法

在网页内容解析过程中,正则表达式的核心语法是从繁杂文本里精准提取数据的关键。它借助一系列特殊符号和规则,能快速匹配、筛选和提取目标信息。常用的正则表达式符号见表 9-11。

表 9-11 常用的正则表达式符号

类别	符号	含义	示例	匹配	不匹配
基本字符匹配	.	匹配任意单个字符(除换行符)	a.c	abc, a1c, a@c	ac, a\nc
	\	转义字符	\.	.	a
	[]	字符类,匹配括号内任意一个字符	[aeiou]	a, e, i	b, c, d
	[^]	否定字符类,匹配除括号内字符外的任意字符	[^aeiou]	b, c, d	a, e, i
	[a-z]	字符范围	[0-9]	0, 5, 9	a, A
	|	或操作符	cat|dog	cat, dog	bird
预定义字符类	\d	数字字符 [0-9]	\d+	123, 456	abc
	\D	非数字字符 [^0-9]	\D+	abc, @#$	123
	\w	单词字符 [a-zA-Z0-9_]	\w+	hello, test_123	@#$
	\W	非单词字符[^a-zA-Z0-9_]	\W+	@#$,空格	hello
	\s	空白字符(空格、制表符、换行符等)	\s+	空格, \t, \n	abc
	\S	非空白字符	\S+	abc, 123	空格, \t
量词	*	零次或多次	ab*c	ac, abc, abbc	bc
	+	一次或多次	ab+c	abc, abbc	ac
	?	零次或一次	ab?c	ac, abc	abbc
	{n}	精确 n 次	a{3}	aaa	aa, aaaa
	{n,}	至少 n 次	a{2,}	aa, aaa	a
	{n, m}	n 到 m 次	a{2, 4}	aa, aaa, aaaa	a, aaaaa

（续表）

类别	符号	含义	示例	匹配	不匹配
量词	*?	非贪婪的零次或多次	a.*?b	在 'aabb' 中匹配 'aab'	
	+?	非贪婪的一次或多次	a.+?b	在 'aabb' 中匹配 'aab'	
锚点和边界	^	行开始	^hello	hello world	say hello
	$	行结束	world $	hello world	world peace
分组和捕获	( )	捕获分组	(\d{4})-(\d{2})	2024-01→分组 1:2024,分组 2:01	
特殊字符	\n	换行符	line1\nline2	包含换行的文本	
	\t	制表符	word1\tword2	包含制表符的文本	
	\r	回车符	line1\rline2	包含回车符的文本	

例 9.3　提取价格信息。

代码如下：

```
import re
text ="手机售价 5999 元，平板售价 1999 元"
prices = re.findall(r'\d+',text)
print("提取的价格：",prices)
```

运行结果如下：

```
提取的价格:['5999','1999']
```

例 9.4　提取电话号码。

代码如下：

```
import re
text ="联系电话:13812345678, 备用号码:021- 87654321"
phones = re.findall(r'\d{11}|\d{3}-\d{8}',text)
print("提取的电话号码：",phones)
```

运行结果如下：

```
提取的电话号码:['13812345678','021- 87654321']
```

例 9.5　匹配邮箱地址。

代码如下：

```
import re
text ="联系邮箱:admin@example.com, 客服邮箱:support@test.org"
pattern = r'\w+@\w+\.\w+'
emails = re.findall(pattern,text)
print("提取的邮箱：",emails)
```

运行结果如下：

```
提取的邮箱:['admin@example.com','support@test.org']
```

2. 匹配模式

正则表达式的匹配模式分为贪婪模式和非贪婪模式，它们的区别在于对重复字符（如*、+、?、{n,}）的匹配策略不同。理解这两种模式的差异，是精准提取文本的关键。

（1）贪婪模式

贪婪模式是正则表达式匹配的默认模式，其特性是尽可能多地匹配字符，直到无法继续匹配为止。

例 9.6 使用贪婪模式匹配 HTML 标签。

代码如下：

```
import re
html ="<div class='container'><p>Hello</p></div>"
pattern = r'<.*>'   #贪婪模式
tags = re.findall(pattern,html)
print(tags)
```

运行结果如下：

```
["<div class='container'><p>Hello</p></div>"]
```

上方代码中，正则表达式〈.*〉本意是匹配"〈"开头且"〉"结尾的标签，但由于"*"是贪婪模式，它会一直匹配到最后一个"〉"，导致整个字符串被作为一个标签匹配出来。

（2）非贪婪模式

非贪婪模式的特性是尽可能少地匹配字符，一旦找到符合条件的位置就进行分离提取。在重复字符后加"?"可以实现非贪婪模式（如*?、+?、??、{n,}?）。

例 9.7 使用非贪婪模式匹配 HTML 标签。

将例 9.6 代码中的"*"改为"*?"后，代码如下：

```
import re
html ="<div class='container'><p>Hello</p></div>"
pattern = r'<.*?>'   #非贪婪模式
tags = re.findall(pattern,html)
print(tags)
```

运行结果如下：

```
["<div class='container'>",'<p>','</p>','</div>']
```

"〈.*?〉"中的"*?"表示匹配任意字符，但尽可能少，因此遇到第一个"〉"就会停止匹配，实现每个标签的正确分离。

总之，贪婪模式适用于需要匹配尽可能多字符的场景，如整体格式验证；非贪婪模式适用于需要分割或提取多个子串的场景，如解析嵌套结构。在调试运行时，当使用贪婪模式匹配结果不符合预期时，可以尝试在重复字符后添加"?"切换模式，观察结果差异。

3. 信息提取

在正则表达式中，括号不仅是分组的工具，更是精准提取目标信息的核心手段。通过将需要捕获的内容用括号包裹，可以在匹配成功后直接获取特定部分的数据，而不必对整个匹配结果进行二次处理。这种技术在爬虫开发、数据清洗、日志解析等场景中尤为常见，例如，从 URL 中提取参数、从 HTML 标签中提取属性值、从文本中提取关键信息等。

例 9.8　提取 HTML 标签中的属性值。

假设要从 HTML 链接标签中提取 href 的值和文本内容，代码如下：

```
import re
html = '''<a href="https://example.com/page"class="nav- link">首页</a>'''
pattern = r'<a href="(.*?)".*?  >(.*?)</a>'
tags = re.findall(pattern,html)
print(tags)
```

运行结果如下：

```
[('https://example.com/page','首页')]
```

上方代码中，“(.*?)”使用非贪婪模式分别捕获 href 的值和标签内的文本。“.*?”匹配标签内的其他属性（如 class），但不捕获。

例 9.9　从日志行中提取日期和错误类型。

代码如下：

```
import re
info ="2023- 10- 15 09:30:45 ERROR:File not found"
pattern = r'(\d{4}-\d{2}-\d{2})\d{2}:\d{2}:\d{2} ERROR:(.*)'
tags = re.findall(pattern,info)
print(tags)
```

运行结果如下：

```
[('2023-10-15','File not found')]
```

9.3.2　re 库

在 Python 中，re 库是处理正则表达式的标准库，为正则表达式提供了完整的支持，使开发者能够高效地进行文本匹配、搜索、替换和分割操作。在网络爬虫开发中，re 库常用于从 HTML 页面中提取特定信息、验证数据格式、清理文本内容等场景。掌握 re 模块的使用方法，能够帮助开发者编写出更加灵活和强大的文本处理程序。

1. re 库主要函数

re 库的主要函数见表 9-12。

表 9-12　re 库主要函数

函数	参数说明	返回值	功能说明	示例
re. compile (pattern, flags=0)	pattern：正则表达式；flags：编译标志（可选）	Pattern 对象	将正则表达式编译成模式对象，提高重复使用时的性能	pattern = re. compile(r'\d+') result = pattern. findall('abc123def456')

（续表）

函数	参数说明	返回值	功能说明	示例
re. match (pattern, string, flags=0)	pattern：正则表达式；string：要匹配的字符串；flags：匹配标志（可选）	Match 对象或 None	从字符串开头开始匹配，如果开头不匹配则返回 None	result = re. match(r'^\d+','abc123') # 返回 None，因为开头不是数字
re. search (pattern, string, flags=0)	pattern：正则表达式；string：要搜索的字符串；flags：搜索标志（可选）	Match 对象或 None	在整个字符串中搜索第一个匹配项	result = re. search(r'\d+','abc123def') # 找到 '123'
re. findall (pattern, string, flags=0)	pattern：正则表达式；string：要搜索的字符串；flags：搜索标志（可选）	字符串列表	返回字符串中所有匹配项的列表	emails = re. findall(r'\b[\w. -]+@[\w. -]+\.\w+\b', text)
re. sub(pattern, repl, string, count=0, flags=0)	pattern：正则表达式；repl：替换字符串或函数；string：目标字符串；count：最大替换次数；flags：替换标志	替换后的字符串	使用 repl 替换 string 中匹配 pattern 的子串	clean = re. sub(r'<[^>]+>','',html_text) #移除 HTML 标签
re. split(pattern, string, maxsplit=0, flags=0)	pattern：分割模式；string：要分割的字符串；maxsplit：最大分割次数；flags：分割标志	字符串列表	使用正则表达式分割字符串	parts = re. split(r'[,;]', 'a,b;c,d') # ['a','b','c','d']

例 9.10　编译正则表达式（compile）。

代码如下：

```
import re
phone_pattern = re.compile(r'1[3-9]\d{9}')
text ="联系电话:13812345678,备用号码:13987654321"
phones = phone_pattern.findall(text)
print("提取的手机号:",phones)
```

运行结果如下：

```
提取的手机号:['13812345678','13987654321']
```

上方代码中的提取语句还可以如下表示，也将生成相同的结果。

```
phones = re.findall(phone_pattern,text)
```

例 9.11　匹配与搜索（match vs search）。

代码如下：

```
import re
text ="Hello,world! 123"
```

```
# match 从开头匹配
m = re.match(r'\w+',text)
print("match 结果:",m.group())
# search 在任意位置搜索
s = re.search(r'\d+',text)
print("search 结果:",s.group())
```

运行结果如下：

```
match 结果:Hello
search 结果:123
```

上方代码中，m. group( )方法用于获取匹配对象中匹配到的字符串内容。当使用 re. match( )或 re. search( )等函数进行正则表达式匹配时，如果匹配成功，会返回一个匹配对象，m. group( )方法就作用于这个匹配对象，返回一个包含所有分组匹配内容的元组。

例 9.12　使用分组捕获（groups）。

代码如下：

```
import re
url ="https://www.example.com/api/users?page=1"
pattern = r'https?://([^/]+)(.*)'
match = re.search(pattern,url)
print("域名:",match.group(1))
print("路径:",match.group(2))
```

运行结果如下：

```
域名:www.example.com
路径:/api/users?page=1
```

例 9.13　分割字符串（split）。

按非数字字符分割字符串，代码如下：

```
import re
text ="a1b2c3d4e"
result = re.split(r'\d+',text)
print("分割结果:",result)
```

运行结果如下：

```
分割结果:['a','b','c','d','e']
```

2. 网页内容解析

在解析网页内容的过程中，从繁杂的文本里精准提取所需信息是关键所在。re 库作为处理正则表达式的强大工具，在子串查找方面发挥着不可或缺的作用。它能够凭借其丰富的函数和灵活的语法，快速定位并提取出符合特定模式的子串。

例 9.14　新闻标题和链接提取。

某科技媒体需要从新闻数据. txt 文件中批量提取所有新闻的标题和链接，用于制作新闻索引。编写程序，提取新闻 URL 和标题两个关键信息，将结果保存为 CSV 文件，如图 9-9 所示。

	A	B	C	D	E
1	新闻链接	新闻标题			
2	https://news.xinhua.com/tech/20241201/001.html	人工智能助力医疗诊断准确率提升至95%			
3	https://news.xinhua.com/tech/20241202/002.html	5G网络覆盖率达到85%，助推数字经济发展			
4	https://news.xinhua.com/tech/20241203/003.html	量子计算机研发取得重大突破			
5	https://news.xinhua.com/tech/20241204/004.html	新能源汽车销量同比增长120%			
6	https://news.xinhua.com/tech/20241205/005.html	云计算技术在教育领域广泛应用			
7	https://news.xinhua.com/tech/20241206/006.html	区块链技术助力食品安全追溯体系建设			
8	https://news.xinhua.com/tech/20241207/007.html	物联网设备数量突破500亿台			
9	https://news.xinhua.com/tech/20241208/008.html	虚拟现实技术在职业培训中的创新应用			
10	https://news.xinhua.com/tech/20241209/009.html	机器人产业规模预计2025年达到万亿级			
11	https://news.xinhua.com/tech/20241210/010.html	大数据分析助力城市智能交通管理			

图 9-9 新闻提取结果

对于此例，有以下解题技巧和思路。

(1) 分析数据结构

打开新闻数据.txt 文件，仔细查看数据文件格式，识别重复出现的模式，找出其规律，然后明确要提取的具体内容。通过观察，发现要提取的内容包含在〈a href="新闻 URL"title="新闻标题"〉标签中。

(2) 构建正则表达式

① 链接格式：https://news.xinhua.com/tech/日期 8 位/编号 3 位.html。其中，“日期 8 位”可以用“\d{8}”表示，“编号 3 位”用“\d{3}”表示。

② 标题位置：标题位于“title="."”属性中，非贪婪模式的“.*?”可用于避免过度匹配。因此，标题位置可以用“title=".*?”表示。

③ 使用捕获组：对需要提取的内容加括号。

构建正则表达式代码如下：

```
<a href="(https://news\.xinhua\.com/tech/\d{8}/\d{3}\.html)"title="(.*?)">
```

(3) 调试验证

完整代码如下方所示，运行调试，查看生成结果。为确保写入文件，可以正确显示中文，设置编码为“gbk”。

```
import re
file = open("新闻数据.txt","r",encoding ="utf-8")
txt = file.read()
file.close()
regrule = r'<a href="(https://news\.xinhua\.com/tech/\d{8}/\d{3}\.html)"title="(.*?)">'
regex = re.compile(regrule)
news = re.findall(regex,txt)
file2 = open("新闻列表.csv","w",encoding="gbk")
file2.write("新闻链接,新闻标题\n")
for n in news:
    file2.write(n[0]+","+n[1]+"\n")   # n[0]:链接,n[1]:标题
```

```
file2.close()
print("提取了",len(news),"条新闻信息")
```

例 9.15　学生信息提取与 CSV 文件保存。

某大学计算机系需要从学生信息管理系统的学生信息页面.html 文件中提取学生基本信息，并将提取的信息保存为 CSV 文件，用于后续的数据分析和统计工作。

此例需要提取的信息包括：学生姓名（去除拼音部分）；学号（格式：2 个字母+7 个数字）；GPA 成绩（保留小数点格式）。

代码如下：

```
import re
file = open("学生信息页面.html","r",encoding ="utf-8")
txt = file.read()
file.close()
regrule = r'<div class="student-name">([^<(]+).*?学号:</strong>\s*([A-Z]{2}\d{7}).*?GPA:</strong>\s*([0-9.]+)'
regex = re.compile(regrule,re.DOTALL)
students = re.findall(regex,txt)
file2 = open("学生信息.csv","w",encoding="gbk")
file2.write("姓名,学号,GPA\n")
for s in students:
    file2.write(s[0].strip()+","+s[1]+","+s[2]+"\n")
file2.close()
print("提取了",len(students),"名学生信息")
```

运行后，将生成学生信息.csv 文件，其内容如图 9-10 所示。

	A	B	C
1	姓名	学号	GPA
2	张明华	CS2021001	3.85
3	李晓雯	CS2020015	3.92
4	王浩然	CS2022033	3.76

图 9-10　生成的学生信息.csv 文件内容

注意，此例中有以下特殊处理：

（1）([^<(]+)：此正则表达式模式的作用是匹配并捕获学生姓名。其中，[^<(]是指匹配除了"<"和"("以外的任何字符，+表示前面的字符类要匹配一个或多个字符。

（2）gbk：编码处理，确保 Excel 文件能正确显示中文。

（3）.strip()：去除首尾空白字符。

（4）re.DOTALL：正则表达式的一个标志（flag），用于改变点号（.）的匹配行为。使用 DOTALL 后，点号可以匹配换行符，使正则表达式能够实现跨行匹配。

（5）结尾数据验证：确保提取正确。

例 9.16　爬取网页图片并保存。

某专业需要从学生作品展示网页中批量下载所有项目截图，用于制作宣传册。现有一个图片展示页面.html 的网页文件，其中包含多个学生项目的展示图片。编写程序，自动提取网页中的所有图片链接，并下载图片至本地文件夹中。

代码如下：

```
import re
import requests
import os
file = open("图片展示页面.html","r",encoding ="utf-8")
txt = file.read()
file.close()
regrule = r'<img src="(https://[^"]+)"alt="([^"]+)"'
regex = re.compile(regrule)
images = re.findall(regex,txt)
os.makedirs("images",exist_ok=True)
for i,img in enumerate(images):
    url = img[0]
    filename = f"image_{i+1}.jpg"
    resp = requests.get(url)
    with open(f"images/{filename}","wb") as f:
        f.write(resp.content)
    print(f"下载:{filename}")
print("下载完成,共",len(images),"张图片")
```

此例中使用的 os 库的主要功能包括文件系统操作、路径处理、环境管理等，常用于创建下载目录、检查文件存在性。os.makedirs("images",exist_ok=True)这一语句中，exist_ok=True 用于避免重复运行程序时报错，即当程序第一次运行时创建新文件夹，第二次运行时文件夹已存在，会继续执行。若不设置此参数，则第二次运行时程序会报错。

上方代码的正则表达式中，[^"]+用于匹配除双引号外的一个或多个字符。另外，本书素材网页文件中使用的图片来自网站 https://picsum.photos 的随机图片，因此每次运行程序可能会获得不一样的图片。

9.3.3 Beautiful Soup 库

Beautiful Soup 库在数据处理和网络爬虫领域应用广泛，可以用于从 HTML 或 XML 文档中高效提取数据。其常见应用场景包括数据采集与分析、网站内容监测与更新提醒、网页数据清洗与预处理等。在实际应用中，无论是大规模的电商数据处理，还是精准的学术研究数据采集，Beautiful Soup 库都发挥着重要的作用。

1. 库的安装

安装 Beautiful Soup 库可以使用如下命令。其中，lxml 为推荐的解析器。

```
pip install beautifulsoup4
pip install lxml
```

2. 基本用法结构

Beautiful Soup 库的基本用法结构如下：

```
from bs4 import BeautifulSoup
import requests
```

```
# 获取网页内容
response = requests.get('网页地址')
html_content = response.text
# 创建 BeautifulSoup 对象
soup = BeautifulSoup(html_content,'html.parser')
```

3. 基本方法

使用 Beautiful Soup 库解析 HTML 和 XML 文档时,常用两类基础方法:查找方法(表 9-13),属性和文本提取方法(表 9-14)。

表 9-13　查找方法

方法	说明	示例
find()	查找第一个匹配的标签	soup.find('title')
find_all()	查找所有匹配的标签	soup.find_all('p')
select()	使用 CSS 选择器查找	soup.select('.class-name')
select_one()	使用 CSS 选择器查找第一个	soup.select_one('#id-name')

表 9-14　属性和文本提取方法

属性/方法	说明	示例
.text	获取标签的文本内容	tag.text
.get_text()	获取文本内容(可设置分隔符和是否去除空白)	tag.get_text(strip=True)
.get()	获取标签属性值	tag.get('href')
['属性名']	获取标签属性值	tag['src']

4. 解析实践

例 9.17　使用 Beautiful Soup 库解析 HTML 字符串,提取基本信息。

代码如下:

```
from bs4 import BeautifulSoup
# 简单的 HTML 字符串
html_content ="""
<html>
<head>
    <title>我的第一个网页</title>
</head>
<body>
    <h1>欢迎来到 Python 世界</h1>
    <p>这是第一个段落。</p>
    <p>这是第二个段落。</p>
    <a href="https://www.python.org">Python 官网</a>
</body>
</html>
"""
# 创建 BeautifulSoup 对象
soup = BeautifulSoup(html_content,'html.parser')
```

```
# 提取标题
title = soup.find('title').text
print(f"网页标题:{title}")
# 提取第一个段落
first_p = soup.find('p').text
print(f"第一个段落:{first_p}")
# 提取所有段落
all_p = soup.find_all('p')
print("所有段落:")
for i,p in enumerate(all_p,1):
    print(f"    段落{i}:{p.text}")
# 提取链接
link = soup.find('a')
print(f"链接文本:{link.text}")
print(f"链接地址:{link.get('href')}")
```

运行结果如下:

```
网页标题:我的第一个网页
第一个段落:这是第一个段落。
所有段落:
    段落 1:这是第一个段落。
    段落 2:这是第二个段落。
链接文本:Python 官网
链接地址:https://www.python.org
```

例 9.18　从学生成绩表.html 文件的表格中提取学生成绩信息并保存到成绩统计.txt 文件。

代码如下:

```
from bs4 import BeautifulSoup
# 读取 HTML 文件
with open('学生成绩表.html','r',encoding='utf-8') as file:
    html_content = file.read()
# 创建 BeautifulSoup 对象
soup = BeautifulSoup(html_content,'html.parser')
# 提取课程信息
course_info = soup.find('div',class_='course-info')
print("===课程信息 ===")
for p in course_info.find_all('p'):
    print(p.get_text(strip=True))
# 提取表格数据
table = soup.find('table',id='grades-table')
rows = table.find('tbody').find_all('tr')
print("\n===学生成绩 ===")
students = []
for row in rows:
    cells = row.find_all('td')
    student = {
        '学号':cells[0].text,
```

```
            '姓名':cells[1].text,
            '班级':cells[2].text,
            'Python 基础':int(cells[3].text),
            '数据结构':int(cells[4].text),
            '算法设计':int(cells[5].text),
            '总分':int(cells[6].text),
            '等级':cells[7].text
        }
        students.append(student)
        print(f"{student['姓名']} ({student['学号']}):总分 {student['总分']}")
# 保存成绩到文件
with open('成绩统计.txt','w',encoding='utf-8') as f:
    f.write("学生成绩统计报告\n")
    f.write("="*50 +"\n")
    for student in students:
        f.write(f"{student['姓名']}\t{student['总分']}\t{student['等级']}\n")
print(f"\n 成绩已保存到 成绩统计.txt,共处理 {len(students)} 名学生")
```

运行结果如下：

```
===课程信息 ===
课程名称:Python 程序设计
考试时间:2024 年 12 月 15 日
任课教师:张教授

===学生成绩 ===
张明华 (2021001):总分 275
李晓雯 (2021015):总分 255
王浩然 (2022033):总分 233
陈思雨 (2021088):总分 282
刘志强 (2020088):总分 215
赵美玲 (2021056):总分 185
孙建军 (2022101):总分 266
周丽娜 (2021205):总分 273

成绩已保存到 成绩统计.txt,共处理 8 名学生
```

此外，所提取的信息还写入了成绩统计.txt 文件，其内容如图 9-11 所示。

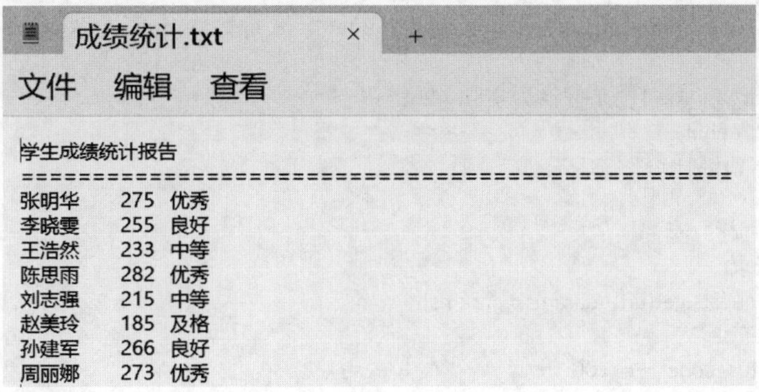
成绩统计.txt
文件　编辑　查看
学生成绩统计报告
==
张明华　275　优秀
李晓雯　255　良好
王浩然　233　中等
陈思雨　282　优秀
刘志强　215　中等
赵美玲　185　及格
孙建军　266　良好
周丽娜　273　优秀

图 9-11　成绩统计.txt 文件

§9.4 API 调用

前面的小节主要学习了如何通过解析 HTML 来提取网页数据，然而，许多现代网站和服务会提供一种更直接、更结构化的数据获取方式——API，全称为 Application Programming Interface，即应用程序编程接口。使用 API 可以绕过复杂的 HTML 解析，直接获取纯净的数据，这使得数据抓取更加高效和稳定。本节将介绍 API 的基础知识、API 请求与响应、响应数据处理，以及 API 在爬虫中的应用。

9.4.1 API 基础

API 是不同软件系统之间交互的约定，通过标准化接口让开发者无需了解底层实现，即可获取数据或调用功能。例如，天气查询 API、地图服务 API 等。其本质是服务器提供的“数据接口”，开发者按规则发送请求，服务器返回结构化数据（如 JSON、XML）。

常见的 API 类型有网站 API、操作系统 API、数据库 API 和硬件 API 四种。目前，市面上部分网站出于安全、业务调整等多方面因素关闭了 API 入口。从安全角度而言，API 若被恶意调用，可能导致数据泄露、服务器负载异常等问题。当网站难以有效管控 API 的使用安全时，关闭 API 入口不失为一种手段。

9.4.2 API 请求与响应

在 Python 中，用于进行 API 请求最常用的库是 requests。一个典型的 API 请求包含：

（1）端点（URL）：API 的访问地址。

（2）参数（Parameters）：对于 GET 请求，参数通常附加在 URL 后；对于 POST 请求，参数通常放在请求体中。

（3）请求头（Headers）：可选，但某些 API 可能需要特定的请求头。

（4）请求体（Body）：主要用于 POST 或 PUT 请求，用来发送数据给服务器（如 JSON 格式的数据）。

例 9.19 基础天气 API 请求。

代码如下：

```
import requests
url ="http://www.weather.com.cn/data/list3/city22.xml"      # 可替换别的 API 端点
params = {
    "key":"your_api_key",   # 替换为实际 API 密钥
    "location":"anhui",
    "language":"zh- Hans",
    "days":3
}
# 发送 GET 请求
response = requests.get(url, params = params)
# 检查响应状态
if response.status_code = = 200:
    print("请求成功!")
```

```
    print("响应内容类型:",response.headers['Content-Type'])
else:
    print(f"请求失败,状态码:{response.status_code}")
```

上方代码通过 requests. get( ) 函数发送请求,params 参数传递查询条件。服务器在收到 API 请求后,会返回一个响应,主要包含:

(1) 状态码(Status Code):一个三位数的数字,表示请求的处理结果。例如,403。

(2) 响应头(Response Headers):包含关于响应的元数据,如内容类型(Content-Type)、内容长度(Content-Length)等。

(3) 响应体(Response Body):API 返回的实际数据,通常是 JSON 或 XML 格式。

9.4.3　API 响应数据处理

API 请求返回的数据中最常见的格式是 JSON。JSON 是一种轻量级的数据交换格式,易于用户阅读和编写,也易于机器解析和生成。

例 9.20　解析 JSON 格式的天气数据。

```
import requests
# 假设已获取响应(同例 9.19)
# 解析 JSON 数据
weather_data = response.json()
# 提取 3 天的天气信息
print("未来 3 天天气:")
for day in weather_data['results'][0]['daily']:
    date = day['date']
    text_day = day['text_day']
    high_temp = day['high']
    low_temp = day['low']
    print(f"{date}:{text_day},{low_temp}~{high_temp}°C")
```

上方代码中,response. json( )将 JSON 字符串转为 Python 字典,通过键名逐层提取数据(如 results[0]['daily']获取每日天气列表)。

若响应为 XML 格式,可结合 xml. etree. ElementTree 库解析。代码如下:

```
import xml.etree.ElementTree as ET
xml_data = ET.fromstring(response.text)
for item in xml_data.findall('item'):
    title = item.find('title').text
    print(title)
```

常见的响应格式解析对应关系如下:

(1) JSON:通过 Python 的内置模块(如 json)解析为字典。

(2) XML:通过 ElementTree 模块解析为树结构,便于操作和查询。

(3) CSV:通过 Pandas 库解析为 DataFrame,方便进行数据分析和处理。

(4) BSON:通过 bson 库解析为二进制格式,通常用于 MongoDB 数据库。

9.4.4 API 在爬虫中的应用

与传统网页爬虫相比,API 调用的常见应用场景见表 9-15。

表 9-15 API 调用的常见应用场景

场景	功能描述	技术实现
自动化测试	模拟用户操作,验证网站功能(如表单提交、支付流程)	Selenium、Playwright
数据批量录入	将本地数据(如 Excel、CSV)自动填充到 Web 表单中	Requests+Pandas(读取数据)+自动化脚本
社交媒体管理	自动发布内容、回复评论或私信(如 Twitter、微博)	调用平台 API(如 Twitter API)+OAuth 认证
电商抢购与下单	监控库存并自动提交订单(需高时效性)	高频请求(需处理反爬虫)+浏览器自动化
问卷调查与数据采集	自动填写并提交在线问卷,同时抓取结果数据	结合爬虫(抓取问题)与自动化提交(提交答案)

使用 API 爬虫的特点:

(1) 结构化数据:API 爬虫返回的数据通常是结构化的(如 JSON 或 XML),便于直接使用。

(2) 更高效率:通过 API 获取数据通常更快、更稳定。

(3) 合法合规:使用 API 通常符合网站的使用条款,降低了法律风险。

使用传统方法爬虫的特点:

(1) 非结构化数据:传统爬虫获取的数据通常是 HTML 或其他非结构化格式,需要额外解析。

(2) 解析成本高:需要编写解析逻辑,处理 HTML 或其他格式的数据。

(3) 法律风险:可能违反网站的使用条款或法律法规,存在法律风险。

例 9.21 获取并显示金山词霸每日一句。

编写程序,调用金山词霸每日一句 API,获取当天的英文句子、中文翻译和日期,并将其打印出来。

代码如下:

```
import requests
import json                # 导入 json 模块以便进行更细致的错误处理或手动解析
API_URL ="https://open.iciba.com/dsapi/"
def get_daily_sentence():
    print("正在获取金山词霸每日一句...")
    try:
        # 1. 发送 GET 请求
        response = requests.get(API_URL, timeout=10) #设置超时时间为 10 秒
        # 2. 检查响应状态码,如果不是 200,则抛出异常
        response.raise_for_status()
        # 3. 解析 JSON 响应
        # requests 库的 .json() 方法会自动将 JSON 字符串转换为 Python 字典
```

```
        data = response.json()
        # 4. 提取所需信息
        english_content = data.get("content")
        chinese_note = data.get("note")
        date_line = data.get("dateline")
        # 5. 打印信息
        if english_content and chinese_note and date_line:
            print("\n- - - 金山词霸每日一句 - - - ")
            print(f"日期:{date_line}")
            print(f"英文:{english_content}")
            print(f"中文:{chinese_note}")
            # 你也可以尝试获取其他字段,例如:
            # image_url = data.get("picture2")
            # print(f"相关图片 URL:{image_url}")
        else:
            print("未能从 API 响应中获取到完整的每日一句信息。")
            print("API 返回的原始数据片段:",data) # 打印部分原始数据帮助排查
    except requests.exceptions.HTTPError as http_err:
        # 处理 HTTP 错误 (例如 404, 500 等)
        print(f"HTTP 错误:{http_err} - 状态码:{response.status_code if 'response' in locals() else 'N/
A'}")
    except requests.exceptions.ConnectionError as conn_err:
        # 处理连接错误 (例如 DNS 查询失败, 拒绝连接等)
        print(f"网络连接错误:{conn_err}")
    except requests.exceptions.Timeout as timeout_err:
        # 处理请求超时错误
        print(f"请求超时:{timeout_err}")
    except requests.exceptions.RequestException as req_err:
        # requests 库可能抛出的其他所有异常的基类
        print(f"请求发生未知错误:{req_err}")
    except json.JSONDecodeError:
        # 如果 response.json()解析失败 (虽然 requests 内部会处理,但显式捕获更健壮)
        print("解析 API 返回的 JSON 数据失败。")
    except KeyError as key_err:
        # 如果.get() 未使用,直接使用 data['key'] 可能会遇到 KeyError
        print(f"提取数据时发生键错误:缺少键 {key_err}")
    except Exception as e:
        # 捕获其他所有未知异常
        print(f"发生了一个预料之外的错误:{e}")


if __name__ = ="__main__":
    get_daily_sentence()
```

若将 API 调用与 AI 技术结合,可拓展爬虫的能力边界。

(1) 智能请求优化:使用 AI 模型分析历史 API 调用数据,预测最优请求参数(如根据

季节自动调整天气 API 的城市参数)。

(2) 数据智能处理:通过 NLP 模型自动分类爬取文本数据,或生成摘要。

(3) 反爬对抗升级:利用 AI 生成动态请求头或模拟人类行为模式,降低被 API 服务方封禁的风险。

(4) 多模态数据处理:调用 AI 视觉 API(如 AI 开放平台的图像识别)处理爬取的图片,提取语义信息。

例如,可以结合 DeepSeek 的 API keys 编写程序替代传统爬虫,实现多场景复杂数据的爬取,如图 9-12 所示。

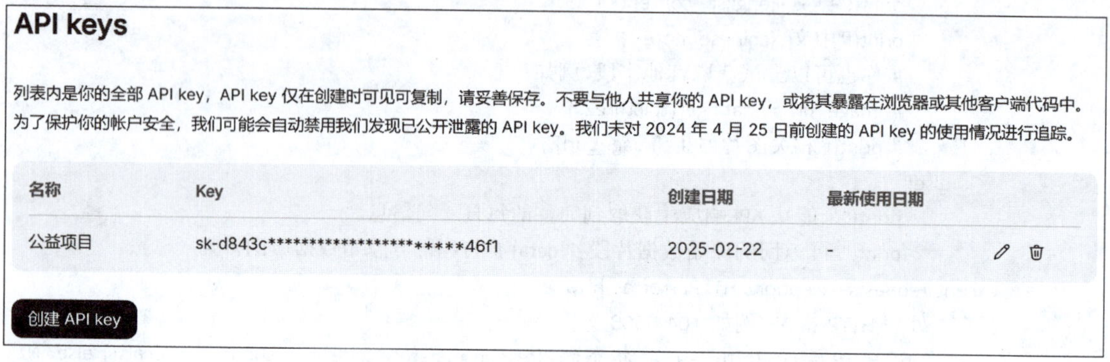

图 9-12　DeepSeek API keys

§9.5　应用案例

1. 电商商品评论的情感分析

例 9.22　随着电商平台的快速发展,用户评论已成为商品质量和服务水平的重要反馈渠道。某电商平台每天产生大量用户评论,人工逐一分析既耗时又容易出错。某平台希望开发一套自动化的评论情感分析系统,帮助商家快速了解商品的用户满意度,为产品改进提供数据支持。现有一批用户评论数据("评论数据. txt"),包含用户 ID、评分(1~5 星)和具体评论内容。需要编写程序自动分析每条评论的情感倾向,并生成统计报告,写入 CSV 文件。

观察此例的评论数据. txt 文件,其中的评论格式如下:

```
<review user="用户 ID"rating="评分">评论</review>
```

可以使用情感分析算法,通过对评论内容分类统计来判断情感倾向。

建立正面词典:["很棒","满意","不错","好","推荐","喜欢","完美","超级", "物超所值"]。

建立负面词典:["差","不推荐","失望","不满意","缺陷","坏了","浪费"]。

因此,代码如下:

```
import re
file = open("评论数据.txt","r",encoding="utf-8")   # 读取评论数据
txt = file.read()
```

```
file.close()
regrule = r'<review user="(.*?)"rating="(\d)">(.*?)</review>'
regex = re.compile(regrule)
reviews = re.findall(regex, txt)
# 定义情感词典(简化版)
positive_words = ["很棒","满意","不错","好","推荐","喜欢","完美","超级","物超所值"]
negative_words = ["差","不推荐","失望","不满意","缺陷","坏了","浪费"]
file2 = open("评论分析结果.csv","w",encoding="gbk")
file2.write("用户 ID,评分,评论内容,情感倾向,情感得分\n")
positive_count = 0
negative_count = 0
neutral_count = 0
for review in reviews:
    user_id = review[0]
    rating = int(review[1])
    content = review[2]
    #简单情感分析
    pos_score = sum(1 for word in positive_words if word in content)
    neg_score = sum(1 for word in negative_words if word in content)
    if rating >= 4 and pos_score > neg_score:
        sentiment ="正面"
        positive_count += 1
    elif rating <= 2 or neg_score > pos_score:
        sentiment ="负面"
        negative_count += 1
    else:
        sentiment ="中性"
        neutral_count += 1
    sentiment_score = pos_score - neg_score + (rating - 3)*0.5  # 自定义情感评价公式
    file2.write(f"{user_id},{rating},{content},{sentiment},{sentiment_score:.1f}\n")
file2.close()
print("评论情感分析完成!")
print(f"总共分析了 {len(reviews)} 条评论")
print(f"正面评论:{positive_count} 条")
print(f"负面评论:{negative_count} 条")
print(f"中性评论:{neutral_count} 条")
print(f"正面评论占比:{positive_count/len(reviews)*100:.1f}% ")
```

运行结果如下:

```
评论情感分析完成!
总共分析了 15 条评论
正面评论:7 条
负面评论:5 条
中性评论:3 条
正面评论占比:46.7%
```

同时,生成了 CSV 文件,其内容如图 9-13 所示。

2. 新闻聚合系统

例 9.23　新闻媒体行业面临信息过载的挑战,编辑部每天需要从多个新闻源收集、筛

	A	B	C	D	E
1	用户ID	评分	评论内容	情感倾向	情感得分
2	user001	5	这个产品真的很棒，质量超出预期，非常满意！	正面	3
3	user002	4	产品不错，但是包装有点简陋，总体还是好的	正面	2.5
4	user003	1	太差了，完全不符合描述，强烈不推荐！	负面	-2
5	user004	5	物超所值，推荐给大家，服务态度也很好	正面	4
6	user005	2	产品有缺陷，客服态度一般，不太满意	负面	-0.5
7	user006	5	非常喜欢，会再次购买，店家发货很快	正面	2
8	user007	3	一般般吧，价格有点贵，性价比不高	中性	0
9	user008	4	质量还可以，就是物流慢了点，整体满意	正面	1.5
10	user009	1	收到货就坏了，申请退款被拒绝，太失望了	负面	-3
11	user010	5	超级满意！质量很好，颜值很高，强烈推荐	正面	5
12	user011	4	产品功能齐全，使用方便，值得购买	中性	0.5
13	user012	2	和图片描述不符，有色差，不太喜欢	负面	-0.5
14	user013	5	完美！没有任何问题，会推荐给朋友们	正面	3
15	user014	3	还行吧，符合这个价位的预期	中性	0
16	user015	1	质量太差，用了一天就坏了，浪费钱	负面	-4

图 9-13　评论分析结果.csv 文件内容

选和分类大量新闻信息。传统的人工处理方式效率低下，容易遗漏重要信息。某新闻媒体公司决定开发自动化的新闻聚合系统，实现多源新闻的统一收集、分类整理，为编辑决策提供数据支持。现有来自不同新闻源的新闻数据，包含新闻类别、发布日期、来源机构和新闻标题等。编写程序实现新闻信息的自动提取、分类聚合，并写入 CSV 文件。

解析：观察此例的新闻聚合数据.html 文件，使用记事本将其打开查看 HTML 源代码。网页包含的基础新闻信息的正则表达式如下：

```
r'<news category="(.*?)"date="(\d{8})"source="(.*?)"[^>]*>(.*?)</news>'
```

因此，代码如下：

```
import re
file = open("新闻聚合数据.html","r",encoding="utf-8")
txt = file.read()
file.close()
regrule = r'<news category="(.*?)"date="(\d{8})"source="(.*?)"[^>]*>(.*?)</news>'
regex = re.compile(regrule)
news_list = re.findall(regex,txt)
file2 = open("新闻聚合结果.csv","w",encoding="gbk")
file2.write("类别,日期,来源,标题\n")
for category,date,source,title in news_list:
    file2.write(f"{category},{date},{source},{title.replace(',',',')}\n")
file2.close()
print(f"新闻聚合完成！处理了{len(news_list)}条新闻")
```

运行结果如下：

```
新闻聚合完成！处理了 12 条新闻
```

同时，生成了 CSV 文件，其内容如图 9-14 所示。

	A	B	C	D	E	F	G	H	I
1	类别	日期	来源	标题					
2	tech	20241201	techDaily	人工智能技术在医疗领域取得重大突破，诊断准确率提升至98%					
3	tech	20241201	techFrontie	新型量子芯片架构提升计算效率50%，突破传统限制					
4	tech	20241130	digitalTech	5G网络覆盖率达到全国85%，6G技术研发加速推进					
5	finance	20241201	financeTim	A股三大指数集体上涨，创业板指涨幅达2.8%					
6	finance	20241201	financeWa	央行宣布新的货币政策工具，支持实体经济发展					
7	finance	20241130	investWeel	房地产市场呈现稳定回暖趋势，一线城市成交量上升					
8	social	20241201	socialWatc	教育改革新政策将于明年实施，关注学生全面发展					
9	social	20241201	peopleNev	全国多地启动冬季供暖保障措施，确保居民温暖过冬					
10	social	20241130	ecoNews	环保政策助力绿色发展，碳达峰目标进展顺利					
11	internation	20241201	worldWatc	联合国气候大会达成重要共识，全球合作应对气候变化					
12	internation	20241201	globalFina	多国加强科技合作交流，推动创新发展新格局					
13	internation	20241130	worldEcon	全球经济复苏势头良好，贸易往来持续增长					

图 9-14　新闻聚合结果.csv 文件内容

3. 社交媒体热点话题监控

例 9.24　在信息爆炸的时代，社交媒体已成为舆论传播和热点话题讨论的主要平台。企业、媒体和政府机构都需要实时了解网络舆情动态，及时发现和应对突发热点事件。某社交媒体运营公司决定开发智能化的热点话题监控系统，通过自动分析用户帖子，识别热门话题趋势，为内容运营和危机公关提供数据支持。

现有大量社交媒体帖子数据，包含用户 ID、发布时间、话题标签和帖子内容。编写程序实现自动化的数据提取、话题分析和热度监控，识别当前热点话题和活跃用户，生成实时监控报告，并写入 CSV 文件。

观察此例的社交媒体数据.txt 文件，其中每行一条帖子，格式如下：

```
post:user123 |time:2024120115 |tags:#人工智能#科技#未来 |content:人工智能的发展真是太快了，感觉未来已来！#人工智能 #科技革命
```

数据中的信息字段包括：post，发帖用户 ID；time，发布时间（10 位时间戳格式）；tags，话题标签（#开头，多个标签连续）；content，帖子文字内容（可能包含额外的话题标签）。

分类编写正则表达式如下：

（1）帖子提取：`r'post:(.*?)\ |time:(\d{10})\ |tags:(.*?)\ |content:(.*?)(?= \n | $)'`。

（2）话题标签提取：`r'#(.*?)(?= \s |# | $)'`。

（3）匹配 10 位时间戳：`\d{10}`。

（4）使用正向先行断言：`(?= \n | $)`和`(?= \s |# | $)`。

提取信息后，再使用数据分析算法。例如，使用 Counter 进行频次统计，实现多层次数据分析（话题、用户、时间），设置阈值筛选突发话题进行热点识别。

Counter 是 Python 中 collections 模块提供的一个类，用于统计可哈希对象（如字符串、列表、元组等）中元素的出现次数，返回一个类似字典的计数器对象，键为元素，值为对应计数。例如：

```
from collections import Counter
nums = [1,2,2,3,3,3]                    # 统计列表中元素的出现次数
```

```
count = Counter(nums)
print(count)                          # 输出:Counter({3:3,2:2,1:1})
text ="hello world"                   # 统计字符串中字符的出现次数
char_count = Counter(text)
print(char_count)                     #输出:Counter({'l':3,'o':2,'h':1,'e':1,' ':1,'w':1,'r':1,'d':1})
```

因此,代码如下:

```
import re
from collections import Counter
file = open("社交媒体数据.txt","r",encoding="utf-8")
txt = file.read()
file.close()
# 定义正则表达式提取帖子信息
regrule = r'post:(.*?)\|time:(\d{10})\|tags:(.*?)\|content:(.*?)(?=\n|$)'
regex = re.compile(regrule)
posts = re.findall(regex,txt)
# 提取所有话题标签(#开头的词)
hashtag_pattern = r'#(.*?)(?=\s|#|$)'
hashtag_regex = re.compile(hashtag_pattern)
# 统计数据
all_hashtags = []
hourly_posts = Counter()
user_activity = Counter()
topic_trends = Counter()
# 处理每个帖子
processed_posts = []
for post in posts:
    user = post[0]
    timestamp = post[1]
    tags = post[2]
    content = post[3]
    hour = timestamp[8:10]   # 提取时间(小时)部分
    hourly_posts[hour] += 1
    user_activity[user] += 1  # 统计用户活跃度
    post_hashtags = hashtag_regex.findall(tags + ' ' + content)   # 提取所有标签
    all_hashtags.extend(post_hashtags)
    for hashtag in post_hashtags:             # 识别主要话题
        topic_trends[hashtag] += 1
    processed_posts.append({
        'user':user,
        'time':timestamp,
        'hour':hour,
        'hashtags':post_hashtags,
        'content':content
    })
# 分析热点话题
hot_topics = topic_trends.most_common(10)
active_users = user_activity.most_common(5)
peak_hours = hourly_posts.most_common(3)
file2 = open("社交媒体分析结果.csv","w",encoding="gbk")
```

```
        file2.write("用户,时间,标签数量,热门标签,内容\n")
        for post_data in processed_posts:
            top_hashtag = max(post_data['hashtags'],key=lambda x:topic_trends[x]) if post_data['hashtags']
else"无"

file2.write(f"{post_data['user']},{post_data['time']},{len(post_data['hashtags'])},{top_hashtag},{post_data
['content'][:30]}...\n")
        file2.close()
        # 识别突发热点(出现频率高的新话题)
        trending_threshold = 2        # 热点阈值
        trending_topics = [topic for topic,count in topic_trends.items() if count >= trending_threshold]
        print("社交媒体热点监控完成!")
        print(f"总共分析了 {len(posts)} 条帖子")
        print(f"发现 {len(set(all_hashtags))} 个不同话题标签")
        print(f"识别出 {len(trending_topics)} 个热点话题")
        print("\n 当前热门话题:")
        for i,(topic,count) in enumerate(hot_topics[:5],1):
            print(f"{i}. #{topic} ({count}次)")
        print("\n 发帖活跃时段:")
        for hour,count in sorted(peak_hours):
            print(f"{hour}:00 - {count}条帖子")
        print("\n 突发热点提醒:")
        for topic in trending_topics[:3]:
            count = topic_trends[topic]
            print(f"#{topic} - {count}次提及")
```

运行后,生成 CSV 文件,其内容如图 9-15 所示。

	A	B	C	D	E
1	用户	时间	标签数量	热门标签	内容
2	user123	2024120115	5	人工智能	人工智能的发展真是太快了，感觉未来已来！#人工智能 #科技革...
3	user456	2024120116	5	生活	今天做的红烧肉太香了，分享给大家！#美食制作 #生活小确幸...
4	user789	2024120117	5	摄影	西湖的冬日美景，真是美不胜收 #旅游打卡 #风景摄影...
5	user234	2024120118	5	成长	终身学习真的很重要，每天进步一点点 #教育观念 #自我提升...
6	user567	2024120119	5	生活	坚持跑步100天了，身体状态越来越好！#健康生活 #运动打卡...
7	user890	2024120120	4	人工智能	ChatGPT改变了我的工作方式，效率提升很多 #人工智能应...
8	user345	2024120121	5	分享	这首歌真的太好听了，单曲循环中... #音乐推荐 #艺术欣赏...
9	user678	2024120122	5	成长	读完这本书收获很大，推荐给爱学习的朋友们 #读书心得 #知识...
10	user901	2024120123	5	电影	这部电影的剧情真的太精彩了！强烈推荐 #电影推荐 #娱乐分享...
11	user456	2024120124	5	工作	在职场中，沟通能力真的很重要 #职场心得 #工作感悟...
12	user123	2024120125	4	人工智能	大家觉得人工智能会取代哪些工作呢？欢迎讨论 #人工智能讨论...
13	user234	2024120126	5	生活	保护环境从我做起，今天开始垃圾分类！#环保行动 #绿色生活...
14	user789	2024120127	4	分享	分享一些手机摄影的小技巧，希望对大家有帮助 #摄影技巧...
15	user567	2024120128	5	创业	创业路上虽然艰难，但梦想值得所有努力！#创业心得 #梦想追求...
16	user890	2024120129	5	科技	5G、AI、物联网，科技正在重塑我们的生活 #科技发展 #未...

图 9-15　社交媒体分析结果.csv 文件内容

本章小结

本章聚焦网络爬虫的基础与应用。网络爬虫是按规则自动抓取互联网数据的程序，有通用、聚焦等多种类型，应用于搜索引擎、商业分析等场景，使用时需遵守 Robots 协议及法律伦理。网页爬取基于浏览器工作原理，利用 requests 库发送请求，设置头部信息、处理编码避免反爬和乱码。内容解析可用正则表达式（re 库）匹配文本，或用 Beautiful Soup 库解析 HTML/XML。API 调用是更高效、稳定的数据获取方式。本章从理论到实践，为网络爬虫技术应用奠定了基础。

习题 9

1. 提取新闻标题。

现有一个 news. txt 文本文件，其中包含多条新闻数据，每条新闻的标题格式为“〈h3 class="title"〉标题内容〈/h3〉”。编写程序，从文件中提取所有新闻标题，并将其保存到 news_titles. csv 文件中，每行一个标题。

2. 提取电商商品链接。

products. html 是一个电商页面的 HTML 文件，其中商品详情页的链接格式为“〈a href="https://shop.com/item/数字 ID"class="item- link"〉商品名称〈/a〉”。编写程序，提取所有商品链接和商品名称，并保存到 product. csv 文件中，每行一个链接和商品名称。

3. 提取论坛用户名。

forum. txt 文本文件中存储了论坛用户的发言数据，每个用户的昵称格式为“〈span class="user-name"〉用户名〈/span〉”。编写程序，提取所有用户名并保存到 users. csv 文件中，每行一个用户名。

4. 提取图片 URL。

images. html 是一个图片展示页面文件，其中图片链接格式为“〈img src="图片 URL"alt="类别(风景/动物/人物)"〉”。编写程序，提取所有图片的类别描述和 URL，并保存到 image_info. csv 文件中，包含“类别”和“链接”字段。

5. 提取课程时间。

schedule. txt 文本文件中记录了课程安排，每个课程的时间格式为“授课教师：张老师 时间：2024-06-01 星期四”。编写程序，提取所有课程教师、日期、星期信息，并保存到 course_times. csv 文件中，每行一条教师、日期、星期信息。

配套课件、章节素材及习题参考程序

参考文献

[1] 龚沛曾,杨志强. Python 程序设计及应用[M]. 北京:高等教育出版社,2021.

[2] 嵩天,黄天羽,杨雅婷. Python 语言程序设计基础[M]. 3 版. 北京:高等教育出版社,2024.

[3] 王珊,萨师煊. 数据库系统概论[M]. 5 版. 北京:高等教育出版社,2018.